AF640856

DEUTSCHE DEMOKRATISCHE REPUBLIK
DEUTSCHE AKADEMIE
DER LANDWIRTSCHAFTSWISSENSCHAFTEN ZU BERLIN

ALBRECHT-THAER-ARCHIV

ARBEITEN AUS DEN GEBIETEN BODENKUNDE,
PFLANZENERNÄHRUNG, ACKER- UND PFLANZENBAU

AKADEMIE-VERLAG · BERLIN

THEORIA CUM PRAXI

1964 · 8. BAND

Herausgeber: Deutsche Demokratische Republik · Deutsche Akademie der Landwirtschaftswissenschaften zu Berlin

Chefredakteur: Prof. Dr. agr. habil. Erwin Plachy

Redaktionelle Bearbeitung: Dipl.-Landw. Renate Stubbe

Das Albrecht-Thaer-Archiv erscheint in Heften mit einem Umfang von je 5 Druckbogen (80 Seiten). Die innerhalb eines Jahres herausgegebenen 10 Hefte bilden einen Band. Das letzte Heft eines Bandes enthalt Inhalts- und Sachverzeichnis.

Der Bezugspreis je Heft beträgt 5,– MDN.

Die Schriftleitung nimmt nur Manuskripte an, deren Gesamtumfang 25 Schreibmaschinenseiten nicht überschreitet und die bisher noch nicht, auch nicht in anderer Form, im In- oder Ausland veröffentlicht wurden. Jeder Arbeit ist ein Autorreferat zur Vorankundigung (nicht länger als $1^1/_2$ Schreibmaschinenseiten) sowie eine Zusammenfassung mit den wichtigsten Ergebnissen (nicht länger als 20 Zeilen), wenn möglich auch in russischer und englischer bzw. französischer Sprache, beizufugen. Gegebenenfalls erfolgt die Übersetzung in der Akademie.

Manuskripte sind zu senden an die Schriftleitung, Deutsche Akademie der Landwirtschaftswissenschaften zu Berlin Berlin W 8, Krausenstraße 38–39.

Die Autoren erhalten Umbruchabzüge zur Korrektur mit befristeter Terminstellung. Bei Nichteinhaltung der Termine erteilt die Redaktion Imprimatur.

Das Verfugungsrecht uber die im Archiv abgedruckten Arbeiten geht ausschließlich an die Deutsche Akademie der Landwirtschaftswissenschaften zu Berlin über. Ein Nachdruck in anderen Zeitschriften oder eine Übersetzung in andere Sprachen darf nur mit Genehmigung der Akademie erfolgen Kein Teil dieser Zeitschrift darf in irgendeiner Form – durch Fotokopie, Mikrofilm oder ein anderes Verfahren – ohne schriftliche Genehmigung der Akademie reproduziert werden.

Für jede Arbeit werden unentgeltlich 100 Sonderdrucke geliefert. Das Honorar betragt 40,– MDN je Druckbogen und schließt auch die Urheberrechte fur das Bildmaterial ein. Dissertationen, auch gekürzte bzw. geanderte, werden nicht honoriert.

Verlag: Akademie-Verlag GmbH, Berlin W 8, Leipziger Straße 3–4, Fernruf: 22 04 41 Telex-Nr. 011 773. Postscheckkonto: Berlin 350 21.

Veröffentlicht unter der Lizenznummer 1285 des Presseamtes beim Vorsitzenden des Ministerrates der Deutschen Demokratischen Republik.

Gesamtherstellung: IV/2/14 · VEB Werkdruck Grafenhainichen · 1051

All rights reserved (including those of translations into foreign languages). No part of this issue may be reproduced in any form, by photoprint, microfilm or any other means, without written permission from the publishers.

Autorenverzeichnis

Sachverzeichnis

DEUTSCHE DEMOKRATISCHE REPUBLIK
DEUTSCHE AKADEMIE
DER LANDWIRTSCHAFTSWISSENSCHAFTEN ZU BERLIN

ALBRECHT-THAER-ARCHIV

AKADEMIE-VERLAG · BERLIN

1964 · 8. BAND · HEFT 1–3

Herausgeber: Deutsche Demokratische Republik · Deutsche Akademie der Landwirtschaftswissenschaften zu Berlin

Chefredakteur: Prof. Dr. agr. habil. ERWIN PLACHY

Redaktionelle Bearbeitung: Dipl.-Landw. RENATE STUBBE

Das Albrecht-Thaer-Archiv erscheint in Heften mit einem Umfang von je 5 Druckbogen (80 Seiten). Die innerhalb eines Jahres herausgegebenen 10 Hefte bilden einen Band. Das letzte Heft eines Bandes enthält Inhalts- und Sachverzeichnis.

Der Bezugspreis je Heft beträgt 5,– DM. Preis dieses Dreifachheftes 15,– DM.

Die Schriftleitung nimmt nur Manuskripte an, deren Gesamtumfang 25 Schreibmaschinenseiten nicht überschreitet und die bisher noch nicht, auch nicht in anderer Form, im In- oder Ausland veröffentlicht wurden. Jeder Arbeit ist ein Autorreferat zur Vorankündigung (nicht länger als $1^1/_2$ Schreibmaschinenseiten) sowie eine Zusammenfassung mit den wichtigsten Ergebnissen (nicht länger als 20 Zeilen), wenn möglich auch in russischer und englischer bzw. französischer Sprache, beizufügen. Gegebenenfalls erfolgt die Übersetzung in der Akademie.

Manuskripte sind zu senden an die Schriftleitung, Deutsche Akademie der Landwirtschaftswissenschaften zu Berlin, Berlin W 8, Krausenstraße 38–39.

Die Autoren erhalten Umbruchabzüge zur Korrektur mit befristeter Terminstellung. Bei Nichteinhaltung der Termine erteilt die Redaktion Imprimatur.

Das Verfügungsrecht über die im Archiv abgedruckten Arbeiten geht ausschließlich an die Deutsche Akademie der Landwirtschaftswissenschaften zu Berlin über. Ein Nachdruck in anderen Zeitschriften oder eine Übersetzung in andere Sprachen darf nur mit Genehmigung der Akademie erfolgen. Kein Teil dieser Zeitschrift darf in irgendeiner Form – durch Fotokopie, Mikrofilm oder ein anderes Verfahren – ohne schriftliche Genehmigung der Akademie reproduziert werden.

Für jede Arbeit werden unentgeltlich 100 Sonderdrucke geliefert. Das Honorar beträgt 40,– DM je Druckbogen und schließt auch die Urheberrechte für das Bildmaterial ein. Dissertationen, auch gekürzte bzw. geänderte, werden nicht honoriert.

Verlag: Akademie-Verlag GmbH, Berlin W 8, Leipziger Straße 3–4, Fernruf: 22 04 41. Telex-Nr. 011 773. Postscheckkonto: Berlin 350 21. Bestellnummer dieses Heftes: 1051/8/1–3.

Veröffentlicht unter der Lizenznummer 1285 des Presseamtes beim Vorsitzenden des Ministerrates der Deutschen Demokratischen Republik.

Gesamtherstellung: IV/2/14 · VEB Werkdruck Gräfenhainichen · 1051

All rights reserved (including those of translations into foreign languages). No part of this issue may be reproduced in any form, by photoprint, microfilm or any other means, without written permission from the publishers.

Beiträge aus Instituten der Deutschen Demokratischen Republik zum VIII. Internationalen Bodenkundlichen Kongreß

DEUTSCHE DEMOKRATISCHE REPUBLIK
DEUTSCHE AKADEMIE
DER LANDWIRTSCHAFTSWISSENSCHAFTEN ZU BERLIN

ALBRECHT-THAER-ARCHIV

ARBEITEN AUS DEN GEBIETEN BODENKUNDE,
PFLANZENERNÄHRUNG, ACKER- UND PFLANZENBAU

AKADEMIE-VERLAG · BERLIN

1964 · 8. BAND · HEFT 1–3

INHALT

Aus dem Institut fur Bodenkunde Eberswalde
der Deutschen Akademie der Landwirtschaftswissenschaften zu Berlin
(Direktor: Prof. Dr. E. EHWALD)

ERNST EHWALD

Entwicklungslinien in der Geschichte der Bodenkunde

Eingegangen: 3. 10. 1963

I

Die Bodenkunde ist eine noch junge Wissenschaft, deren Wurzeln jedoch weit zurückreichen. Ihr Forschungsgegenstand, der Boden, ist eine außerordentliche komplexe Naturerscheinung, die unter den verschiedensten Gesichtspunkten betrachtet werden muß, er ist zudem das wichtigste Produktionsmittel in der Land- und Forstwirtschaft.

Daher haben zur Entwicklung der Bodenkunde nicht nur verschiedene Naturwissenschaften, wie insbesondere Chemie, Geologie und Botanik, beigetragen, sondern auch technisch-ökonomische Wissenschaften, vor allem die Landwirtschafts- und Forstwissenschaft, und daher hat sich auch die Entwicklung der Produktivkräfte und Produktionsverhältnisse auf Entstehung und Weiterentwicklung der Bodenkunde oft unmittelbar ausgewirkt.

Wenn wir also Entwicklungslinien in der Geschichte der Bodenkunde herausarbeiten wollen, so müssen wir dabei ebenso vielseitig vorgehen wie bei dem Versuch, das Wesen des Bodens zu erfassen (vgl. E. EHWALD [1]).

Zunächst ist es notwendig, Entstehen, Wachstum und Wandlungen der Kenntnisse und Vorstellungen über den Boden in ihrer zeitlichen Folge zu ermitteln und darzustellen. Dazu geben die bisherigen Arbeiten zur Geschichte der Bodenkunde [2–4] sowie zur Geschichte der Agrikulturchemie [5–7] wertvolle Grundlagen. Dagegen ist es bisher trotz einiger Ansätze [2, 8, 9] noch nicht genügend gelungen, die Verbindungslinien zwischen den einzelnen Erkenntnisfortschritten, Vorstellungen und Lehrmeinungen innerhalb der Bodenkunde sichtbar zu machen und ihr Entstehen, ihre Wandlungen sowie gegebenenfalls ihre Ablösung durch neue Vorstellungen zu erklären. Dabei müssen die Beziehungen zu den Anschauungen in Grund- und Nachbarwissenschaften sowie den philosophischen Auseinandersetzungen der jeweiligen Zeit und die Einflüsse technisch-ökonomischer Fortschritte in der Land- und Forstwirtschaft auf der Grundlage der gesellschaftlichen Gesamtentwicklung herausgearbeitet werden. Insbesondere ist auch zu prüfen, wie die verschiedenen Wesensmerkmale und Eigenschaften des Bodens selbst Schritt für Schritt erkannt wurden und von welchen Vorstellungen in Grund- und Nachbarwissenschaften das bedingt war.

Das sind große und schwierige Aufgaben, deren Lösung eingehende Kenntnisse nicht nur in der Geschichte der Bodenkunde, sondern auch in zahlreichen Nachbarwissenschaften, der allgemeinen Wissenschaftsgeschichte und der Wirtschaftsgeschichte erfordert und die daher nur allmählich und durch das Zusammenwirken Vieler gelingen kann. Hier können nur einige Entwicklungslinien aufgezeigt und einige Beispiele für ihre Verknüpfung mit anderen Wissenschaften, mit philosophischen Problemen sowie der Entwicklung der Landwirtschaft angeführt werden, wobei ihr Weiterwirken bis in die Gegenwart nur angedeutet werden kann.

II

Erfahrungen über die unterschiedliche Eignung verschiedener Böden für bestimmte Feldfrüchte und fruchttragende Bäume, ihr Verhalten bei der Bodenbearbeitung sowie die Möglichkeiten ihrer Verbesserung reichen in vorgeschichtliche Zeiten zurück und sind in den ältesten Schriftwerken aller Kulturvölker bezeugt. Für die Geschichte der Bodenkunde haben vor allem die landwirtschaftlichen Erfahrungen des Mittelmeerraumes aus der Zeit des klassischen Altertums Bedeutung erlangt, wie sie in den Werken griechischer und römischer Schriftsteller überliefert sind (vgl. [10–15]), so insbesondere in den Werken des XENOPHON [16, 17, vgl. 13], THEOPHRAST von ERESOS [18–20], CATO [21–25], VARRO [24–26], VERGIL [27, 28], PLINIUS d. J. [24, 29] COLUMELLA [24, 30] und PALLADIUS [31] sowie der wesentlich späteren byzantinischen Sammlung der Geoponika [32, 33]. Dabei unterscheiden sich die Werke THEOPHRASTS, denen zum Teil auch VERGIL folgte, von denen der meisten römischen Schriftsteller dadurch, daß THEOPHRAST in viel weiterem Umfang versuchte, die praktischen Erfahrungen der Landwirte mit theoretischen Vorstellungen zu durchdringen. So finden wir bei THEOPHRAST bereits eine ziemlich ausgebaute Lehre von der Ernährung der Pflanzen aus dem Boden und vom Einfluß der Umweltsbedingungen auf Pflanzenwachstum und pflanzenbauliche Maßnahmen (vgl. E. EHWALD [15, 20]). Sie beruht auf der Grundlage der Naturphilosophie und Naturwissenschaft des ARISTOTELES[1] sowie naturphilosophisch-medizinischer Anschauungen, die uns aus manchen Schriften des Corpus Hippocraticum bekannt sind ([39] insbesondere De natura pueri, De natura hominis, De morbis IV, De aere, aquis, locis, vgl. A. A. JARILOW [11], O. REGENBOGEN [40]).

Besonders hervorzuheben sind vor allem folgende Vorstellungen, die lange nachgewirkt haben:

1. Alle Stoffe bestehen aus Mischungen der „vier Elemente" Erde, Wasser, Luft und Feuer. Diese verkörpern gleichzeitig jeweils paarweise Kombinationen der vier „primären Qualitäten", der Gegensatzpaare „warm – kalt" und fest/trocken – flüssig (gasförmig)/feucht.
2. Die „Erden" als den festen Steinen entgegengesetzte Gruppe von Körpern [19], welche die keramischen Erden, die Farberden, aber auch „Erden" im Sinne von Ackerböden umfassen, enthalten zwar, wie alle irdischen Stoffe, sämtliche vier Elemente, jedoch überwiegt in ihnen das Element Erde als Verkörperung des Fest/Trocken – Kalten bei weitem.

[1] Über die hier interessierenden naturwissenschaftlichen und naturphilosophischen Anschauungen des ARISTOTELES vgl. bes. T. L. LONES [34], E. v. LIPPMANN [35], H. H. JOACHIM [36] u. I. DURING [37]; die auf die Pflanzenernährung sich beziehenden Textstellen finden sich bei F. WIMMER [38] zusammengestellt.

3. Die Pflanzen bestehen vorwiegend aus den Elementen Erde und Wasser. Da sich alles aus dem ernährt, woraus es besteht (ARISTOTELES, De gen. et corr. [36], 2. 8. 335a$^{10-11}$), müssen sie sich aus diesen Elementen ernähren.
4. Der Boden ist der Magen der Pflanzen, in welchem die Pflanzennahrung unter dem Einfluß der aktiven Prinzipien Wärme und Kälte verdaut oder doch vorverdaut wird, wobei neben „äußerer" Wärme und Kälte auch die „innere Wärme" „potentiell warmer" insbesondere brennbarer oder zur Fäulnis neigender Stoffe, wie zum Beispiel des Mistes, wirksam werden kann.

Gegenüber den griechischen Schriftstellern bringen die römischen landwirtschaftlichen Schriftsteller, so insbesondere die bedeutendsten von ihnen: VARRO und COLUMELLA, viel weniger Theorie, aber weitaus mehr und systematischer dargestellte Einzelheiten über unterschiedliche Böden, Bodenbearbeitung und Bodenbehandlung (vgl. M. STRZEMSKI [14]).

Die antiken Vorstellungen über Bodenbeurteilung und Bodenbehandlung wurden im 13. Jahrhundert von dem Bologneser PETRUS DE CRESCENTIIS [41] sowie im 16. bis 18. Jahrhundert von den sogenannten „Hausvätern" oft ziemlich mechanisch wiederholt, allenfalls durch einige zusätzliche inzwischen gewonnene Erfahrungen ausgestaltet (vgl. E. EHWALD [15]). Dabei war jeweils die ökonomische Notwendigkeit, den herkömmlichen Gutsbetrieb zu verbessern, um in der sich entwickelnden Marktwirtschaft bestehen zu können, eine wesentliche Triebkraft dafür, daß man versuchte, die antiken Erfahrungen nutzbar zu machen.

Neben der Überlieferung angewandt-bodenkundlicher Kenntnisse setzt sich auch die Überlieferung und der Ausbau bestimmter theoretischer Vorstellungen der altgriechischen Naturwissenschaft bis ins 18., ja bis ins 19. Jahrhundert fort.

So fand die Lehre des ARISTOTELES und THEOPHRAST [19] von den „Erden" als einer den „Steinen" gegenüberstehenden Gruppe von Mineralen ihren Höhepunkt und zugleich ihr Ende erst in den Mineralsystemen des C. v. LINNÉ [42] (vgl. A. A. JARILOV [43]) und J. G. WALLERIUS [44] (vgl. A. A. JARILOV [45]). Dort sind die „Erden" in mehrere Gattungen und zahlreiche Arten unterteilt.

Dieser mineralogischen Klassifikation der „Erdarten" lagen einerseits landwirtschaftliche Erfahrungen zugrunde, andererseits wirkte sie weiter in der Klassifikation der „Bodenarten" bei den landwirtschaftlichen Schriftstellern, so in der bekannten Einteilung der Bodenarten von A. THAER [46][2].

Auch die antiken Vorstellungen von der Rolle des Bodens bei der Pflanzenernährung haben außerordentlich lange nachgewirkt.

So schrieb noch 1762 DUHAMEL DU MONCEAU: „Die Erde ist also, in einer Art, der Magen, wo sich die Verdauung des Nahrungssaftes der Pflanzen vollzieht" [48, S. 44].

Bei J. G. WALLERIUS [49] finden sich noch zahlreiche Ansichten des ARISTOTELES und THEOPHRAST über die Pflanzenernährung (vgl. E. EHWALD [15], A. A. JARILOV [45]).

So schreibt WALLERIUS, daß „die Ernährung nicht durch ungleichartige, sondern nur durch gleichartige Dinge geschehen" könne, da „ungleichartige nicht assoziiert werden" könnten [c. 2 § 6], sondern erst in gleichartige umgewandelt werden müßten.

[2] Zur Geschichte der Bodenklassifikationen vgl. M. STRZEMSKI [47]

Pflanzen, die durch eine „analoge Materie" ernährt würden, könnten deshalb „alle Zeit auf das Wachstum verwenden, diejenigen aber, die nur durch noch umzuwandelnde Materie ernährt" würden, müßten „viel Zeit und Kräfte auf die Verwandlung dieser Nahrungsmaterie aufwenden" [c. 2 § 7]. Als den Pflanzen gleichartige oder doch in solche umzuwandelnde Stoffe betrachtete J. G. WALLERIUS „Wasser, Erde, Salz und Öl" [c. 1 § 16]. Da er glaubte, daß die beim Verbrennen von Pflanzen gefundenen „Erden" von den „mineralischen Erden" des Bodens völlig verschieden seien [c. 1 § 5], war er deshalb der Ansicht, daß die „mineralischen Erden" als solche nichts zur Pflanzenernährung beitragen könnten [c. 7 § 1], wohl aber Humus, der „Öl" und „Salz", also den Pflanzen „analoge Stoffe" enthalte [c. 8 § 5]. Ton z. B. befördere die Bodenfruchtbarkeit „nicht materiell", weil er keine „Fettigkeit" besitze aber „instrumentell", weil er Wasser und Luft sowie die „fettigen Teilchen" aus dem Mist, ja aus der Luft an sich ziehe und speichere, weil er den Humus festhalte usw. [c. 9 § 8].

Ganz in diesem Sinne äußerte sich sogar noch 1830 der Forstwissenschaftler J. CHR. HUNDESHAGEN, der eines der ersten bodenkundlichen Lehrbücher [50] geschrieben hat und für die Entwicklung der geologischen Richtung in der Bodenkunde eine gewisse Bedeutung besitzt.

Nach HUNDESHAGEN sind im Boden „Humus und Erdreich von sehr abweichender Wirkung, d. h. der erstere hauptsächlich von materiellem, das andere mehr von formellem oder dynamischem Einflusse". Weil „der Humus, als Kohlenhydrat, der Pflanzensubstanz chemisch so nahe verwandt ist, als Stickstoff und Wasser der Thiersubstanz, so wird er auch von den Vegetabilien ebenso auffallend leicht assimiliert, als die letztern Stoffe von Thieren, und hierauf hauptsächlich beruht seine sehr vorwiegend materielle Wirkung auf die Vegetation . . . Das Erdreich . . . unterstützt als Potenz sehr wesentlich den auf der Wurzeloberfläche stattfindenden Verdauungsprozeß, ohne daß es hierbei ein Merkliches an Stoff unmittelbar in die vegetabilischen Nahrungsstoffe abzugeben scheint" [50, S. 3–5].

Ja selbst C. SPRENGEL, der bekanntlich die Bedeutung der mineralischen Pflanzennährstoffe schon vor J. v. LIEBIG klar erkannt hatte, glaubte noch 1832, daß das Wachstum der Pflanzen durch organische Körper besonders gefördert werde, weil „die organischen Körper den organischen Stoffen schon ähnlicher" seien und deshalb „leichter von den Pflanzen assimiliert" würden [51, S. 335]

III

Die schließliche Überwindung dieser antiken Vorstellungen war eine verhältnismäßig späte Folge der großen „wissenschaftlichen Revolution" des 15. bis 17. Jahrhunderts, die mit der Ablösung des Feudalismus durch den Kapitalismus Hand in Hand ging.

Zwar gab es schon im 16. Jahrhundert vereinzelte Versuche, die Ursachen der Bodenfruchtbarkeit bzw. das Problem der Pflanzenernährung auch experimentell zu klären; eine grundsätzliche Lösung gelang jedoch erst zu Beginn des 19. Jahrhunderts (vgl. [5–7, 52, 53]). Das mag teilweise mit der vorwiegend physikalisch-mathematischen Richtung der Wissenschaft des 17. Jahrhunderts zusammenhängen, welche die Entwicklung der Biologie und Chemie zunächst verzögerte (J. D. BERNAL [54]). Andererseits handelte es sich um besonders komplizierte Probleme, die nur Schritt für Schritt und in dem Maße geklärt werden konnten, wie die Entwicklung der Chemie den Weg bereitet hatte. Auch die Wechselwirkungen zwischen den erarbeiteten theoretischen Vorstellungen und den Erfahrungen der landwirtschaftlichen Praxis wurden erst fruchtbar, nachdem wenigstens teilweise richtige und auf genügend umfangreichem Einzelwissen beruhende Hypothesen über die Ursachen der Bodenfruchtbarkeit den alten spekulativen Auffassungen gegenübertraten. Daher wurden die Fortschritte der Landwirtschaft in dieser Zeit, soweit sie nicht durch die Kriege des 17. Jahrhunderts überhaupt aufgehalten wurden, zunächst vor allem durch „eine sorgfältige und allmähliche Verbesserung der überlieferten Technik" (J. D. BERNAL [54, S. 335]) erreicht.

Erst im Zusammenhang mit der „industriellen Revolution" des 18. und beginnenden 19. Jahrhunderts entstanden die Voraussetzungen dafür, die Landwirtschaft in zunehmendem Maße auf die Ergebnisse von Versuchen zu gründen, deren Fragestellungen immer mehr auf neuen wissenschaftlichen Erkenntnissen über die Eigenschaften verschiedener Böden sowie über die Ursachen der Bodenfruchtbarkeit beruhten.

Allerdings begannen einzelne hervorragende Forscher schon im 17. Jahrhundert, auf Grund ihrer Vorstellungen über das „Vegetationsprinzip" Feldversuche zur Bodenverbesserung und Düngung durchzuführen sowie Kenntnisse über die Eigenschaften verschiedener Böden zu sammeln. Dabei spielten auch ökonomische Antriebe eine Rolle, sei es die Notwendigkeit, die Folgen langjähriger Kriege zu überwinden, wie in Deutschland, sei es das rasche Fortschreiten der allgemeinen ökonomischen Entwicklung wie in Holland und England.

So führte der in Amsterdam lebende deutsche Chemiker J. R. GLAUBER, der bekanntlich den Salpeter als das „Vegetationsprinzip" bzw. die Ursache der Bodenfruchtbarkeit ansah, um die Mitte des 17. Jahrhunderts bereits einen Düngungsversuch im kleinen durch, wozu er Sand von den „unfruchtbarsten Stellen des Meeresstrandes" verwendete (vgl. K. F. GUGEL [55, S. 27/28]), ja, er schlug sogar vor, in Kalkfelsen Löcher zu hacken, die ausgehackten Steine durch Begießen mit „scharffem Holtzessig" zu zermürben und durch weitere Behandlung mit Essig „zu einer Erden" zu machen, in die man Weinstöcke pflanzen könne [56, S. 34–39].

In England betonte R. BOYLE die Nützlichkeit chemischer Untersuchungen zur Melioration von Acker-, Weide und Waldböden und machte auch selbst chemische Untersuchungen von „Erden" [57]. Auf seinen Einfluß geht vielleicht auch die von der Royal Society bereits 1665, also unmittelbar nach ihrer Gründung, veranlaßte Umfrage über die verschiedenen Arten der Böden Englands zurück, die „sandig, kiesig, steinig, tonig, leicht und humos (light mould), Heide, Marsch, Hoch- oder Niedermoor oder kalter nasser Grund (cold weeping ground) sein könnten", mit der Bitte um Nachricht, „welche Art Boden in ihrem Land am meisten vorherrscht und wie jeder bearbeitet wird, wenn er als Acker verwendet wird" usw. [58].

Aber erst im 18. Jahrhundert unternahmen es bedeutende Gelehrte häufiger, Grundfragen des Ackerbaues von naturwissenschaftlicher Seite her zu lösen, und zwar insbesondere durch chemische Untersuchungen von Pflanzen und Böden.

Gleichzeitig versuchten gebildete Praktiker, angeregt durch die Entwicklung der ökonomischen und Naturwissenschaften, auf empirischem Wege zu neuen Methoden der Bodenbehandlung und Bodennutzung zu gelangen.

So entwickelte in England im ersten Drittel des 18. Jahrhunderts J. TULL [59] ein System intensiver Bodenbearbeitung, einerseits weil er im Sinne der damals herrschenden Spekulationen in fein zerteilter „Erde" das „Vegetationsprinzip" sah, andererseits aber auf Grund umfangreicher, z. T. auf Reisen im Ausland gesammelter Beobachtungen. In Frankreich kombinierte der vielseitige Naturforscher DUHAMEL DU MONCEAU [48] die Vorschläge und Ansichten TULLS mit eigenen pflanzenphysiologischen, z. T. auch bodenkundlichen Untersuchungen sowie der Auswertung eigener und fremder Feldversuche.

J. A. KÜLBEL [60], (vgl. E. EHWALD [61]), FR. HOME [62] und J. G. WALLERIUS [49] (vgl. A. A. JARILOV [45]) versuchten, das Problem der Bodenfruchtbarkeit und Pflanzenernährung auf der Grundlage der Phlogistontheorie zu lösen, wobei sich HOME nicht nur auf chemische Bodenuntersuchungen, die auch KÜLBEL und WALLERIUS durchführten, sondern auch auf Vegetationsversuche stützte.
Obgleich DUHAMEL DU MONCEAU, HOME und WALLERIUS hinsichtlich der Ursachen der Bodenfruchtbarkeit noch weitgehend im Dunkeln tappten, brachten sie doch bestimmtere Vorstellungen über die Eigenschaften der verschiedenen Bodenbestandteile und ihre Wirkungen. Indem sie die Wichtigkeit der Bodenbearbeitung und des Humus im Boden betonten, wenn auch auf falscher theoretischer Grundlage, blieben sie mit der landwirtschaftlichen Erfahrung im Einklang. Vor allem aber wirkten ihre Schriften durch ihre zahlreichen richtigen Beobachtungen und ihr Bestreben, in die noch ungeklärten Probleme durch Versuche und Untersuchungen Licht zu bringen, anregend sowohl auf die Wissenschaft als auch auf den wissenschaftlich interessierten Teil der Praxis und trugen dadurch wesentlich zu der nun immer schneller sich vollziehenden Umgestaltung der Landwirtschaft bei.
Am raschesten ging diese Entwicklung in dem ökonomisch am weitesten fortgeschrittenen England vor sich.
Der große Bedarf an landwirtschaftlichen Erzeugnissen, der durch das rasche Anwachsen der in der Industrie arbeitenden Stadtbevölkerung verursacht wurde, und das Streben der Gutsbesitzer und Pächter nach Erhöhung ihrer Einkünfte bildeten dort einen besonders mächtigen Anreiz, die Landwirtschaft im Sinne der damaligen Zeit „rationell" zu gestalten, d. h., auf den Ergebnissen der Naturwissenschaft aufzubauen und höchstem Gewinnstreben dienstbar zu machen. Das war aber ohne die Hilfe der Wissenschaft nicht möglich. So ist es kein Zufall, daß vor dem 1793 gegründeten „Board of Agriculture" in London kein geringerer als HUMPHREY DAVY, einer der bedeutendsten Chemiker seiner Zeit und später Präsident der Royal Society, seit 1802 Vorträge über die Anwendung der Chemie in der Agrikultur hielt [63, 64] (vgl. A. A. JARILOV [65]). Etwa gleichzeitig begann A. THAER [67, 68], dem „rationellen und kapitalistischen Geist des aufsteigenden Bürgertums" (A. PETERSEN [66]) nach englischem Vorbild in der deutschen Landwirtschaft Geltung zu verschaffen, wobei er den bodenkundlichen Fragen besonders

große Aufmerksamkeit schenkte (insbes. [67, 1, Kap. 4] u. [68, 2, S. 39–170], vgl. auch [64]) und zahlreiche Böden durch seine chemischen Mitarbeiter H. EINHOF [69, 70] und G. E. W. CROME [71, 72] untersuchen ließ.

IV

Zwischen den Schriften von DUHAMEL DU MONCEAU, HOME und WALLERIUS einerseits und den Darstellungen H. DAVYS sowie A. THAERS und seiner Mitarbeiter andererseits liegen die grundlegenden Entdeckungen über den Gasstoffwechsel der Pflanzen (vgl. J. WIESNER [52], A. TROENDLE [53]), die in den „Recherches chimiques sur la végétation" von TH. DE SAUSSURE [73] ihre Krönung fanden. Diese Entdeckungen stehen bekanntlich im engsten Zusammenhang mit der Überwindung der phlogistischen Chemie durch A. L. LAVOISIER. Erst dadurch wurde es möglich, chemische Methoden mit wirklichem Erfolg auf die Untersuchung der Böden und der Wechselbeziehungen zwischen Boden und Pflanze anzuwenden.
DAVY [63] und der deutsche Chemiker S. F. HERMBSTAEDT ([vgl. [74]) verwendeten etwa gleichzeitig den Namen „Agrikulturchemie" für die chemische (und physikalische) Erforschung „aller derjenigen Veränderungen in der Anordnung der Materie, welche mit dem Wachstum und der Nahrung der Pflanzen verbunden sind", des „vergleichenden Wert(s) ihrer Produkte als Nahrungsmittel", der Beschaffenheit des Erdreiches"[3] sowie der „Art, wie der Boden durch den Dünger verbessert und durch die verschiedenen Arten des Anbaues fruchtbar gemacht wird" (H. DAVY [64, S. 2]).
Die stürmische Entwicklung der Chemie um die Wende des 18. zum 19. Jahrhundert und in den folgenden Jahrzehnten, welche in fast allen Wirtschaftszweigen große Umwälzungen hervorrief (vgl. A. a. N. L. CLOW [75]), ließ es vollauf berechtigt erscheinen, von einer chemischen Durchdringung des Problemkreises Boden und Pflanze die entscheidenden Fortschritte zu erwarten.

Freilich sah man anfangs die Probleme zu einfach, z. B. glaubte man seit T. BERGMAN [76] und R. KIRWAN [77], aus Bauschanalysen verschiedener Böden weitgehende Schlüsse ziehen zu können.
So schrieb H. DAVY [64, S. 3] „Ist ein Boden unfruchtbar, und ist man auf Mittel bedacht, diesen Fehler zu verbessern, so muß man vor allen Dingen die Ursache der Unfruchtbarkeit erforschen, welche nothwendig in der Mischung seiner Bestandteile, die sich durch chemische Analyse ausmitteln läßt, liegen wird."

Die Entwicklung der Bodenkunde im 19. Jahrhundert ist deshalb weitgehend dadurch gekennzeichnet, daß man nach dem Vorbild von H. DAVY, A. THAER und deren Zeitgenossen landwirtschaftliche und angewandt-chemische Fragestellungen miteinander verknüpfte und die Lösung vorwiegend durch chemische Untersuchungsmethoden zu erreichen suchte.
Im Vordergrund des Interesses stand für diese agrikulturchemische Richtung der Bodenkunde nach wie vor die Frage nach den Ursachen der Bodenfruchtbarkeit.
Die Bodenklassifikation entwickelte sich dagegen kaum weiter, nachdem A. THAER die auf der landwirtschaftlichen Erfahrung beruhende und durch die

[3] Vom Verfasser (E. E.) gesperrt

mineralogische Einteilung der „Erdarten" beeinflußte Klassifikation nach „Bodenarten" durch Angabe von Grenzwerten für den Gehalt an Sand, Ton, Humus und Kalk präzisiert hatte [46].

Für den Stand der Bodenkunde unmittelbar vor dem Eingreifen J. v. LIEBIGS ist C. SPRENGELS 1837 erschienene „Bodenkunde" [78] kennzeichnend. Sie ist eine der ersten auf selbständigen Forschungen beruhende umfassendere Darstellung des Fachgebietes. Sieht man von der in ihr enthaltenen Gesteinslehre ab, so entfallen von rd. 460 Seiten

1. etwa 35% (rd. 165 Seiten) auf eine Anleitung zur chemischen Bodenuntersuchung und
2. etwa 20% (rd. 100 Seiten) auf eine Zusammenstellung von 170 chemischen Bodenanalysen,
3. etwa 30% (rd. 150 Seiten) auf Bodenklassifikation und Bodenbeurteilung nach äußeren Merkmalen sowie auf die Beschreibung der einzelnen Bodenarten,
4. etwa 6% (rd. 30 Seiten) auf eine Darstellung der physikalischen Bodeneigenschaften und
5. etwa 5% (25 Seiten) auf allgemeine Erläuterungen über Bodenentstehung und Veränderungen im Boden.

Die weitere Entwicklung der von DAVY und seinen Zeitgenossen begründeten, von H. EINHOF [69, 70], G. SCHÜBLER [79, 80] und C. SPRENGEL [51, 78, 81, 82] (vgl. G. WENDT [83]) bereits wesentlich bereicherten agrikulturchemischen Richtung wurde durch das Wirken von J. v. LIEBIG und J. B. BOUSSINGAULT bestimmt. Bekanntlich war es C. SPRENGEL noch nicht gelungen, seiner Auffassung von der Rolle der aus dem Boden stammenden mineralischen Pflanzennährstoffe allgemeine Anerkennung zu verschaffen. Die Humustheorie, die, wie bereits erläutert, mit der antiken Vorstellung: „Gleiches wird durch Gleiches ernährt", zusammenhängt und die, wie ich an anderer Stelle gezeigt habe (E. EHWALD [15]), in der phlogistischen Chemie begründet war, konnte vielmehr erst durch J. v. LIEBIGS berühmte Schrift „Die organische Chemie und ihrer Anwendung auf Agricultur und Physiologie" [84] überwunden werden. Ihre Zählebigkeit war nicht nur durch die landwirtschaftliche Erfahrung über die düngende Wirkung organischer Stoffe, insbesondere des Stallmistes, begründet, sondern auch durch ihre Verknüpfung mit vitalistischen Vorstellungen bzw. der in Deutschland damals herrschenden „dynamistischen" Naturphilosophie SCHELLINGS und OKENS (vgl. K. SIEGEL [85]), die der Einstellung breiter Kreise des Bürgertums entgegenkam.

Bezeichnend dafür ist eine Bemerkung des bereits erwähnten Forstwissenschaftlers J. CH. HUNDESHAGEN aus dem Jahre 1829 über das angebliche Vorkommen von „tertiären Pflanzenstoffen" in der Asche von Pflanzen, „welche in Umgebungen erzogen worden sind, worin von jenen nicht eine Spur vorhanden" gewesen sei. HUNDESHAGEN schreibt in diesem Zusammenhang: „. . . daß mehrere um diesen Gegenstand höchst verdiente Männer, wie z. B. SAUSSURE u. a., dergleichen Erscheinungen nach ihren materialistischen Ansichten sich erklärt haben, schadet den Tatsachen an sich nichts[4]. Wie wenig SAUSSURE besonders in das dynamische und organische Reich sich finden konnte, zeigte derselbe a. o. a. O. S. . . ." usw. [86, S. 112/113].

[4] Vom Verfasser (E. E.) gesperrt

Die von LIEBIG zu einer umfassenden und in erster Annäherung richtigen Theorie ausgebaute Pflanzenernährungslehre war für die Bodenkunde insofern von entscheidender Bedeutung, als sie den Stoffaustausch zwischen Vegetation und Boden verstehen lehrte und die eben erwähnten verworrenen vitalistischen Vorstellungen darüber ausräumte. Dazu trugen auch die von J. B. BOUSSINGAULT (vgl. [87]) durchgeführten Bilanzen der Nährstoffentzüge aus dem Boden und der Nährstoffzufuhren zum Boden ganz wesentlich bei.

Die große Autorität LIEBIGS, seine glänzende Darstellungsgabe, die Schonungslosigkeit, mit der er die Vertreter veralteter oder auch in Einzelfragen abweichender Auffassungen kritisierte, sowie vor allem die bald sichtbaren Auswirkungen seiner Lehre in der landwirtschaftlichen Praxis führten zu einem außerordentlichen Aufschwung der Forschungstätigkeit auf allen Gebieten der Agrikulturchemie, von der auch die Bodenkunde großen Nutzen hatte, zumal die Untersuchungsmethoden unter dem Einfluß LIEBIGS wesentlich verbessert wurden.

Die Stellung der Chemie als universeller Grundlage der Landwirtschaft, die sich schon seit der Mitte des 18. Jahrhunderts entwickelt hatte, wurde durch LIEBIG entscheidend gefestigt (vgl. A. A. JARILOV [8, 1, S. 46ff.]). DAVY hatte noch betont: „So wie man sich mit Untersuchungen, welche den Landbau betreffen, beschäftigt, überzeugt man sich, daß sie mehr oder weniger mit Erläuterungen oder Lehren, welche in das Gebiet der Chemie gehören, verknüpft sind" [64, S. 3]. LIEBIG formulierte viel bestimmter: „Niemand möchte wohl jetzt, wo die Bedingungen, welche den Boden fruchtbar und fähig machen das Leben der Pflanzen zu unterhalten, ermittelt sind, leugnen, daß nur von der Chemie[5] aus weitere Fortschritte in der Agricultur erwartet werden können" [84, S. XII].

Die agrikulturchemisch-bodenkundlichen Forschungen des 19. Jahrhunderts wurden durch die seit 1843 entstehenden landwirtschaftlichen Versuchsstationen energisch vorangetrieben und verbreitert. Sie brachten eine Fülle von Material über die chemischen, z. T. auch die physikalischen Eigenschaften der Böden, die im Boden ablaufenden Vorgänge und deren Wirkung auf die Kulturpflanzen. Allerdings wurde die Erforschung der organischen Bodensubstanz nach dem Zusammenbruch der Humustheorie der Pflanzenernährung und dem Sieg der „Mineralstofftheorie" trotz des erbitterten Widerstandes G. J. MULDERS [89] vielfach vernachlässigt. Besonders hervorzuheben sind die Erforschung des Ionenaustausches im Boden (vgl. dazu H. DEUEL und F. HOSTETTLER [90]) sowie die Erarbeitung quantitativer Vorstellungen über den Nährstoffaustausch zwischen Boden und landwirtschaftlichen Nutzpflanzen oder Waldbeständen. Jedoch begnügte man sich dabei im wesentlichen mit der statischen Gegenüberstellung von Entzügen und Zufuhren sowie einer Diskussion der dabei ablaufenden Vorgänge (vgl. W. SCHUMACHER [91]). Der Stoffkreislauf als geologisches und biologisches Problem und seine Bedeutung für die Bodenentstehung spielten bei diesen Erörterungen kaum eine Rolle.

Daß diese Entwicklung einseitig war, darauf haben besonders die russischen Bodenkundler seit V. V. DOKUČAEV [92] (vgl. bes. [93, S. 259]) hingewiesen. Sehr eingehend hat sich zu Beginn unseres Jahrhunderts A. A. JARILOV [8] mit ihr aus-

[5] Vom Verfasser (E. E.) gesperrt

einandergesetzt. Die agrikulturchemischen Bodenkundler betrachteten den Boden eben im wesentlichen einerseits als Nährmedium und Nährstoffreservoir der Kulturpflanze, andererseits als ein chemisches und physikalisches System. Die Analyse der Einzelvorgänge war vorherrschend, ihre Ergebnisse wurden allenfalls zu allgemeinen Gesetzmäßigkeiten der Pflanzenernährung zusammengefaßt. Der Boden als Gesamterscheinung, seine Stellung in der Natur, seine Bedeutung als Landschaftselement, die Eigenart der Böden als besondere Naturkörper, ihre Entstehung und Entwicklung unter dem Einfluß der bodenbildenden Faktoren wurden weitgehend vernachlässigt. In der agrikulturchemischen Bodenkunde des 19. Jahrhunderts findet so die „Mechanisierung des Weltbildes“ (E. J. DIJKSTERHUIS [94]) auch auf dem Gebiet der Bodenkunde ihren Ausdruck.

So berechtigt die Kritik an der Einseitigkeit der von den Agrikulturchemikern verfolgten Fragestellungen und der von ihnen entwickelten Vorstellungen über den Boden durch die russische bodenkundliche Schule war, so darf man doch nicht übersehen, daß der breite Ausbau dieser Richtung in Mittel- und Westeuropa durch die ökonomischen Verhältnisse bedingt und gerechtfertigt wurde. Eine wesentliche Steigerung der landwirtschaftlichen Produktion konnte in Mittel- und Westeuropa nur durch eine Veränderung der Naturbedingungen für das Pflanzenwachstum, insbesondere durch Düngung, erreicht werden, und wurde durch die Forschungen der Agrikulturchemiker zunächst auch erreicht.

Die agrikulturchemische Richtung in der Bodenkunde des 19. Jahrhunderts hat sich bekanntlich bis in die Gegenwart erhalten. Die Erforschung der chemischen und physikalischen Eigenschaften der verschiedensten Böden im Zusammenhang mit Problemen der Pflanzenernährung und Düngung ist bei weitem noch nicht abgeschlossen. Andererseits wird heute der Boden als chemisch-physikalisches System aber auch im Zusammenhang mit bodengenetischen Fragen untersucht.

Auf die Entwicklung im einzelnen ist hier nicht einzugehen. Es sei lediglich daran erinnert, daß diese Forschungsrichtung in der Bodenkunde seit Ende des 19. Jahrhunderts durch die Einbeziehung der Kolloidchemie entscheidend gefördert wurde (insbes. durch die Arbeiten von J. M. VAN BEMMELEN [95], K. K. GEDROIC [96] und G. WIEGNER [97], vgl. H. PALLMANN [98]) und daß seit den 20er Jahren dieses Jahrhunderts die Verbindung kolloidchemischer und mineralogischer Untersuchungsmethoden eine weitere wesentliche Vertiefung unseres Wissens von den chemischen Vorgängen im Boden brachte (vgl. dazu C. E. MARSHALL [99]). Die einige Zeit etwas vernachlässigte Bodenphysik begann sich seit dem Ende des 19. Jahrhunderts besonders dank der Arbeiten von E. WOLLNY (vgl. [100]) lebhafter zu entwickeln.

In den neueren Untersuchungen über den Boden als physikalisches und chemisches System lassen sich darüber hinaus vielleicht zwei Richtungen erkennen. Die erste wird gekennzeichnet durch den Versuch, zu den entscheidenden physikalischen und chemischen Grundvorgängen vorzustoßen, wobei starke Vereinfachungen und Untersuchungen an Modellsubstanzen notwendig sind. Die zweite Richtung bemüht sich, die im Boden ablaufenden Vorgänge aufzufinden, ihre Besonderheiten zu erfassen und sie soweit als möglich aufzuklären. Diese zweite Forschungsrichtung betrachtet die Böden nicht nur als physiko-chemische

Systeme, sondern gleichzeitig auch als eigenartige Naturkörper. Sie ist damit nicht nur eine Fortsetzung der agrikulturchemischen Richtung des 19. Jahrhunderts, sondern zugleich eine Folge der durch DOKUČAEV begründeten genetisch-geographischen Richtung der Bodenkunde.

V

Neben der agrikulturchemischen Richtung entwickelte sich im 19. Jahrhundert in der Bodenkunde eine geologisch-petrographische Richtung. Besonders seit K. E. A. v. HOFF [101] und CH. LYELL [102] den Aktualismus in der Geologie begründet, d. h., die Entstehung der Gesteine auf auch in der Gegenwart wirksame Kräfte zurückgeführt hatten, wurden von Geologen die Vorgänge der Verwitterung und Bodenbildung eingehender untersucht.

Die Geologen betrachteten den Boden nicht als physiko-chemisches System und Nährmedium der Kulturpflanzen, sondern vielmehr als „oberste Lockerschicht der festen Erdrinde" (E. RAMANN [103], im Anhalt an G. BERENDT [104]) und gleichzeitig als „zerstörtes altes Gestein, auf der Wanderung begriffen zur Bildung neuer Gesteine" (A. BRAUNGART [2]). Sie machten daher keinen Unterschied zwischen Boden und Verwitterungsrinde bzw. zwischen Böden und Lockergesteinen.

So definierte FR. A. FALLOU [105, S. 4] „Boden (solum) ist zerfallenes und mehr oder minder zersetztes . . . z. Th. auch mit organischen Stoffen vermengtes völlig verändertes und umgewandeltes Gestein". Er rechnete den Humus („Moder") nicht zu den „wesentlichen Bestandtheil(en) des Bodens im Allgemeinen", weil er nur in „Moorschlick und Torfmoorboden" und „außerdem nur noch in der äußeren, zutage liegenden Schicht des Bodens, der eigentlichen Ackererde" vorkomme (ebendort, S. 63).

Die Entstehung der Böden durch Gesteinsverwitterung und die Zersetzung organischer Stoffe waren schon von H. DAVY [63] und C. SPRENGEL [78] kurz geschildert worden.

Nun ermöglichten die großen Fortschritte der Chemie eine chemische Erforschung geologischer Vorgänge. So konnte die Verwitterung in G. BISCHOFS „Chemischer Geologie" [106] grundlegend behandelt werden. G. A. DAUBRÉE [107] und andere untersuchten sie auch experimentell. Von manchen Geologen und geologisch orientierten Bodenkundlern, aber auch Agrikulturchemikern wurden allerdings Gesteinsverwitterung und Bodenbildung mehr oder weniger gleichgesetzt.

So behandelte J. v. LIEBIG in dem Kapitel über den „Ursprung der Ackererde" seiner „Chemie in ihrer Anwendung auf Agricultur und Physiologie" [88] nur die Verwitterung und ließ die Zersetzung der organischen Stoffe in diesem Zusammenhang unerwähnt.[6] FR. A. FALLOU betonte zwar: „der gegenwärtig vorhandene . . . Boden ist jedoch nicht blos in der angegebenen Weise durch die vereinten, sich wechselseitig unterstützenden Kräfte der anorganischen Natur, sondern zum Theil auch durch die Lebenstätigkeit der Thiere und Pflanzen und mittelbar durch Verwesung entstanden" [105, S. 48]. Aber er fügte sogleich hinzu: „Dieser Theil des

[6] Dieser zuerst 1843 in der 5. Auflage des LIEBIGschen Werkes enthaltene Abschnitt findet sich noch 1865 in der 8., der letzten zu LIEBIGS Lebzeiten erschienenen Auflage, völlig unverändert, ein Zeichen für das geringe Interesse, das LIEBIG diesen Fragen widmete.

Bodens kann natürlich nicht eher entstanden sein, als nachdem schon Boden vorhanden war, denn Thiere und Pflanzen brauchen Nahrung, und diese beziehen sie nicht aus der Atmosphäre sondern nur aus dem Boden.[7] Der durch das Absterben und die Verwesung organischer Stoffe entstandene Boden ist sonach offenbar eine spätere eigenthümliche Bildung und nur als eine Accession des bereits vorhandenen Bodens[7] zu betrachten" (ebendort).
FALLOU verkannte also den durch die Vegetation vermittelten Stoffaustausch zwischen Lithosphäre und Atmosphäre, der ein kennzeichnendes Merkmal des Bodens ist.
Auch F. v. RICHTHOFEN [108], der im Unterschied zu F. A. FALLOU den Einfluß des Klimas auf die „Bodenbildung" herausarbeitete und darauf eine Übersicht über die „Typen der regionalen Bodenbildung" aufbaute, gab in Wirklichkeit nur eine Einteilung von Verwitterungsrinden. Noch im 20. Jahrhundert versuchte E. BLANCK [109], eine „genetische Bodenlehre" durch den Vergleich der Bauschanalysen von Gesteinen und den auf ihnen lagernden Verwitterungsdecken einschließlich der in ihnen entwickelten Böden zu schaffen.

Geologische bzw. petrographische Gesichtspunkte wurden seit den 20er Jahren des 19. Jahrhunderts auch der Bodenbeurteilung für die Land- und Forstwirtschaft nutzbar gemacht, nachdem die chemische Untersuchung der wichtigsten bodenbildenden Minerale und Gesteine den Einfluß des Ausgangsmaterials auf die Bodeneigenschaften schärfer zu erfassen gestattete.

So äußerte J. CHR. HUNDESHAGEN, dem wir neben J. FR. L. HAUSMANN [110] eine der ersten Arbeiten in dieser Richtung verdanken [111]. „Durch die Felsart selbst ist also die Eigenschaft und Charakterisierung des ihr zugehörigen Bodens ohne weiteres, sobald aber zugleich auch ihre chemische Zusammensetzung im besonderen gegeben, als die Bodengattungen aller Gebirgsformationen hierauf erst einmal vollständig chemisch werden durchgeprüft seyn. Man ist alsdann in der größten Mehrzahl der Fälle der chemischen Zerlegung sobald überhoben, als man die Gebirgsformationen und ihre Einzellager mit Bestimmtheit zu unterscheiden weiß, und dafür setzt alsdann die land- und forstwirthschaftliche Gebirgskunde in den Stand" [111, S. 263]. Derartige Überlegungen bestimmten auch C. SPRENGEL, seiner „Bodenkunde" [78] einen umfangreichen Abschnitt über die Gesteinslehre vorauszuschicken, eine Übung, die lange Zeit befolgt wurde.

Die Bodenbeurteilung auf petrographischer Grundlage stützte sich allerdings in den meisten Fällen nicht auf die von HUNDESHAGEN geforderten chemischen Untersuchungen, wie sie später z. B. E. WOLFF [112] ausführte, vielmehr beschränkte man sich lange Zeit ganz überwiegend auf vergleichende Geländebeobachtungen.
Seit der Mitte des 19. Jahrhunderts wurde diese Forschungsrichtung besonders durch F. SENFT (z. B. [113]) und Fr. A. FALLOU [105] gefördert und in der Folgezeit mehr in die Breite als in die Tiefe ausgebaut. Sie führte zu zahlreichen Vorschlägen für die Klassifikation der Böden auf petrographischer Grundlage (vgl. M. STRZEMSKI [47]).
Im letzten Drittel des 19. Jahrhunderts bildete sich in Mitteleuropa sogar eine besondere „agrogeologische" Richtung in der Bodenkunde heraus (A. ORTH [114, 115]). Sie hatte für die Entwicklung der Bodenkartierung in Mitteleuropa nicht zu unterschätzende Bedeutung (vgl. H. STREMME [116]). Die Bezeichnung „Agrogeologie" war noch zu Beginn des 20. Jahrhunderts so eingebürgert, daß die ersten

[7] Vom Verfasser (E. E.) gesperrt

internationalen bodenkundlichen Konferenzen (Budapest 1909, Stockholm 1910, Prag 1922, Rom 1924) als „agrogeologische Konferenzen" durchgeführt wurden (vgl. auch P. TREITZ [117]).
Auch die forstliche Bodenkunde Mitteleuropas wurde von der geologischen bodenkundlichen Richtung sehr stark beeinflußt (vgl. F. SENFT [113], G. GREBE [118], E. RAMANN [119]).
Die Einseitigkeit der geologisch-petrographisch bodenkundlichen Richtung, die Böden und Lockergesteine gleichsetzte, wurde von V. V. DOKUČAEV [93, S. 259, 120, S. 415], A. A. JARILOV [8, 121] und anderen russischen Bodenkundlern ebenso lebhaft kritisiert, wie die der agrikulturchemischen Richtung. Bei aller Berechtigung dieser Kritik ist jedoch nicht zu übersehen, daß gerade die geologische Richtung in der Bodenkunde dem Verständnis der Böden als eigenartige Naturbildungen und der Entwicklung der Bodenkunde zu einer selbständigen Naturwissenschaft den Weg bereitet hat.
Außerordentlich bedeutungsvoll war insbesondere die Anwendung feldgeologischer Methoden auf die Untersuchung der Böden. Die morphologische Beschreibung von Bodenprofilen nach dem Vorbild der geologischen Profilbeschreibung zeigte, daß der Boden aus Horizonten aufgebaut ist. Das ist aber eine für die Böden besonders kennzeichnende Eigenschaft, die sie von den Lockergesteinen unterscheidet.

Zum Beispiel behandelte F. SENFT [113, S. 152/153] bereits 1847 die „Schichtung des Bodens", „welche entweder durch das verschiedene Gewicht der einzelnen Bodengemengtheile und durch die allmähliche Absetzung derselben in Wasser, oder durch die nach und nach erfolgende Bildung derselben zu erklären ist"[8], und unterschied u. a. „im Gebiete der Kalk- und Sandsteinformationen"

1. „Von noch nicht ganz zersetzten organischen Resten zu oberst eine dünne Lage" = „Verwesungsschichte",
2. „unter ihr die mit Humus untermengte . . . Schichte" = „Humusschichte",
3. „unter ihr rohe reine Mineralkrume . . . Enthält der Boden Eisenoxydationen, so erscheinen gewöhnlich in dieser und in 2 die Oxyde und Oxydhydrate. . . ." = „Rohbodenschichte".
4. „Hierunter bei mächtiger Entwicklung dieselbe Krume, . . . wenn Eisenoxydationen vorhanden sind, die Oxydule und Oxydulhydrate"
5. „zu unterst Sand, Grus, auch wohl Gerölle". Diese beiden letzten Schichten bezeichnete er auch als „Grundboden".

Ebenso erkannten 1860 E. W. HILGARD [122] und 1877 G. BERENDT [104] sowie vor allem V. V. DOKUČAEV [123] den Horizontaufbau des Bodens, wobei allerdings erst V. V. DOKUČAEV die Gesetzmäßigkeit dieser Erscheinung in vollem Maße würdigte.

Überhaupt ist es bemerkenswert, daß sowohl V. V. DOKUČAEV (vgl. B. B. POLYNOV und Mitarb. [124], E. EHWALD [125]) wie E. W. HILGARD (vgl. H. JENNY [126]) von geologischen Feldarbeiten aus zur Bodenkunde kamen und nicht zuletzt durch ihre geologische Schulung befähigt waren, im Boden mehr zu sehen als ein physiko-chemisches System und das Nährmedium der Kulturpflanzen. Andererseits muß betont werden, daß sich in der Lehre DOKUČAEVS, wie sogleich zu

[8] Vom Verfasser (E. E.) gesperrt

zeigen sein wird, geologische und geographische, insbesondere auch pflanzengeographische Vorstellungen vereinigten, während für E. W. HILGARD die Verbindung von geologischer, geobotanischer und chemischer Fragestellung und Untersuchungsmethodik kennzeichnend war (vgl. H. JENNY [126]).

Auch in neuerer Zeit hat die Anwendung geologischer und petrographischer Methoden und Fragestellungen wiederholt zu tieferen Einsichten in das Wesen des Bodens geführt:

So wurde durch die Verbindung geologischer, insbesondere quartärgeologischer und bodenkundlicher Untersuchungsverfahren und Fragestellungen gezeigt, daß die meisten Böden das Ergebnis einer langen und sehr wechselvollen Entwicklung sind und nicht nur als Funktion der gegenwärtig wirkenden Umweltfaktoren aufgefaßt werden dürfen (vgl. S. A. ZAKHAROV [127], E. MÜCKENHAUSEN [128]). Ihre Eigenschaften – insbesondere die der tieferen Horizonte – dürfen daher nicht ohne nähere Prüfung als Ergebnis rezenter Bodenbildungsvorgänge aufgefaßt werden. Sie können im Einzelfall auch aus früheren Stadien ihrer Entwicklungsgeschichte erhalten geblieben sein (vgl. W. H. BRYAN and L. J. H. TEAKLE [129]). Andererseits werden die Ergebnisse von Untersuchungen fossiler Böden immer häufiger zur Klärung geologischer, insbesondere quartärgeologischer Fragen herangezogen (vgl. W. L. KUBIENA [130, 131], I. P. GERASIMOV [132]). Überhaupt bildet die Paläopedologie ein neues wichtiges Bindeglied zwischen Bodenkunde und Geologie (vgl. F. SCHEFFER [133]).

Vor allem aber wurde durch die Anwendung der petrographischen Dünnschlifftechnik auf den Boden (vgl. W. L. KUBIENA [134]) eine außerordentlich fruchtbare Forschungsrichtung, die Bodenmikromorphologie entwickelt, welche die Besonderheit der Böden als eigenartige Naturerscheinungen vollständiger als bisher erkennen läßt und darüber hinaus Einblicke in ihre Entstehung und Entwicklung sowie in bezug auf ihre fruchtbarkeitsbestimmenden Eigenschaften gibt (vgl. W. L. KUBIENA [135]).

VI

Die Betrachtung des Bodens als Naturerscheinung, unabhängig von seiner Bedeutung für die Landwirtschaft, wurde, wie bereits erwähnt, zunächst von geologisch orientierten Bodenkundlern wie F. SENFT [113] und Fr. A. FALLOU [105] gefordert. Da sie jedoch Böden und Lockergesteine nicht unterschieden, wurde ihr Anspruch auf eine eigene Wissenschaft vom Boden gerade von geologischer Seite mit einem gewissen Recht bestritten (vgl. G. BERENDT [104]). Erst die Erkenntnis, daß die Böden Naturerscheinungen eigener Art sind, die einen nur ihnen eigentümlichen Aufbau und eine für sie kennzeichnende Stoffgruppe (die Huminstoffe) besitzen, die ihre eigene Entstehungsweise haben und einer systematischen Unterscheidung und Ordnung zugänglich sind, gab der sich am Ende des 19. Jahrhunderts entwickelnden naturwissenschaftlichen Bodenkunde ihre theoretische Begründung.

Diese Erkenntnis verdanken wir in erster Linie dem bereits mehrfach erwähnten russischen Geologen und Bodenkundler V. V. DOKUČAEV [92] (vgl. B. B. POLY-

NOV und Mitarb. [124]). Ihre Wurzeln liegen, wie schon dargelegt wurde, einerseits in der Anwendung geologischer Fragestellungen und feldgeologischer Methoden, andererseits geographischer Fragestellungen und Arbeitsmethoden auf die Bodenkunde. Insbesondere hat die von A. v. HUMBOLDT begründete Pflanzengeographie (M. DITTRICH [136], J. SCHMITHÜSEN [137]) DOKUČAEV entscheidende Anregungen vermittelt (E. EHWALD [125], I. P. GERASSIMOW [138]).

Allerdings ist A. v. HUMBOLDT [139, 140] dem Einfluß des Bodens auf die Verbreitung der Pflanzen nicht näher nachgegangen (vgl. E. EHWALD [125]). Ähnliches gilt für J. F. SCHOUW [141] und A. GRISEBACH [142]. Von den bedeutenden Pflanzengeographen der ersten 8 Jahrzehnte des 19. Jahrhunderts behandelte nur A. DE CANDOLLE [143] die Bodenabhängigkeit der Pflanzenwelt etwas eingehender, nachdem E. UNGER [144], J. THURMANN [145] u. a. eine lebhafte Diskussion über die Ursachen dieser Erscheinung entfacht hatten.

Andererseits hatten zahlreiche Bodenkundler, wie G. E. W. CROME [72], C. SPRENGEL [78], C. TROMMER [146] und F. SENFT [113] den Zeigerwert bestimmter Pflanzen, der schon im Altertum bekannt war (vgl. E. EHWALD [15]), für die Bodenbeurteilungen zu nutzen gesucht. Besonders E. W. HILGARD verstand die Beziehungen zwischen natürlicher Vegetation und Bodenfruchtbarkeit bei seinen Erkundungsarbeiten in Nordamerika (z. B. [122]) aufzuspüren (vgl. H. JENNY [126]).

Wichtiger aber war der von den Pflanzengeographen seit A. v. HUMBOLDT unternommene Versuch, Gemeinsamkeiten und Unterschiede in der Vegetation ganzer Landschaften vergleichend zu erfassen und aus den Umweltsbedingungen sowie der Vegetationsgeschichte zu erklären. Die vergleichende Betrachtungsweise, nicht nur auf Einzelmerkmale, sondern vor allem auch auf den Gesamtcharakter ganzer Landschaften bzw. ihrer Vegetation angewandt, wurde durch A. v. HUMBOLDT zur Hauptmethode der vergleichenden Geographie (vgl. A. HETTNER [147], G. SEIDEL [148]). Mit ihrer starken Betonung der Synthese war sie dem überwiegend analysierenden Vorgehen der Agrikulturchemiker des 19. Jahrhunderts ebenso entgegengesetzt, wie das von A. v. HUMBOLDT verfolgte Ziel: „die Erscheinungen der körperlichen Dinge in ihrem allgemeinen Zusammenhange, die Natur als ein durch innere Kräfte bewegtes und belebtes Ganze aufzufassen“ [149, 1, S. 33] dem Ziel der Agrikulturchemiker entgegengesetzt war, die Wirkung einzelner Bodeneigenschaften auf das Pflanzenwachstum oder die Beziehungen zwischen einzelnen Bodeneigenschaften oder Bodenvorgänge zu isolieren. In der Pflanzengeographie führte die vergleichende Methode auch zu dem immer erneut wiederholten Versuch, aus der unendlichen Mannigfaltigkeit der Vegetation Typen herauszuarbeiten. Das Bestreben, „die Natur als ein durch innere Kräfte bewegtes und belebtes Ganze aufzufassen“, zeigte sich dort u. a. in der Vereinigung von Vegetations- und Landschaftsschilderung, wie sie von A. v. HUMBOLDT in den „Ansichten der Natur“ [140] begonnen und von späteren Pflanzengeographen, wie z. B. A. KERNER v. MARILAUN [150], fortgesetzt worden war.

An diese geographischen bzw. pflanzengeographischen Fragestellungen und Methoden knüpfte V. V. DOKUČAEV an, als er seine Untersuchungen über die

russische Schwarzerde [93, 120] begann, in deren Verlauf er seine für die weitere Entwicklung der Bodenkunde so grundlegenden Theorien entwickelte.
Es sei aber darauf hingewiesen, daß die Richtung dieser Arbeiten DOKUČAEVS nicht nur durch die geschilderten wissenschaftlichen Anregungen, sondern auch durch ökonomische Bedingungen bestimmt wurde. Während, wie erwähnt, im dichtbesiedelten und seit Jahrhunderten landwirtschaftlich genutzten Mittel- und Westeuropa die Pflanzenerträge in erster Linie durch immer wiederholte Düngung gesteigert werden mußten, kam es in den riesigen extensiv bewirtschafteten Gebieten des damaligen Rußlands vor allem darauf an, die sehr verschiedenartigen Naturbedingungen erst einmal näher kennenzulernen, um sie richtig auszunutzen und gegebenenfalls durch vorwiegend landeskulturelle Maßnahmen ungünstige Bedingungen beseitigen zu können. Nicht zuletzt durch diese verschiedene Situation ist die unterschiedliche Entwicklung der Bodenkunde um die Jahrhundertwende in Mittel- und Westeuropa einerseits, Rußland andererseits zu erklären.

Darüber hinaus wurden die Arbeiten DOKUČAEVS auch durch spezielle ökonomische Gründe veranlaßt: Zwei schwere Dürren im russischen Schwarzerdegebiet während der 70er Jahre hatten nicht nur Hungersnöte verursacht, sondern auch den russischen Getreideexport empfindlich getroffen, so daß die „Freie ökonomische Gesellschaft" in Petersburg wissenschaftliche Untersuchungen organisierte mit dem Ziel, auf ihrer Grundlage die Erträge der Schwarzerdegebiete zu steigern [124, 125].

Im Verlauf seiner Arbeiten kam DOKUČAEV zu der Erkenntnis, daß der Boden als „natürlicher selbständiger Körper" aufgefaßt werden müsse, der, „wie jeder andere Körper, wie jeder andere Organismus, seine Herkunft, seine Entwicklungsgeschichte, seinen äußeren ... und inneren Charakter" besitze, der „immer und überall als Resultat der gemeinsamen Tätigkeit des Muttergesteins, lebender und abgestorbener Organismen ... des Klimas, des Alters des Landes und des örtlichen Reliefs" erscheine [93, S. 259/60]. Er forderte deshalb, daß der Bodenklassifikation „all das, nach Möglichkeit zusammengefaßt" zugrunde gelegt werden müsse und wies darauf hin, daß er „ allen ... großen und kleinen Bodengruppen nicht den Charakter von Arten, sondern von Typen" beimesse „und deshalb zwischen ihnen eine ganze Reihe von Übergängen" zulasse [151, S. 247]. In seiner Lehre von den Naturzonen [152, 153] benutzte DOKUČAEV die geographisch-vergleichende Methode nicht nur dazu, der Vegetationsgeographie die Grundzüge einer Geographie der Böden an die Seite zu stellen, vielmehr sah er die Böden stets im Rahmen der Landschaften und verknüpfte sie bewußt mit den übrigen Landschaftselementen. Den Boden betrachtete DOKUČAEV als Grenzbereich zwischen Mineralreich und Lebewelt. In der Bodenkunde erblickte er den „Kern der Lehre von den Wechselbeziehungen zwischen lebender und toter Natur, zwischen den Menschen und der übrigen, teils organischen, teils mineralischen Welt" [152, S. 399].
In all diesen Grundauffassungen DOKUČAEVS spiegeln sich die von A. v. HUMBOLDT in die Geographie und besonders die Pflanzengeographie getragenen Ideen aufs klarste wider. Darauf ist auch bereits wiederholt hingewiesen worden (vgl. E. EHWALD [125], I. P. GERASIMOV [138]).

Selbstverständlich finden sich Einflüsse der vergleichenden Geographie und speziell der Pflanzengeographie im letzten Drittel des 19. Jahrhunderts auch in den Arbeiten anderer bodenkundlich arbeitender Forscher, am deutlichsten in P. E. MÜLLERS „Studien über die natürlichen Humusformen [154, 155]". Auch die schon erwähnten „Typen der regionalen Bodenbildung" F. v. RICHTHOFENS [108] sind das Ergebnis der gleichen geographischen Methode, wenn sie auch, wie erläutert wurde, den Unterschied zwischen Böden und Verwitterungsdecken außer acht ließen. Ähnliche Einflüsse lassen sich auch bei E. W. HILGARD nachweisen, so z. B. in seiner bekannten Arbeit über den „Einfluß des Klimas auf die Bildung und Zusammensetzung des Bodens [156]. Jedoch tritt bei E. W. HILGARD das analytische Moment stärker hervor, er vergleicht mehr als DOKUČAEV Einzelmerkmale verschiedener Böden und weniger die Böden als Gesamterscheinungen (vgl. H. JENNY [126]).

Bekanntlich waren die geschilderten Auffassungen DOKUČAEVS nicht nur für die Entwicklung der Bodenkunde, sondern auch für zahlreiche Nachbarwissenschaften außerordentlich fruchtbar (vgl. [157]). Ihrem Weiterwirken in den Nachbarwissenschaften kann hier nicht nachgegangen werden. Auf dem Gebiet der Bodenkunde entwickelte sich unter seinem Einfluß eine Richtung, die man vielleicht als genetisch-geographisch bezeichnen darf. Von den Schülern und Nachfolgern DOKUČAEVS, so insbesondere N. N. SIBIRCEV [158] und K. D. GLINKA [159] wurde ja vor allem die Lehre von den genetischen Bodentypen und die Bodengeographie immer weiter ausgebaut (vgl. B. B. POLYNOV [160], V. R. VILJAMS [161]). Allerdings ist damit die Fortwirkung DOKUČAEVS in der Bodenkunde keineswegs erschöpft. So begründete L. G. VERNADSKIJ, ein unmittelbarer Schüler DOKUČAEVS, mit der Biogeochemie einen Wissenschaftszweig, der die von DOKUČAEV so stark hervorgehobene Stellung des Boden als Bindeglied zwischen lebender und toter Natur sowie im geologischen und biologischen Stoffkreislauf klar herauszuarbeiten gestattete [162]. Die Untersuchung dieser biogeochemischen Probleme in der Bodenkunde ist auch in der Gegenwart eine der wichtigsten — leider noch längst nicht ausreichend bearbeiteten Aufgaben der allgemeinen Bodenkunde (vgl. die Arbeiten von A. KOVDA [163], N. P. REMEZOV [164], u. a.).

Die Pflanzengeographie bzw. Geobotanik, der DOKUČAEV so viel verdankte, erhielt durch seine Theorien zahlreiche Anregungen (vgl. E. M. LAVRENKO [165]). Andererseits fand DOKUČAEVS Bestreben, den Boden mit der Vegetation sowie allen anderen Landschaftselementen zu verknüpfen, in der Theorie der Biogeocoenose des sowjetischen Geobotanikers V. N. SUKAČEV [166] einen besonders klaren Ausdruck und wirkte über die Geobotanik erneut in die Bodenkunde zurück.

Indessen ist auch auf einige nicht unbedenkliche Auswirkungen der Lehre vom „Boden als einheitlicher Naturkörper" hinzuweisen.

DOKUČAEV sprach bisweilen vom Boden als „Organismus" und nannte ihn einen „selbständigen" Naturkörper (z. B. [93, S. 259/60]). Derartige Formulierungen entsprangen bei DOKUČAEV offensichtlich dem Bestreben, eine Betrachtungsweise des Bodens zur Geltung zu bringen, welche den inneren Zusammenhang der in ihm ablaufenden Vorgänge wahrte und der Bedeutung des Bodens als eigenartiger Naturerscheinung gerecht wurde im Gegensatz zu der einseitig analysierenden Betrachtungsweise der Agrikulturchemiker, die sich zudem mit dem Boden nur als Objekt landwirtschaftlicher Nutzung beschäftigten. Derartige

Formulierungen waren jedoch Ausgangspunkt für eine gelegentliche Überbetonung der rein naturwissenschaftlichen Seite der Bodenkunde und einer Vernachlässigung der Bodenfruchtbarkeitsprobleme durch Vertreter der genetisch-geographischen Richtung. Diese lag DOKUČAEV selbst völlig fern, wie seine Arbeiten über die Bodenbonitierung zeigen [167].

Aber auch die Übertragung neovitalistischer und finalistischer Auffassungen auf den Boden wurde durch die genannten Formulierungen begünstigt.

Solche Auffassungen klingen z. B. an, wenn W. L. KUBIENA [168–170] die Böden als „lebende Ganzheiten" bezeichnet, deren Teilen „ein bestimmter funktioneller Charakter" zustehe, woraus sich eine „organismusähnliche Ausrichtung der Einzelgeschehnisse im Dienste des Gesamtbodens[9] ergebe [169, S. 6], oder wenn KUBIENA das „Kennzeichnende des Bodenlebens" „in seiner charakteristischen, kunstvoll zu einer Einheit verwobenen, nach einem bestimmten Ziel strebenden[9], in seinen Einzelheiten sich gegenseitig bedingenden Gesamtheit" sieht [170, S. 556]. Hier ist die synthetische Betrachtung nicht nur die dialektisch notwendige Ergänzung der Analyse, wie es offenbar noch bei DOKUČAEV der Fall war, hier mischen sich in die Reaktion gegen eine rein mechanistische Erklärung komplizierter organisch-anorganischer Systeme teleologische Gesichtspunkte, wie sie für eine Reihe von Ökologen mit idealistischer Grundauffassung kennzeichnend sind, so z. B. für K. FRIEDERICHS [171] und seine Lehre vom Holozön.

Finalistische Vorstellungen spielen übrigens auch in der Klimaxhypothese eine Rolle, die aus der geobotanischen Successionslehre F. E. CLEMENTS [172] in die Lehre von der Bodenentwicklung Eingang gefunden hat (vgl. W. L. KUBIENA [169]). Diese ist ebenfalls von V. V. DOKUČAEV [167] begründet worden, wenn auch ihre Wurzeln weiter zurückreichen (vgl. E. EHWALD [1]) und die Vorstellung, daß auch die Böden eine gesetzmäßige Entwicklung durchlaufen, vor allem auf den Einfluß von CH. DARWIN zurückzuführen sein dürfte (vgl. A. A. JARILOV [173]). Ihre weitere Ausgestaltung wurde jedoch durch pflanzengeographische bzw. geobotanische Forschungen wesentlich mitbestimmt (vgl. E. EHWALD [1], A. A. RODE [174]) – ein weiteres Beispiel für die Fruchtbarkeit der Wechselwirkungen zwischen Pflanzengeographie (Geobotanik) und Bodenkunde (vgl. auch H. PALLMANN [175]).

VII

Für die Ausbildung der modernen Bodenkunde und die vollständige Erfassung aller wesentlichen Seiten des Bodens waren weiterhin biologische Entwicklungslinien bedeutsam, die wenigstens kurz skizziert werden sollen.

Die eine dieser Entwicklungslinien zweigt von der Agrikulturchemie ab. Das Problem der Stickstoffernährung der Pflanzen, das bereits von J. B. BOUSSINGAULT intensiv bearbeitet worden war (vgl. D. N. PRJANISCHNIKOW [176]), fand bekanntlich seine Lösung erst, nachdem L. PASTEUR durch seine Arbeiten über die Gärungserscheinungen und die Rolle der Bakterien bei den ansteckenden

[9] Vom Verfasser (E. E.) gesperrt

Krankheiten die allgemeine Aufmerksamkeit auf die Bedeutung der Mikroorganismen in der Natur gelenkt hatte. Im Rahmen der nun rasch aufblühenden Mikrobiologie (vgl. W. BULLOCH [177]) waren auch die Voraussetzungen für die Entstehung der Bodenmikrobiologie gegeben, deren Geschichte bereits wiederholt dargestellt worden ist (z. B. S. A. WAKSMAN [178, 179]).

Sehr bald nach den grundlegenden Arbeiten PASTEURS konnten nicht nur die Stickstoffumsetzungen im Boden auf mikrobiologischer Grundlage geklärt werden (vgl. D. N. PRJANISCHNIKOW [176]). Auch die Zersetzung der organischen Stoffe im Boden und Stallmist, die noch von J. v. LIEBIG [180] als rein chemischer Oxydationsprozeß aufgefaßt worden war, wurde, nachdem L. PASTEUR [181] selbst auf die Bedeutung der mikrobiellen Zersetzung der organischen Substanzen für den Stoffkreislauf und die Erhaltung des Lebens hingewiesen hatte, von P. DEHÉRAIN [182] und E. WOLLNY [183, 184] als Ergebnis der Lebenstätigkeit von Mikroorganismen nachgewiesen.

Der Boden erschien nun in viel größerem Umfang belebt als man früher angenommen hatte. Freilich hatte CHR. G. EHRENBERG (z. B. [185]) schon seit Ende der 30er Jahre des 19. Jahrhunderts den Boden als Lebensraum zahlreicher Protozoen, Diatomeen und anderer Mikroorganismen geschildert, jedoch nahm – wie nochmals betont werden muß – die bodenmikrobiologische Forschung nicht von diesen Arbeiten EHRENBERGS, sondern von den agrikulturchemischen Arbeiten über das Stickstoffproblem ihren Ausgang. So ist es auch bezeichnend, daß F. LÖHNIS [186] im Anklang an die Bezeichnung Agrikulturchemie von einer „landwirtschaftlichen Bakteriologie" oder „Agrikulturbakteriologie" sprach.

Eine weitere biologische Entwicklungslinie in der Geschichte der Bodenkunde hat recht verschiedene Wurzeln. Die eine geht von CH. DARWIN aus (vgl. A. A. JARILOV [173]), dessen jahrzehntelange Untersuchungen über die Bildung der Humuserde durch die Tätigkeit der Regenwürmer, abgesehen von einer kurzen Mitteilung aus dem Jahre 1840 [187], erst 1881 veröffentlicht wurden [188].

DARWIN stellte erstmalig die Bodenbildung als einen durch die Lebenstätigkeit von Organismen bedingten Prozeß dar, als Summe von geringfügigen Einzelwirkungen, die in geologischen Zeiträumen eine bedeutende Gesamtwirkung ergeben. Auch methodisch wies diese Arbeit DARWINS durch die Anwendung langjähriger Freilandexperimente neue, allerdings in der Folge lange Zeit wenig beschrittene Wege.

Etwa gleichzeitig mit DARWINS Buch über die Regenwürmer erschienen die „Studien über die natürlichen Humusformen des Waldbodens" von P. E. MÜLLER [154, 155], den mit DARWIN die biologische, mit DOKUČAEV die typologisch vergleichende Betrachtungsweise verbindet. Auch in Rußland wurden etwa gleichzeitig durch P. A. KOSTYČEV [189] die biologischen Gesichtspunkte bei der Schwarzerdebildung hervorgehoben.

Es ist interessant zu sehen, von wie verschiedenen Seiten die genannten drei Begründer der biologischen Richtung in der Bodenkunde herkamen: DARWIN in den hier zu besprechenden Untersuchungen von der Geologie und Tierökologie, P. A. KOSTYČEV von der Agrikulturchemie und der mit ihr verbundenen Mikrobiologie, während P. E. MÜLLER von der in Dänemark seit J. E. SCHOUW heimischen Pflanzengeographie bzw. Ökologie (vgl. P. E. MÜLLERS Zeitgenossen E. WARMING [190]) sowie durch seine forstlich-biologische Schulung beeinflußt war.

Mit den mikrobiologischen Forschungen über die Zersetzung der organischen Substanzen und den Untersuchungen DARWINS und MÜLLERS über die Humusbildung wurden die von den Agrikulturchemikern und geologischen Bodenkundlern des 19. Jahrhunderts vielfach vernachlässigten Humusprobleme nicht nur erneut aufgenommen, sondern auch wesentlich gefördert. Ihre Bearbeitung mit sowohl mikrobiologischen und bodenzoologischen wie chemischen Methoden hat seitdem immer größere Bedeutung erlangt (Zur Geschichte des Humusproblems vgl. u. a. S. A. WAKSMAN [191] und M. M. KONONOWA [192])

Auch in der von VERNADSKIJ begründeten Biogeochemie, die bereits kurz genannt worden war, wirkt die biologische Richtung in der Bodenkunde bis in die Gegenwart fort. Das findet in der von V. R. VILJAMS [193] aufgestellten These, daß die Interferenz des geologischen und biologischen Kreislaufes das Wesen der Bodenbildung ausmache, einen besonders klaren Ausdruck. Ferner sei die ebenfalls auf V. R. VILJAMS zurückgehende Auffassung von der führenden Rolle des biologischen Faktors in der Bodenentwicklung hervorgehoben (vgl. E. EHWALD [1]).

VIII

Die Synthese der vier großen Entwicklungslinien in der Geschichte der Bodenkunde ist vor allem den um die Jahrhundertwende erschienenen zusammenfassenden Werken von N. M. SIBIRCEV [194], E. RAMANN [103] und E. W. HILGARD [195] zu verdanken. Zwar sind die leitenden Gesichtspunkte bei diesen Forschern jeweils noch mehr oder weniger unterschiedlich, jedoch stellen sie die wichtigsten Wesensmerkmale des Bodens im großen und ganzen vollständig und richtig dar.

Die weitere Entwicklung seit dieser Zeit zu verfolgen, ist im Rahmen eines Zeitschriftenaufsatzes unmöglich. Das Weiterwirken der genannten großen Entwicklungslinien bis in die neueste Zeit wurde ja im Vorstehenden wenigstens an einigen Beispielen aufgezeigt.

Abschließend soll nochmals folgendes hervorgehoben werden: Die Böden sind gleichzeitig

- komplizierte physiko-chemische und zugleich belebte Systeme,
- Naturbildungen mit eigenartigem Aufbau und eigenen Stoffgruppen,
- Grenz- und Durchdringungsbereiche von Lithosphäre, Hydrosphäre, Atmosphäre sowie wichtige Teile der Biosphäre,
- Bestandteile von Biogeocoenosen und Landschaften,
- Funktionen gegenwärtiger und früherer Umweltsbedingungen und als solche das Ergebnis einer oft langen und wechselvollen Entwicklungsgeschichte unter der Einwirkung von Naturfaktoren und der gesellschaftlichen Arbeit vieler Generationen,
- Vegetationsfaktor, insbesondere Wurzelort und Nährmedium der Pflanzen, wichtigstes Produktionsmittel der Land- und Forstwirtschaft.

Die Böden können und müssen also unter sehr verschiedenen Gesichtspunkten betrachtet werden, ihr Wesen kann niemals von einer Arbeitsrichtung allein, sondern nur durch die Vereinigung zahlreicher Arbeitsrichtungen erfaßt werden. Das spiegelt sich mit Notwendigkeit auch in der Geschichte der Bodenkunde wider. Die so mannigfaltige Natur des Bodens geht zahlreiche Diziplinen der Natur- und auch der Gesellschaftswissenschaften an. Daher ist für die Geschichte der Bodenkunde das Ineinandergreifen mehrerer Wissenschaften kennzeichnend. Die jeweiligen Grundvorstellungen und der methodische Entwicklungsstand dieser Wissenschaften verbinden sich zu verschiedenen Zeiten in der vielfältigsten Weise miteinander, treten sich aber bisweilen auch schroff gegenüber.

Wenn daher im Vorstehenden einige Entwicklungslinien in der Geschichte der Bodenkunde isoliert und herausgegriffen wurden, so darf darüber nicht vergessen werden, daß sie sich untereinander aufs mannigfaltigste beeinflußt und in vielseitigen Forscherpersönlichkeiten auch vereinigt haben. Auch dafür konnten einzelne Beispiele angeführt werden. Aufgabe einer künftigen Geschichte unseres Fachgebietes muß es sein, nicht nur die großen Entwicklungslinien und ihre im Laufe der Zeit immer feiner sich verästelnden Zweige, sondern auch ihre gegenseitige Beeinflussung zu schildern.

Zusammenfassung

Die Geschichte der Bodenkunde darf sich nicht damit begnügen, Entstehen, Wachstum und Wandlungen der Kenntnisse und Vorstellungen über den Boden in ihrer zeitlichen Folge darzustellen. Vielmehr muß versucht werden, die Verbindungslinien zwischen den einzelnen Erkenntnisfortschritten und Lehrmeinungen sichtbar zu machen und ihr Entstehen sowie gegebenenfalls ihre Ablösung durch neue Vorstellungen zu erklären. Dabei müssen die Beziehungen zu den Anschauungen in den Grund- und Nachbarwissenschaften sowie zu den philosophischen Auseinandersetzungen der jeweiligen Zeit hergestellt und der Einfluß der technisch-ökonomischen Entwicklung, insbesondere der Land- und Forstwirtschaft, sowie der gesellschaftlichen Gesamtentwicklung herausgearbeitet werden.

Als Beispiel werden folgende Entwicklungslinien in der Geschichte der Bodenkunde kurz geschildert:

1. das Weiterwirken antiker Vorstellungen über die Erden als eine besondere Gruppe von Mineralen, über die Rolle des Bodens als Magen der Pflanzen und die Ernährung der Lebewesen durch ihnen gleichartige Stoffe,
2. die ersten Forschungen über die Ursachen der Bodenfruchtbarkeit in Abhängigkeit von der ökonomischen Entwicklung während der Herausbildung kapitalistischer Produktionsverhältnisse und der Entwicklung der Chemie,
3. Entwicklung und Weiterwirken der agrikulturchemischen sowie der geologischen Richtung in der Bodenkunde des 19. Jahrhunderts,
4. die Bedeutung pflanzengeographischer Vorstellungen und Methoden sowie ökonomischer Verhältnisse für die Entwicklung der genetisch-geographischen

Richtung und die Begründung der Bodenkunde als selbständiger Naturwissenschaft durch Dokučaev sowie das Weiterwirken dieser Vorstellungen,
5. die Entwicklung der biologischen Richtung in der Bodenkunde,
6. die Synthese der vier genannten Richtungen durch Sibircev, Ramann und Hilgard.

Резюме

История почвоведения не должна ограничиваться хронологическим описанием возникновения, развития и преобразования знаний и представлений о почве. Скорее, надо стараться вскрыть связи между отдельными этапами в прогрессе познаний, объяснить их возникновение и (при данных условиях) их замену новыми взглядами. При этом надо установить связи с взглядами в основных и сопряженных науках, а также с философскими дискуссиями данной эпохи и выяснить влияние технико-экономического развития, особенно лесного и сельского хозяйства и развития общества в целом.

В качестве примера кратко описываются следующие линии развития истории почвоведения:

1. Влияние представлений ученых древнего мира о „землях", как особой группе минерадов, о роли почвы как желудка растений и о питании живых организмов им подобными веществами, до начала XIX века.
2. Первые исследования о причинах плодородия почв в связи с экономическим развитием в период возникновения капиталистических производственных отношений и развития химии.
3. Развитие и влияние агрикультурхимического и геологического направлений в почвоведении XIX века.
4. Значение геоботанических взглядов и методов, а также экономических условий для развития географо-генетического направления и основания Докучаевым почвоведения как самостоятельной естественной науки, а также влияние этих геоботанических воззрений.
5. Развитие биологического направления в почвоведении.
6. Синтез четырех упомянутых направлений Сибирцевым, Раманном и Гильгардом.

Summary

Soil science history must not be restricted to chronologically describing origin, development, and changes in knowledge and conceptions about the soil. Soil science historians must try to show the interrelations between the individual progressive steps of knowledge and doctrines and to explain their origin and, if necessary, the way they were substituted by new conceptions. They have to work out the relationships to the fundamental and related sciences and to the philosophical controversies of the epoch in question. They must at the same time point to the influence exercised by technological progress and economic development (especially in agriculture and forestry) and of the social development as a whole.

For example, the following lines of development in the history of soil science are briefly described:

1. The continued effect exercised by the antique conceptions about „Earths" as a special group of minerals, about the role of the soil as the stomach of the plants, and about the nutrition of living beings by means of materials similar to their own nature.
2. The beginning of research into the causes of soil fertility influenced by the economic development during the rising of the capitalistic manner of production and the development of chemistry.
3. The development and effects of agricultural-chemical and geological soil science during the 19th century.
4. The importance of conceptions and methods in plant geography, and the economic conditions for the development of the genetical-geographical school and for DOKUCAEV's foundation of soil science as an independent natural science, and also for the continued effect exercised by these plant-geographical conceptions.
5. The development of the biological trend in soil science.
6. The synthesis of the four above-named schools by SIBIRCEV, RAMANN and HILGARD.

Literaturverzeichnis

[1] EHWALD, E.: Das Problem der Bodenentwicklung. Dt. Akad. Landwirtsch.-Wiss. Berlin, Ber. u. Vortr. IV, 1959, 68–97, Berlin

[2] BRAUNGART, R.: Die Wissenschaft in der Bodenkunde. Ein Leitfaden für geobotanisch-ökonomische Studien . . . usw. o. J. (1876), Berlin u. Leipzig, Verl. H. Voigt

[3] NEUSS, O.: Die Entwicklung der Bodenkunde von ihren ersten Anfängen bis zum Beginn des 20. Jahrhunderts. Int. Mitt. Bodenkde. 1914, 4, 453–495

[4] GIESECKE, F.: Geschichtlicher Überblick über die Entwicklung der Bodenkunde bis zur Wende des 20. Jahrhunderts. In: E. BLANCK, Hdb. d. Bodenlehre. 1, 1929, 28–86, Berlin. Verl. J. Springer.

[5] SCHARRER, K., und A. STROBEL: Die Entwicklung der Agrikulturchemie. Fortschr. Landwirtsch. 1926, 24, 23–26, 58–62

[6] BROWNE, CH. A.: A source book of agricultural chemistry. Chron. Bot. 1944, 8, (1), Waltham (Mass.), Chronica Botanica Co.

[7] RUSSEL, J. a. E. W.: Soil conditions and plant growth. 1961, 9. ed., S. 1–23, London u. a. a. O., Longmans

[8] ЯРИЛОВ, А. А.: Педология, как самостоятельная естественнонаучная дисциплина о земле. (JARILOV, A. A.: Die Pedologie als selbständige naturwissenschaftliche Disziplin von der Erde.) 1904/05, 2 Bde. Юрьев (Jur'ev), К. МАТТИСЕН

[9] RAMANN, E.: Bodenkunde. 1911, 3. Aufl., Berlin, Verl. J. Springer

[10] OLCK, F.: Stichwort „Boden" in PAULY's Real-Encyclopädie class. Altertumswiss. Neue Bearb. hrsg. v. G. WISSOWA, 1899, 3, 582–591

[11] JARILOV, A.: Die Keime der Pedologie in der alten Welt. Int. Mitt. Bodenkde. 1913, 3, 240–256

[12] БОГАЕВСКИЙ, Б.: Земля и почва в земледельческих представлениях древней Греций. (BOGAEVSKIJ, B.: Erde und Boden in den landwirtschaftlichen Vorstellungen des alten Griechenland.) Ж. минист. народн. просвещ. 1912. Нов. сер. 37, январь,. Огд. классич. филол. 1–26. С. Петерб. (Z. Minist. Volksbildg. 1912. Neue Ser. 37, Januar, Abt. Klass. Philol., 1–26, St. Petersburg)

[13] Лясковский, С. А.: Наука о сельском хозяйстве в связи с общим развитием естествознания в классической Греции до Феофраста. (LJASKOVCKII, S. A.: Die Landwirtschaftswissenschaft im Zusammenhang mit der allgemeinen Entwicklung der Naturwissenschaft im klassischen Griechenland bis Theophrast.) In: М. С. Альтман и. сотр. Из истории материального производства античного мира. (M. S. ALTMAN u. Mitarb.: Aus der Geschichte der materiellen Produktion der antiken Welt.) Изв. гос. акад. инст. материальной культуры им. Н. Я. Марра. (Nachr. Staatl. Akad. Gesch. materiell. Kultur „N. J. Marr") 1935, 108, 184–221), ОГИЗ. Москва-Ленинград (Sozialökon. Staatsverl. Moskau u. Leningrad)

[14] STRZEMSKI, M.: Gleboznastwo rzymu starozytnego. (Die Bodenkunde des alten Rom.) Menander 1958, 13, 371–382 u. 424–432

[15] EHWALD, E.: Entwicklungslinien in der Bodenkunde vom klassischen Altertum bis zum 18. Jahrhundert. Thaer-Arch. 1962, 6, 95–110

[16] XENOPHON: Oeconomicus. In: XENOPHON: Scripta minora. Pars. prior. Oeconomicum ..... etc. continens. Post L. DINDORF ed. TH. THALHEIM. (Bibl. Teubn.), 1910, Lipsiae, in aedib. B. G. TEUBNERI

[17] THAER, A.: Der Oeconomicus des Xenophon. Ein Beitrag zur Geschichte des Landbaues. Fühlings landwirtsch. Ztg. 1899, 48, 18–21, 50–54, 100–105

[18] THEOPHRASTI ERESII: Opera, quae supersunt, omnia graece et latine interpretatus est FR. WIMMER, 1866, Paris, ED. A. F. DIDOT

[19] THEOPHRASTUS on stones. Introduction, greek text, engl. transl. a. comm. E. R. CALEY, J. F. C. RICHARDS. 1956, Columbus (Ohio), Ohio State Univ.

[20] EHWALD, E.: Theophrast von Eresos und seine Bedeutung in der Geschichte der Bodenkunde und Standortslehre. Ms.

[21] M. PORCI CATONIS: De agri cultura ad fidem florentini codicis deperditi ed. A. MAZZARINO. (Bibl. Teubn.), 1962, Lipsiae, in aedib. B. G. Teubneri

[22] BREHAUT, E.: Cato the censor on farming. 1933, New York, Columbia Univ. Press.

[23] MARCI PORCI CATONIS: De agricultura liber. МАРК ПОРЦИЙ КАТОН земледелие. Перев. и коммент. М. Е. Сергеенко. (Übers. u. Komment. M. E. Sergeenko) 1950, Москва-Ленинград, Изд. АН СССР (Moskau–Leningrad, Verl. Akad. Wiss. UdSSR)

[24] CATO VARRO COLUMELLA PLINIUS: De agricultura. КАТОН ВАРРОН КОЛУМЕЛЛА Плиний: о сельском хозяйстве. 1957, Москва, Гос. изд. сельскохоз. лит. (Moskau Staatsverl. landwirtsch. Lit.)

[25] MARCUS PORCIUS CATO: On agriculture
MARCUS TERENTIUS VARRO: On agriculture with Engl. transl. W. D. HOOPER rev. H. BOYD-ASH (Loeb Classic. Libr.) 1934, London, W. Heinemann – Cambridge, Mass., Harvard Univ. Press.

[26] M. TERENTI VARRONIS: Rerum rusticarum libri tres. Post H. KEIL iterum ed. G. GOETZ. Editio nova correctior. (Bibl. Teubn.), o. J. (1929), Lipsiae, in aedib. B. C. Teubneri

[27] VERGIL: Georgika. Hrsg. u. erklärt v. W. RICHTER. Das Wort der Antike. 1957, 5, München, M. Huber-Verl.

[28] BILLIARD, R.: L'agriculture dans l'antiquité d'après les Géorgiques de Virgile. 1928, Paris, E. de Boccard, Éd.

[29] C. PLINIUS SECUNDUS: Naturalis historiae, libri XXXVII Post L. JANI obitum recogn. ... C. MAYHOFF. (Bibl. Teubn.), 5 Bde., Lipsiae, 1892–1909, in aedib. B. G. Teubneri

[30] LUCIUS JUNIUS MODERATUS COLUMELLA: On agriculture with a recens. of the text and an Engl. transl. H. BOYD-ASH, 3 Bde. (2 u. 3 H. BOYD-ASH a. E. S. FORSTER a. E. H. HEFFNER). 1948–1954, Cambridge, Mass., Harvard Univ. Press, London, W. Heinemann

[31] PALLADII RUTILII TAURI AEMILIANI viri illustris Opus agriculturae ex rec. J. C. SCHMIDTII, 1898, (Bibl. Teubn.), Lipsiae, in aedib. B. G. Teubneri

[32] Geoponica sive CASSIANI BASSI scholastici de re rustica eclogae. Rec. H. BECKH, 1895, Lipsia, in aedib. B. G. Teubneri

[33] Геопоноки. Византийская сельско-хозяйственная энциклопедия X века. Введение, перевод с греческого и комментарий Е. Э. Липшиц (Die Geoponiker. Eine byzantinische landwirtschaftliche Enzyklopädie des 10. Jahrh. Einführung, Übersetzg. a. d. Griechischen u. Komm. E. E. LIPŠIC), 1960, Москва-Ленинград, Изд. АН СССР. (Moskau u. Leningrad, Verl. Akad. Wiss. UdSSR).

[34] LONES, T. E.: Aristotle's researches in natural science. 1912, London, West, Newman a. Co.

[35] LIPPMANN, E. v.: Chemisches und Alchemisches aus Aristotles. In: E. v. LIPPMANN. Abh. Vortr. Gesch. Naturwiss. 1913, 2, 64—156, Leipzig, Verl. Veit u. Co.

[36] ARISTOTLE: On coming-to-be and passing-away (De generatione et corruptione). A revised text with introduct a. comm. by H. H. JOACHIM, 1922, Oxford, Clarendon Press.

[37] DÜRING, I.: Aristotles chemical treatise, Meteorologica, book IV with introd. a. comment. Göteborgs Högskolas Årsskr. 1944, 50, (2)

[38] WIMMER, FR.: Phytologiae aristotelicae fragmenta. 1838, Vratislaviae, Max et Soc.

[39] Oeuvres complètes d'HIPPOCRATE. Tratuction nouv. avec le texte grec ... accompagnée d'une introduction etc. par É. LITTRE. 1839—61, 10 Bde., Paris, chez I. B. Baillière

[40] REGENBOGEN, O.: Eine Forschungsmethode antiker Naturwissenschaft. Quellen u. Studien Gesch. Math. 1930, 1, (2), 131—182

[41] PETRUS DE CRESCENTIIS: De agricultura, omnibusque plantarum et animalium generibus, libri XII. 1538, Basileae, per H. Petrum

[42] CAROLI à LINNÉ: Systema naturae per regna tria secundum classes, ordines, genera, species, cum characteribus et differentiis. 1768, 3, Holmiae, Imp. Direct Laurentii Salvii

[43] Ярилов, А. А.: Карл Линней и почвоведение. (Untertitel: Charles Linné et la pédologie par Dr. A. JARILOFF.) Почвоведение (Bodenkunde) 1910, 12, 227—233

[44] WALLERIUS, J. G.: Systema mineralogicum quo corpora mineralia in classes, ordines, genera et species suis cum variationibus divisa distribuntur, atque observationibus, experimentis et figuris aeneis illustrantur T. I. In quo terrae et lapides describuntur. 1772, Holmiae, Imp. Direct. Laurentii Salvii

[45] Ярилов, А. А.: И. Г. Валлериус. (Untertitel: J. G. Vallerius par Dr. A. JARILOFF.) Почвоведение (Bodenkunde) 1910, 12, 27—35 u. 115—131

[46] THAER, A.: Versuch einer Ausmittlung des Reinertrages der produktiven Grundstücke mit Rücksicht auf Boden, Lage und Örtlichkeit zu genauerer Prüfung vorgelegt. Ann. Fortschr. Landwirtsch. 1813, 4, 3. St., 361—516

[47] STRZEMSKI, M.: Zarys rozwoju naukowej systematyki gleb. (Summ. Outline of the development of the systematics of soil.) Materiały poznania gleb polskich 1947, 6, Puławy

[48] DUHAMEL DU MONCEAU, H. L.: Élements d'agriculture. 1762, Paris, chez H. L. Guerin et L. F. Delatour.

[49] Agriculturae fundamenta chemica J. G. WALLERIO praeside publice ventilanda exhibet G. A. GYLLENBORG. 1761, Upsaliae

[50] HUNDESHAGEN, J. CHR.: Die Bodenkunde in land- und forstwirtschaftlicher Beziehung. 1830, Tübingen, b. H. Laupp

[51] SPRENGEL, C.: Chemie für Landwirthe, Forstmänner und Cameralisten. 1. Theil, 1831, 2. Theil, 1832, Göttingen b. Vandenhoeck u. Ruprecht

[52] WIESNER, J.: Jan Ingen-Housz. Sein Leben und sein Wirken als Naturforscher und Arzt. 1905, Wien, Verl. L. Konegen

[53] TROENDLE, A.: Geschichte des Atmungs- und Ernährungssystems bei den Pflanzen. Veröff. Schweiz. Ges. Gesch. Medizin u. Naturwiss. 1925, 4

[54] BERNAL, J. D.: Die Wissenschaft in der Geschichte. 1961, Berlin, Dt. Verl. Wiss.

[55] GUGEL, K. F.: Johann Rudolph Glauber 1604—1670, Leben und Werk. Mittelfränkische Hefte 1955, (22), Würzburg
[56] GLAUBER, J. R.: Miraculi mundi continuatio . . . etc. 1657, Amsterdam, Bey J. Jansson
[57] SHAW, P.: The philosophical works of the honorable ROBERT BOYLE, Esq., abridged, methodized and disposed under the general heads of . . . 3 Bde., 1725, London, W. a. J. Innys
[58] Enquiries concerning agriculture. Philosoph. Trans. 1665, 1, 91—94
[59] TULL, J.: The horse-houing husbandry or, an essay on the principles of agriculture and vegetation etc. by J. TULL, 1733, London, Printed for the author
[60] KÜLBEL, J. A.: Dissertatio . . . quaenam sit causa fertilitatis terrarum. Dissertation quelle soit la cause de la fertilité des terres. 1740, Dresden, chez G. C. Walther, libr. de la cour
[61] EHWALD, E.: Die Forschungen Johan Adam Külbels über die Ursachen der Bodenfruchtbarkeit und ihre Bedeutung für die Entwicklung der Bodenkunde und Agrikulturchemie. Probl. actuale biologie şi ştinţe agricole. Lucr. dedic. G. JONESCU-ŞIŞEŞTI . . . a 75 de ani. 1960, 415—420, Bucureşti, Ed. Acad. Rep. Pop. Romine
[62] HOME, FR.: The principles of agriculture and vegetation. 1759, Secd. Ed., London, Printed f. A. Millar etc.
[63] DAVY, H.: Elements of agricultural chemistry, in a course of lectures for the Board of agriculture. 1813, London, Longman, Hurst, Rees, Orme a. Brown
[64] DAVY, H.: Elemente der Agrikulturchemie in einer Reihe von Vorlesungen, gehalten vor der Gesellschaft zur Beförderung des Ackerbaues. Aus d. Engl. übers. v. F. WOLFF u. m. Anmerkungen u. e. Vorrede begleitet v. A. THAER. 1814, Berlin, i. d. Nicolaischen Buchh.
[65] ЯРИЛОВ. А. А.: Гумфри Дэви и его учение о почве. (Untertitel: Humphry Davy et son étude des sols par le dr. A. JARILOFF.) Почвоведение (Bodenkunde) 1907, 9, 357—380
[66] PETERSEN, A.: Albrecht Daniel THAER. Eine kritische Würdigung zu seinem 200. Geburtstag. Sitz.-Ber. Dt. Akad. Landwirtsch.-Wiss. Berlin 1952, 1, (4)
[67] THAER, A.: Einleitung zur Kenntniß der englischen Landwirtschaft und ihrer neueren practischen und theoretischen Fortschritte in Rücksicht auf Vervollkommnung deutscher Landwirtschaft für denkende Landwirthe und Cameralisten. 1—3, 1798—1804, Hannover, b. d. Gebr. Hahn
[68] THAER, A.: Grundsätze der rationellen Landwirtschaft. 1—4, 1809—1812, Berlin, i. d. Realschulbuchh.
[69] EINHOF, H.: Anleitung zur Kenntniß der chemischen Beschaffenheit des Bodens, für praktische Landwirthe entworfen. Arch. d. Agriculturchemie 1806, 2, (2), 304—369 u. 1808, 3, (1), 67—106
[70] EINHOF, H.: Grundriß der Chemie für Landwirthe aus HEINRICH EINHOFS hinterlassenen Dictaten, hrsg. v. A. THAER, 1808, 1. Th., Berlin, i. d. Realschulbuchh.
[71] CROME, G. E. W.: Agronomische Beyträge. Arch. d. Agriculturchemie, 1812, 5, (2), 350—436
[72] CROME, G. E. W.: Der Boden und sein Verhältniß zu den Gewächsen . . . etc. 1812, Hannover, b. d. Gebr. Hahn
[73] SAUSSURE, TH. DE: Recherches chimiques sur la végétation. An. XII (1804), Paris, chez la VeNyon, Libr.
[74] Archiv der Agriculturchemie für denkende Landwirthe etc. Hrsg. v. D. S. F. HERMBSTAEDT. 1804—1818, Berlin, i. d. Realschulbuchh.
[75] CLOW, A. a. N. L.: The chemical revolution. 1952, London, Batchworth Press
[76] BERGMAN, T.: De terris geoponicis. In: TOBERNI BERGMAN . . . opuscula physica et chemica etc. 1779—1788, 5, 59—110, Lipsiae, in Offic. Mülleriana

[77] KIRWAN, R.: What are the manures most advantageously applicable to the various sorts of soils, and what are the causes of their beneficial effect in each particular instance. Trans. Royal Irish Acad. Science 1794, **5**, 129–198

[78] SPRENGEL, C.: Die Bodenkunde oder die Lehre vom Boden nebst einer vollständigen Anleitung zur chemischen Analyse der Ackererden und den Resultaten von 170 chemisch untersuchten Bodenarten ... usw. 1837, Leipzig, Verl. v. J. Müller

[79] SCHÜBLER, G.: Untersuchungen über die physischen Eigenschaften der Erden. Landwirthsch. Bl. Hofwyl. hrsg. E. v. FELLENBERG, 1817, **5**, 5–98

[80] SCHÜBLER, G.: Grundsätze der Agriculturchemie in näherer Beziehung auf land- und forstwirthschaftliche Gewerbe. 1830, Leipzig, Baumgartners Buchh.

[81] SPRENGEL, C.: Über Pflanzenhumus, Humussäure und humussaure Salze. Arch. ges. Naturlehre, hrsg. v. K. W. KASTNER, 1826, **8**, (2), 145–220

[82] SPRENGEL, C.: Von den Substanzen der Ackerkrume und des Untergrundes usw. J. techn. und ökonom. Chemie, hrsg. D. L. ERDMANN, 1828, **2**, 423–474, **3**, 42–99, 313–351, 397–421

[83] WENDT, G.: Carl Sprengel und die von ihm geschaffene Mineraltheorie als Fundament der neuen Pflanzenernährungslehre. 1950, Diss. Göttingen

[84] LIEBIG, J. v.: Die organische Chemie in ihrer Anwendung auf Agricultur und Physiologie. 1840, Braunschweig, Fr. Vieweg u. S.

[85] SIEGEL, K.: Geschichte der deutschen Naturphilosophie. 1913, Leipzig, Akad. Verl. Ges.

[86] HUNDESHAGEN, J. CHR.: Die Anatomie, der Chemismus und die Physiologie der Pflanzen. 1829, Tübingen, b. H. Laupp

[87] BOUSSINGAULT, J. B.: Économie rurale considerée dans ses rapports avec la chimie, la physique et la météorologie. 2 Bde., 1843/44, Paris, Béchet jun. Libr. Éd.

[88] LIEBIG, J.: Die Chemie in ihrer Anwendung auf Agricultur und Physiologie. 5. umgearb. u. sehr vermehrte Aufl., 1843, Braunschweig, Fr. Vieweg u. S.

[89] MULDER, G. J.: Die Chemie in der Ackerkrume. N. d. holländischen Originalausgabe deutsch bearb. u. m. Erläuterungen vers. v. J. MÜLLER i. Berlin, 3 Bde., 1861–1863, Berlin, Akadem. Buchh.

[90] DEUEL, H., und F. HOSTETTLER: Hundert Jahre Ionenaustausch. Experientia (Basel) 1950, **6**, 445–456

[91] SCHUMACHER, W.: Erschöpfung und Ersatz bei dem Ackerbaue. Versuch einer Statik des Ackerbaues. 1866, Berlin G. F. O. Müller's Verl.

[92] ДОКУЧАЕВ, В. В.: Сочинения. (DOKUČAEV, V. V. Werke). 1949–1953. 7 Bde. Москва-Ленинград, Изд. АН СССР. (Moskau–Leningrad, Verl. Akad. Wiss. UdSSR)

[93] ДОКУЧАЕВ, В. В.: Ход и главнейшие результаты предпринятого Вольным Экономическим Обществом исследования русского чернозема. 1881, С. Петербург (DOKUČAEV, V. V.: Gang und Hauptergebnisse der von der Freien Ökonomischen Gesellschaft unternommenen Untersuchung der russischen Schwarzerde. 1881, St. Petersburg) Zit. nach V. V. DOKUČAEV: Werke (Lit.Verz. 92) **2**, 256–302

[94] DIJKSTERHUIS, E. J.: Die Mechanisierung des Weltbildes. Übertr. v. H. HABICHT. 1956, Berlin, Göttingen, Heidelberg, J. Springer Verl.

[95] VAN BEMMELEN, J. M.: Die Absorption. Gesammelte Abhandlungen über Kolloide und Absorption. Mit Unterstützung des Verf.'s neu hrsg. Wo. OSTWALD, 5 Bde., 1910, Dresden, Th. Steinkopff

[96] ГЕДРОИЦ, К. К.: Избранные сочинения (GEDROIC, K. K.: Ausgewählte Werke.) 1955, 3 Bde., Москва, Гос. изд. сельскохоз. лит. (Moskau, Staatsverl. landwirtsch. Lit.)

[97] WIEGNER, G.: Boden und Bodenbildung in kolloidchemischer Betrachtung. 1918, Dresden u. Leipzig, Th. Steinkopff

[98] PALLMANN, H.: GEORG WIEGNER, 1883–1936. Mitt. Int. Bodenkdl. Ges. **1936**, **11**, (2), 21–26

[99] MARSHALL, C. E.: Colloid chemistry of the silicate minerals. Agronomy **1**, **1949**, New York, Academic Press.

[100] Forschungen auf dem Gebiet der Agrikulturphysik. Hrsg. v. E. WOLLNY, 1878–1898, Heidelberg

[101] HOFF, K. E. A. v.: Geschichte der durch Überlieferung nachgewiesenen natürlichen Veränderungen der Erdoberfläche. Ein Versuch. **1822–1834**, 3 Bde., Gotha, J. Perthes

[102] LYELL, CH.: Principles of geology being an attempt to explain the former changes on the earth's surface, by reference to causes now in operation. **1830–1833**, 3 Bde., London, J. Murray

[103] RAMANN, E.: Bodenkunde. **1905**, 2. Aufl., Berlin, J. Springer

[104] BERENDT, G.: Die Umgegend von Berlin. Allgemeine Erläuterungen zur geognostisch-agronomischen Karte derselben. I. Der Nordwesten Berlins. Abh. geolog. Specialkarte Preussen u. Thür. Staat. **1877**, **2**, (3)

[105] FALLOU, FR. A.: Pedologie oder allgemeine und besondere Bodenkunde. **1862**, Dresden, G. Schönfeld's Buchh.

[106] BISCHOF, C.: Lehrbuch der chemischen und physikalischen Geologie. **1846/47**, 2 Bde., Bonn, b. A. Marcus

[107] DAUBRÉE, G. A.: Études synthétiques de géologie expérimentale. **1879/80**, Paris, Dunod, Éd.

[108] RICHTHOFEN, F. v.: Führer für Forschungsreisende. Anleitung zu Beobachtungen über Gegenstände der physischen Geographie und Geologie. **1886**, Berlin, Verl. R. Oppenhein

[109] BLANCK, E.: Einführung in die genetische Bodenlehre als selbständige Naturwissenschaft und ihre Grundlagen. **1949**, Göttingen, Vandenhoeck u. Ruprecht

[110] HAUSMANN, J. FR. L.: Specimen de rei agrariae et saltuariae fundamento geologico, recitatum in consessu soc. reg. scient. D. XXVIII. Mart. MDCCCXVIII. Comm. soc. reg. scient. Gottingensis recentiores. **1818**, **5**, Göttingen

[111] HUNDESHAGEN, J. CHR.: Über den Einfluß der Bodenkraft auf den forstlichen Betrieb und den Materialertrag der Wälder. Beitr. ges. Forstwiss. hrsg.. J. CHR. HUNDESHAGEN, **1825** **1**, (3), 3–116

[112] WOLFF, E.: Chemische Untersuchung einiger Gesteine und Bodenarten Württembergs. Mitt. aus Hohenheim **1887**, 20–87, Stuttgart

[113] SENFT, F.: Lehrbuch der Bodenkunde. Zunächst für Forst- und Landwirthe. **1847**, Jena, Fr. Mauke

[114] ORTH, A.: Die geognostisch-agronomische Kartierung mit besonderer Berücksichtigung der geologischen Verhältnisse Norddeutschlands und der Mark Brandenburg, erläutert an der Aufnahme von Rittergut Friedrichsfelde bei Berlin. **1875**, Berlin, Verl. Ernst u. Korn

[115] ORTH, A.: Die naturwissenschaftlichen Grundlagen der Bodenkunde. Landwirtsch. Versuchsstat. **1877**, **20**, 63–69

[116] STREMME, H.: Die Bodenkartierung. In: E. BLANCK, Hdb. d. Bodenlehre **1932**, **10**, 259–428, Berlin, Verl. J. Springer

[117] TREITZ, P.: Das Wesen und der Bereich der Agrogeologie. C. r. Conf. extraord. (III. intern.) Agropédolog. Prague 1922. **1924**, 64–97, Prague

[118] GREBE, C.: Gebirgskunde, Bodenkunde und Klimalehre in ihrer Anwendung auf Forstwirtschaft. **1853**, Eisenach, Verl. J. F. Baerecke

[119] RAMANN, E.: Forstliche Bodenkunde und Standortslehre. **1893**, Berlin, Verl. J. Springer

[120] ДОКУЧАЕВ, В. В.: Русский чернозем. (DOKUČAEV, V. V.: Die russische Schwarzerde), **1883**. Zit. nach V. V. DOKUČAEV: Werke (Lit.Verz. 92), **3**

[121] Ярилов, А. А.: Берендт или Докучаев? (Jarilov, A. A.: Berendt oder Dokučaev?) Тр. почвенн. комит. (Arb. Bodenkomitees) 1913, **1** (3), 1—9. Москва, Московск. общ. сельск. хоз. (Moskau, Moskauer Landwirtsch.Ges.)
[122] Hilgard, E. W.: Report on the geology and agriculture of the state of Mississippi. 1860, Jackson, Miss., E. Barksdale, State Printer
[123] Докучаев, В. В.: О нормальном залегании чернозема. (Dokučaev, V. V.: Über die normale Lagerung der Schwarzerde). 1877. Zit. n. V. V. Dokučaev: Werke (Lit. 92) **2**, 39—44
[124] Полынов, Б. Б., Крупеников, И. А., Крупеников, Л. А.: Василий Васильевич Докучаев. Очерк жизни и творчества. (Polynov, B. B., Krupenikov, I. A., Krupenikov, L. A.: Vasilij Vasilevič Dokučaev. Abriß von Leben und Werk.) 1956, Москва, Изд. АН СССР (Moskau, Verl. Akad. Wiss. UdSSR)
[125] Ehwald, E.: Alexander von Humboldt und V. V. Dokučaev. Thaer.-Arch. 1960, **6**, 561—582
[126] Jenny, H.: E. W. Hilgard and the birth of modern soil science. Collanda della rivista „Agrochimica" **3**, 1961, Pisa, H. Jenny
[127] Захаров, С. А.: Курс почвоведения. (Zakharov, S. A.: Lehrbuch der Bodenkunde.) 1927, Москва-Ленинград, Гос. изд. (Moskau-Leningrad, Staatsverl.)
[128] Mückenhausen, E.: Über die Geschichte der Böden. Geol. Jb. 1954, **69**, 501—516
[129] Bryan, W. H., and L. J. H. Teakle: Pedogenic inertia; a concept in soil science. Nature 1949, **164**, 969
[130] Kubiena, W.: Prinzipien und Methodik der paläopedologischen Forschung im Dienste der Stratigraphie. Z. Dt. Geol. Ges. 1960, **111**, 643—652
[131] Kubiena, W. L.: Sobre el metodo de la paleoedafologia. An. edafologia y fisiologia vegetal, 1954, **13**, 523—543
[132] Герасимов, И. П.: Погребенные почвы и их палеогеографическое значение. (Gerasimov, I. P. Begrabene Böden und ihre paläogeographische Bedeutung.) Материалы Всесоюзн. совещ. по изучению четверт. периода (Materialien Allunionskonf. z. Studium Quartärperiode) 1961, **1**, 224—231
[133] Scheffer, F.: Die bodenkundliche Forschung und ihre Aufgaben im Rahmen der Schwesterdisziplinen. Z. Pflanzenernähr., Düng., Bodenkde. 1962, **98**, 18—29
[134] Kubiena, W. L.: Micropedology. 1938, Ames, Jowa, Collegiate Press.
[135] Kubiena, W.: Wesen, Ziele und Anwendungsgebiete der mikromorphologischen Bodenforschung. Z. Pflanzenernähr., Düng., Bodenkde. 1962, **97**, 193—205
[136] Dittrich, M.: Alexander von Humboldt und die Pflanzengeographie. In: Alexander von Humboldt. Vortr. u. Aufsätze anl. d. 100. Wiederkehr s. Todestages a. 6. Mai 1959. Hrsg. v. J. F. Gellert, 1960, 25—42, Berlin. Verl. d. Wiss.
[137] Schmithüsen, J.: Anfänge und Ziele der Vegetationsgeographie. Mitt. Florist.-soziol. Arbeitsgem. 1957, N.F. (6/7), 52—78, Stolzenau/Weser
[138] Gerassimow, I. P.: Alexander von Humboldt und Wassilij Wassiljewitsch Dokutschajew. In: Alexander von Humboldt. Vortr. u. Aufsätze anl. d, 100. Wiederkehr s. Todestages a. 6. Mai 1959. Hrsg. v. J. F. Gellert, 1960. 43—48, Berlin. Verl. d. Wiss.
[139] Humboldt, A. v., und A. Bonpland: Ideen zu einer Geographie der Pflanzen nebst einem Naturgemälde der Tropenländer. Bearbeitet und herausgegeben v. dem Ersteren. 1807, Tübingen, bey F. G. Cotta
[140] Humboldt, A. v.: Ansichten der Natur mit wissenschaftlichen Erläuterungen. 1808, **1**, Tübingen, Cotta'sche Buchh.
[141] Schouw, J. F.: Grundzüge einer allgemeinen Pflanzengeographie. Aus dem Dänischen übersetzt vom Verfasser. 1823, Berlin, Verl. D. Reimer
[142] Grisebach, R.: Die Vegetation der Erde nach ihrer klimatischen Anordnung. Ein Abriß der vergleichenden Geographie der Pflanzen. 1872, Leipzig, Verl. W. Engelmann

[143] de Candolle, A.: Géographie botanique raisonnée ou exposition des faits principaux et des lois concernant la distribution géographique des plantes de l'époque actuelle. 1855, Paris, Libr. V. Masson-Genève. Libr. allem. J. Kessmann
[144] Unger, F.: Über den Einfluß des Bodens auf die Verteilung der Gewächse nachgewiesen in der Vegetation des nordöstlichen Tirols. 1836, Wien, b. Rohrmann u. Schweigerd
[145] Thurmann, J.: Essai de phytostatique appliqué à la chaine du Jura. etc. 1849, 2 Bde. Berne, Jent e. Gassmann, Libr.
[146] Trommer, C.: Die Bodenkunde. Ein Handbuch für Land- und Forstwirthe, Boniteure, Gärtner usw. 1857, Berlin, Verl. G. Bosselmann
[147] Hettner, A.: Die Geographie. Ihre Geschichte, ihr Wesen und ihre Methoden. 1927, Breslau, Ferd. Hirt
[148] Seidel, G.: Gedanken zur Methode des Vergleichs bei Alexander von Humboldt, besonders auf dem Gebiet der Geographie. In: Alexander v. Humboldt (1769–1859). Seine Bedeutung für den Bergbau und die Naturforschung. Freiberger Forschungsh. 1960, D **33**, 275–285
[149] Humboldt, A. v.: Kosmos, Entwurf einer physischen Weltbeschreibung. 1845–1862, 5 Bde., Stuttgart u. Tübingen, Cotta'sche Buchh.
[150] Kerner, A.: Das Pflanzenleben der Donauländer. 1863, Innsbruck, Wagner'sche Univ.-Buchh.
[151] Докучаев, В. В.: Краткий исторический очерк и критический разбор важнейших существующих почвенных классификаций. 1879 (Dokučaev, V. V.: Kurzer historischer Abriß und kritische Übersicht der wichtigsten vorhandenen Bodenklassifikationen.) 1897. Zit. nach V. V. Dokučaev: Werke (Lit.-Verz. 92) **2**, 245–247
[152] Докучаев, В. В.: К учению о зонах природы. (Dokučaev, V. V.: Zur Lehre von den Zonen der Natur.) 1899. Zit. nach V. V. Dokučaev: Werke (Lit.-Verz. 92) **6**, 398–414
[153] Dokoutschaeff, B.: Zones naturelles des sols. Zones agricoles. Sols du Caucase. 1900. Zit nach V. V. Dokučaev: Werke (Lit.Verz. 92) **6**, 493–525
[154] Müller, P. E.: Studier over Skovjord, som Bidrag til Skovdyrkningens Theori. I. Om Bøgemuld och Bøgemor paa Sand og Ler. (Studien über den Waldboden, ein Beitrag zur Waldbau-Theorie. I. Über Buchenmull und Buchenrohhumus auf Sand und Lehm) T. Skovbrug 1879, **3**, 1–124
[155] Müller, P. E.: Studien über die natürlichen Humusformen und deren Einwirkung auf Vegetation und Boden. 1887, Berlin, Verl. J. Springer
[156] Hilgard, E. W.: Über den Einfluß des Klimas auf die Bildung und Zusammensetzung des Bodens. 1893, Heidelberg, C. Winters Univ.-Buchh.
[157] Докучаев и география 1846–1946. Сборн. статей. (V. V. Dokučaev und die Geographie 1846–1946. Sammlg. v. Aufsätzen) 1946, Москва, АН СССР. (Moskau, Verl. Akad. Wiss. UdSSR)
[158] Сибирцев, Н. М. Избранные сочинения. (N. M. Sibircev: Ausgewählte Werke) 1951, 2 Bde., Москва, Гос. изд. сельскохоз. лит. (Moskau, Staatsverl. Landwirtsch. Lit.)
[159] Glinka, K.: Die Typen der Bodenbildung, ihre Klassifikation und geographische Verbreitung. 1914, Berlin, Gebr. Bornträger
[160] Полынов, Б. Б.: Очерк развития учения о почве как отрасли естествознания. (Polynov, B. B.: Abriß der Entwicklung der Lehre vom Boden als Zweig der Naturwissenschaft.) 1948. Zit. n. Академик Б. Б. Полынов: Избранные труды. (Akademiker B. B. Polynov: Ausgewählte Werke) 1956, 659–725, Москва, Изд. АН СССР (Moskau, Verl. Akad. Wiss. UdSSR)
[161] Вильямс, В. Р.: Значение трудов В. В. Докучаева в развитии почвоведения. (Viljams, V. R.: Die Bedeutung der Arbeiten V. V. Dokučaevs in der Entwicklung der Bodenkunde.) Zit. n. V. V. Dokučaev: Werke (Lit.Verz. 92) **3**, 7–25

[162] VERNADSKY, W.: La biosphère. 1929, Paris, Libr. F. Alcan

[163] Ковда, В. А.: Минеральный состав растений и почвообразование. (KOVDA, V. A.: Mineralbestand der Pflanzen und Bodenbildung) Почвоведение (Bodenkunde) 1956, (1), 6—38

[164] Ремезов, Н. П.: Итоги изучения взаимодействия дубового леса с почвой (REMEZOV, N. P.: Ergebnisse der Untersuchung der Wechselwirkungen von Eichenwald und Boden.) Тр. Воронежск. гос. заповедн. (Arb. Voroneżer Staatl. Naturschutzgeb.) 1961, 13, 9—53

[165] Лавренко, Е. М.: Значение работ В. В. Докучаева для развития русской геоботаники. (LAVRENKO, E. M.: Die Bedeutung der Arbeiten V. V. DOKUČAEVS für die Entwicklung der russischen Geobotanik) In: V. V. DOKUČAEV und die Geographie, (Lit. Verz. 157), 55—56

[166] Сукачев, В. Н.: Основы теории биогеоценологии. (SUKAČEV, V. N.: Grundzüge der Theorie der Biogeozönologie.) Юбил. сборн. посв. 30-летию. Великой Окт. соц. револ. (Festschr. 30. Jahrestag Gr. Soz. Oktoberrev.) 1947, 2, 283—305 Москва-Ленинград, Изд. АН СССР (Moskau u. Leningrad, Verl. Akad. Wiss. UdSSR)

[167] Докучаев, В. В.: К вопросу о переоценке земель Европейской и Азиатской России с классификацией почв. (DOKUČAEV, V. V.: Zur Frage der Bewertung der Böden des Europäischen und Asiatischen Rußland mit einer Bodenklassifikation.) 1898, Zit nach V. V. DOKUČAEV: Werke (Lit.Verz. 92), 6, 256—343

[168] KUBIENA, W. L.: Inhalt und Aufgaben der Bodenkunde als Naturwissenschaft. Mitt. Geogr. Ges. Wien 1943, 86, 306—318

[169] KUBIENA, W. L.: Entwicklungslehre des Bodens. 1948, Wien, Springer-Verl.

[170] KUBIENA, W.: Der Entwicklungsgedanke in der Bodenkunde. (Eine Richtigstellung). Bodenkultur 1949, 554—558

[171] FRIEDERICHS, K.: Oekologie als Wissenschaft von der Natur oder biologische Raumforschung. Bios 1937, 2, Leipzig

[172] CLEMENTS, F. E.: Plant succession. An analysis of the development of vegetation. Carnegie Instit. Washington, 1916, Publ. 242, Washington

[173] Ярилов, А. А.: Дарвин — основоположник науки о почве. (Untertitel: A. A. YARILOV: Charles Darwin — the founder of soil science.) Почвоведение (Bodenkunde) 1936 (1), 17—23

[174] Роде, А. А.: Почвообразовательный процесс и эволюция почв. (RODE, A. A.: Der Bodenbildungsprozeß und die Evolution der Böden.) 1947, Москва, Гос. изд. географ. лит. (Moskau, Staatsverl. geograph. Lit.)

[175] PALLMANN, H.: Pédologie et phytosociologie. Conférence donnée au congrès international de pédologie de Montpellier (3. Mai 1947). C. r. Congr. Pédol. 1948, 3—36, Nancy

[176] PRJANISCHNIKOW, D. N.: Der Stickstoff im Leben der Pflanzen und im Ackerbau der UdSSR. 1952, Berlin, Akad.Verl.

[177] BULLOCH, W.: The history of bacteriology. 1938, London a. New York, Oxford Univ. Press.

[178] WAKSMAN, S. A.: Principles of soil microbiology. 1932, 2. Ed, Baltimore, Williams a. Wilkins, Co.

[179] WAKSMAN, S. A.: Soil microbiology. 1952, New York, J. Wiley a. Sons — London, Chapman a. Hall.

[180] LIEBIG, J. v.: Über die Erscheinungen der Gärung, Fäulnis und Verwesung und ihre Ursachen. Ann. Physik u. Chemie, 2. Reihe, 1839, 18, 106—150

[181] PASTEUR, L.: Études sur les mycodermes. Rôle de ces plantes dans la fermentation acétique. C. r. Acad. Sci. Paris 1862, 54, 265—270

[182] DEHÉRAIN, P.: Recherches sur les fermentations du fumier de ferme. Ann. agron. 1884, 10, 385—409

[183] WOLLNY, E.: Untersuchungen über die Zersetzung organischer Substanzen. J. Landwirtsch. 1886, 213—320

[184] WOLLNY, E.: Die Zersetzung organischer Stoffe und die Humusbildung mit Rücksicht auf die Bodenkultur. 1897, Heidelberg, C. Winters Univ.-Buchh.
[185] EHRENBERG, CHR. G.: Die fossilen Infusorien und lebendige Dammerde. Vorgetr. i. d. Akad. d. Wissensch. zu Berlin. 1836 u. 1837. 1837, (Leipzig, Voss.)
[186] LÖHNIS, F.: Handbuch der landwirtschaftl. Bakteriologie. 1910, Berlin, Verl. Bornträger
[187] DARWIN, CH.: On the formation of mould. Trans. Geol. Soc. London 2. ser., 1840, 5, (3), 505–509
[188] DARWIN, CH.: The formation of vegetable mould through the action of worms. 1881, London, J. Murray
[189] Костычев, П. А.: Избранные труды. (KOSTYČEV, P. A.: Ausgewählte Werke.) 1951, Москва, Изд. АН СССР (Moskau, Verl. Akad. Wiss. UdSSR)
[190] WARMING, E.: Lehrbuch der oekologischen Pflanzengeographie. Eine Einführung in die Kenntnis der Pflanzenvereine. Deutsche Ausg. v. E. KNOBLAUCH. 1896, Berlin, Gebr. Bornträger
[191] WAKSMAN, S. A.: Humus. Origin, chemical composition and importance in nature. 1938, 2. Ed., Baltimore, Williams a. Wilkins
[192] KONONOWA, M. M.: Die Humusstoffe des Bodens. 1958, Berlin, Dt. Verl. Wiss.
[193] Вильямс, В. Р.: Почвоведение. (VILJAMS, V. R.: Bodenkunde) 1914–1924. Zit. n. d. 3. Aufl. (1926) in В. Р. Вильямс: Собранные сочинения. (V. R. VIL'JAMS: Gesammelte Werke) 1950, 5, Москва, Гос. изд. сельскохоз. лит. (Moskau, Staatsverl. landwirtsch. Lit.)
[194] Сибирцев, Н. М.: Почвоведение. (SIBIRCEV, N. M.: Bodenkunde) 1900/01. Zit. n. N. M. SIBIRCEV. Ausgewählte Werke. 1, (Lit.Verz. 158)
[195] HILGARD, E. W.: Soils, their formation, properties, composition, and relations to climate and plant growth in the humid and arid regions. 1906, New York, Mac Millan Comp.

Aus dem Institut fur Bodenkunde Eberswalde
der Deutschen Akademie der Landwirtschaftswissenschaften zu Berlin
(Direktor: Prof. Dr. E. EHWALD)

E. VETTERLEIN

Ein Doppel-Membran-Apparat zur Bestimmung der kapillaren Leitfähigkeit von Bodenproben

Eingegangen: 8. 10. 1963

0. Vorbemerkung

Für die Bestimmung der kapillaren Leitfähigkeit von Bodenproben bei hohen Saugspannungswerten wurde erstmalig von W. R. GARDNER (1956) ein instationäres Verfahren beschrieben, welches auf Messungen der Wasserausflußwerte aus einem Druckmembranapparat beruht.

Es ist jedoch auch möglich, Messungen der kapillaren Leitfähigkeit bis zu Saugspannungswerten von 15 atm in einem Verfahren mit stationärem Wasserdurchfluß auszuführen. Die hierzu vom Verfasser entwickelten Doppel-Membran-Apparate entsprechen in ihrem Prinzip einem von L. A. RICHARDS und D. C. MOORE (1952) entwickelten Gerät. An Stelle der keramischen Platten finden jedoch Druckmembranen Verwendung. Die beiderseits der Bodenprobe wirksamen Saugspannungswerte können bei Kenntnis der kapillaren Durchflußwerte der Membranen rechnerisch ermittelt werden. Eine eingehende theoretische Bearbeitung des Verfahrens wurde von R. KOITZSCH (1964) vorgenommen.

1. Arbeitsprinzip des Gerätes

Das Doppel-Membran-Gerät wurde in zwei Varianten entwickelt, nämlich

1. mit vertikalem Wasserdurchfluß (Abb. 1, I) und
2. mit horizontalem Wasserdurchfluß (Abb. 1, II).

In Abbildung 1 (I, II) sind beide Varianten schematisch dargestellt. In einer Überdruckkammer (9), die aus einem Stahlzylinder (7) und zwei Stahlplatten (3, 4) aufgebaut ist, befinden sich zwei Druckmembransysteme (5 und 6). Diese Druckmembransysteme bestehen bei Typ 1 aus einer Druckkapsel (5), die auf ihrer Unterseite durch eine Druckmembran abgeschlossen ist, und einer gegenüberliegenden zweiten Druckmembrankammer, die in die Grundplatte (4) eingearbeitet ist. Der Wasserfluß durch die Bodenprobe (8) verläuft vertikal. Bei Typ II sind die beiden Druckkapseln (5, 6) so angebracht, daß die mit Druckmembranen abgeschlossenen Seiten ebenfalls gegenüber liegen, jedoch der Wasserfluß durch die Bodenprobe (8) horizontal verläuft.

Beide Druckmembransysteme stehen mit je einer Bürette (1, 2) außerhalb des Überdruckbehälters (9) in Verbindung. Die Druckkapseln (5, 6) sind mit Wasser angefüllt. Der Wasserstand ist in den Büretten (1, 2) ablesbar. Bei der Messung wird zunächst der gewünschte Überdruck $P (P = P_1 - P_h;\ P_h =$ Druck der

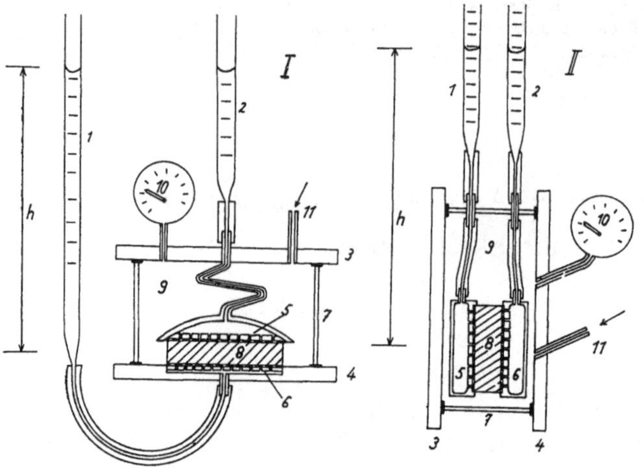

Abb. 1: Prinzipskizze der Doppel-Membran-Apparate mit vertikalem (I) und horizontalem (II) Wasserdurchfluß

Wassersäule mit Höhe h cm in den Büretten 1 und 2) in der Überdruckkammer (9) erzeugt, der zu einem Wasserabfluß aus der Bodenprobe (8) in die Druckkapseln (5 und 6) führt. Nachdem sich ein Gleichgewichtszustand der Bodenfeuchtigkeit, ablesbar an den Büretten (1 und 2), eingestellt hat, wird an einer von beiden Büretten zusätzlich ein bestimmtes Vakum P_v erzeugt. Damit wirken in einer Richtung der Bodenprobe der Druck P und in der anderen Richtung der Druck $P + P_v$. Entsprechend dem so erzeugten Druckgefälle kommt es in der Bodenprobe zu einem Wasserdurchfluß. Dieser Wasserdurchfluß beginnt zunächst mit einem instationären Bereich und geht allmählich in den stationären Bereich über, d. h., die pro Zeiteinheit in die Bodenprobe hineinfließenden und aus der Probe ausfließenden Wassermengen sind gleich (s. Abb. 7).
Die Bestimmung der kapillaren Leitfähigkeit ist besonders einfach in dem stationären Bereich, kann jedoch auch bei verfeinerter Meßtechnik in dem instationären Bereich ausgeführt werden (R. KOITZSCH, 1964).

2. Einzelheiten der Gerätekonstruktion

Konstruktive Einzelheiten und Details der Doppel-Membran-Apparate sind aus den Abbildungen 2 bis 6 ersichtlich.
In dem Apparat mit vertikalem Wasserdurchfluß (s. Abb. 1, I; Abb. 2 u. 3) steht die Druckkapsel (5) über eine Kupferrohrspirale mit der Bürette 1 in elastischer Verbindung. Diese elastische Verbindung ist erforderlich, damit bei Schrumpfung oder Quellung der Bodenprobe (8) während des Meßvorganges die kapillare Verbindung zwischen Bodenprobe und Druckmembran erhalten bleibt. Diesem Zweck dienen ebenfalls vier Teleskopfedern (13), welche die Druckkapsel (5) mit einer über die Rändelmutter (14) beliebig verstellbaren Kraft an die Bodenprobe elastisch und verkantungsfrei andrücken.
Die Druckkapsel (5) ist aus einer Grundplatte (5 a), einer perforierten Siebplatte (5 b) und einem Überwurfring (5 c) aufgebaut, die durch Schraubver-

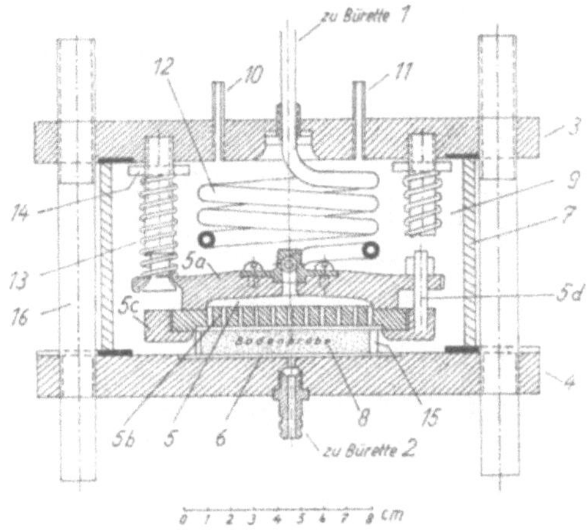

Abb. 2: Doppel-Membran-Apparat mit vertikalem Wasserdurchfluß (Konstruktionszeichnung)

Abb. 3: Doppel-Membran-Apparat mit vertikalem Wasserdurchfluß (Einzelteile)

bindungen (5 d) zusammengehalten werden. Die Druckmembran befindet sich zwischen Siebplatte (5 b) und Überwurfring (5 c).

In dem Doppel-Membran-Apparat Typ II mit horizontalem Wasserdurchfluß (s. Abb. 1, II; Abb. 4, 5) sind die beiden Druckkapseln nebeneinander an Gummidruckschläuchen von 5 mm Innendurchmesser hängend angebracht. Die Gummischläuche stellen zugleich die Verbindung zwischen Druckkapseln

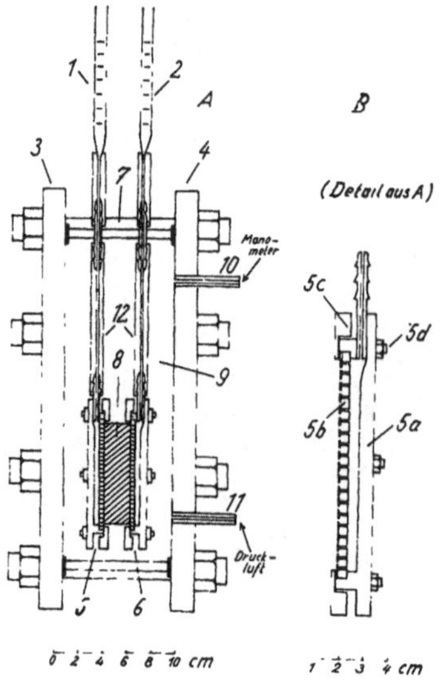

Abb. 4: Doppel-Membran-Apparat mit horizontalem Wasserdurchfluß (vereinfachte Konstruktionszeichnung)

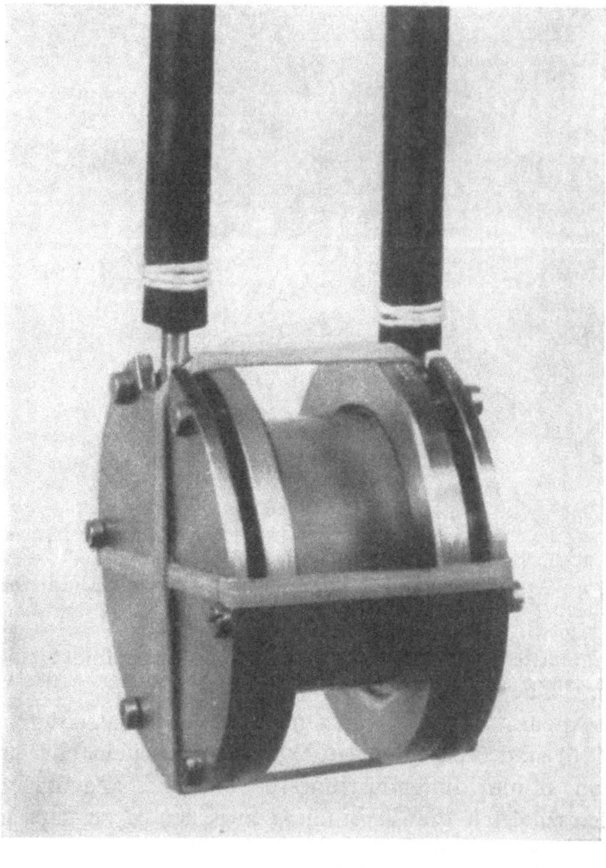

Abb. 5

(5, 6) und den Büretten (1, 2) her. Sie sind ähnlich dem Typ I aufgebaut und bestehen aus Grundplatte (5 a), perforierter Siebplatte (5 b) und einem Überwurfring und werden ebenfalls durch Schraubverbindungen zusammengehalten. Bei Wahl einer geeigneten Form und Größe des Überdruckbehälters (9) können auch mehrere Druckkapselpaare (5, 6) zusammen in einem Behälter untergebracht werden. Die kapillare Verbindung zwischen Druckmembrankapsel (5, 6) und Bodenprobe (8) wird bei Typ II in einfacher und sicherer Weise durch Gummiringe bewirkt, die um beide Druckkapseln gespannt werden (s. Abb. 5).

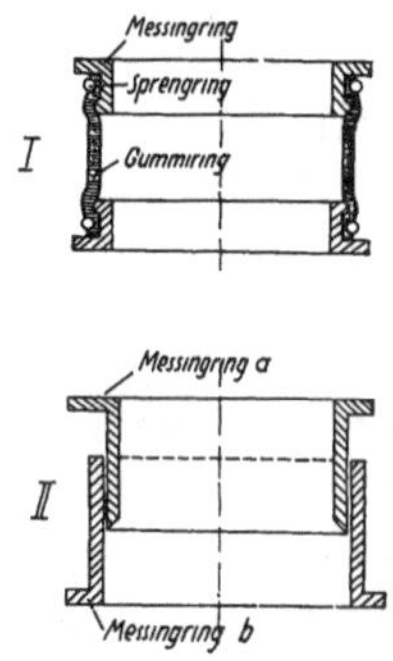

Abb. 6: Teleskopringe für Bodenproben

Wesentlich ist bei allen Druckkapseln (5, 6), daß die Bestandteile aus rostfreiem Stahl (Cr-Ni-Stahl) gefertigt sind, da sonst die Druckmembranen allmählich durch Eisenhydroxydniederschläge verstopft werden.

Eine gewisse Schwierigkeit ergibt sich, wie bereits erwähnt, aus dem Schrumpfen der Bodenproben. Aus diesem Grund sind die Ringe, in denen sich die Bodenprobe befindet, zusammenschiebbar konstruiert, so daß auch bei schrumpfender Bodenprobe der Kontakt mit den Membranen nicht abreißt (s. Abb. 6, I, II).

3. Berücksichtigung des Membraneinflusses

Wenn die an beiden Seiten der Bodenprobe wirksamen Saugspannungen unmittelbar gemessen werden, was z. B. durch den Einbau geeigneter Tensiometer zwischen Bodenprobe und Membranen geschehen kann (L. A. RICHARDS und D. C. MOORE, 1952) so ist die Berechnung der kapillaren Leitfähigkeit k in einfacher Weise möglich:

$$(1) \qquad k = \frac{2L\delta}{F\Delta P_B}$$

$2L$ = Dicke der Bodenprobe in Fließrichtung (cm)
δ = pro Zeit fließende Wassermenge (ml/sec)
F = Querschnitt der Bodenprobe senkrecht zur Fließebene (cm^2)
ΔP_B = beiderseits der Bodenprobe wirksame Saugspannungsdifferenz (atm)

Da durch den zusätzlichen Einbau von Tensiometern die Apparatur komplizierter wird, die Tensiometer außerdem oft nicht den richtigen Saugspannungs-

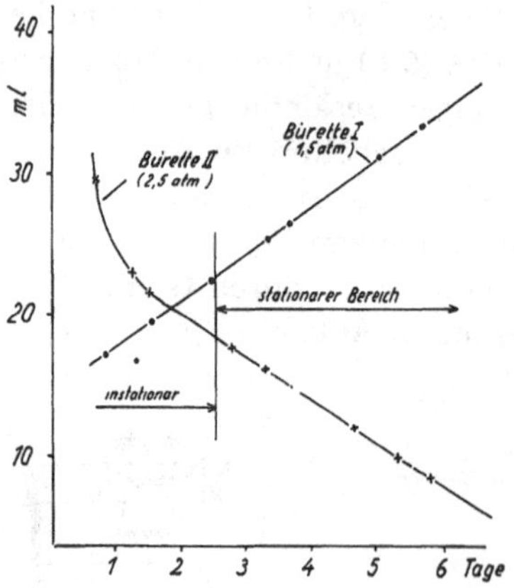

Abb 7: Durchflußverlauf im Doppel-Membran-Apparat
Boden: Staublehm Machersluст

wert anzeigen, bei hohen Saugspannungen sogar völlig versagen, wurde bei unseren Geräten auf den Einbau von Tensiometern verzichtet, wobei jedoch der Einfluß der Membranen besonders berücksichtigt werden muß.

Das kann geschehen, indem der Begriff des „kapillaren Widerstandes" (R) in die Betrachtung eingeführt wird. In Analogie zu den Gesetzen des elektrischen Stromflusses gilt:

(2) $$R' = R_1 + R_B + R_2$$

R' = Gesamter kapillarer Widerstand
R_1 = kapillarer Widerstand der Membran 1
R_2 = kapillarer Widerstand der Membran 2
R_B = kapillarer Widerstand der Bodenprobe

R', R_1 und R_2 lassen sich gemäß der Gleichung

(3) $$R = \frac{\Delta \Phi}{Q}$$

experimentell bestimmen.

Q = fließende Wassermenge in ml/sec/cm²
$\Delta \Phi$ = wirksame Saugspannungsdifferenz in atm

Sind R', R_1 und R_2 experimentell bestimmt, so kann entsprechend (2) die Berechnung von R vorgenommen werden.

Wenn wir den auf 1 cm Bodenschichtdicke bezogenen Wert von R_B mit R bezeichnen, so ist die kapillare Leitfähigkeit k der Bodenprobe

$$\boxed{k = \frac{1}{R}} = \frac{2\,L\,\delta}{F\,\Delta\,P_B} \quad \left(\text{Dimension: } \frac{\text{ml}}{\text{cm atm sec}}\right)$$

Wie R. Koitzsch (1964) zeigt, kann jedoch auch aus der zunächst gemessenen scheinbaren kapillaren Leitfähigkeit k' bei Einführung eines Korrekturfaktors ε die kapillare Leitfähigkeit k errechnet werden.
Es ist einleuchtend, daß die Bestimmung der kapillaren Leitfähigkeit der Bodenprobe um so genauer möglich ist, je höher die kapillare Durchlässigkeit der Membranen ist, d. h., je kleiner die notwendigen Korrekturen sind.
In Abbildung 8 sind experimentell bestimmte Werte der kapillaren Durchlässigkeit verschiedener Membransorten dargestellt. Es zeigt sich, erkennbar an dem gekrümmten Kurvenverlauf, daß mit steigenden Saugspannungen die kapillare Durchlässigkeit aller untersuchten Membransorten sinkt.

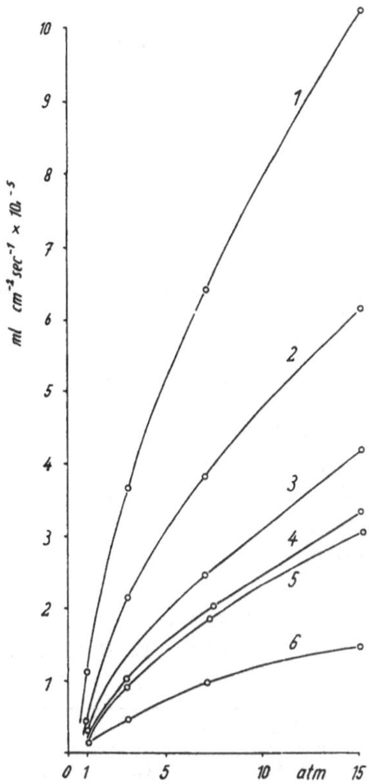

Abb. 8: Kapillare Wasserdurchlässigkeit verschiedener Membransorten in Abhängigkeit vom Druck. 1 = Cellophon; 2 = Osmosepergament R 63; 3 = Agfa-Viskosefolie 0,06; 4 = Osmosepergament S 63; 5 = Agfa-Viskosefolie 0,08; 6 = Osmosepergament R 55

In Abbildung 9 ist in Gestalt einer Kurvenschar für Doppel-Membranen verschiedener kapillarer Durchlässigkeit (Dm + m = 30 bis 1000 ml $cm^{-2} sec^{-1} \cdot 10^{-8}$) die Korrekturmöglichkeit des Membraneinflusses demonstriert. Auf der Ordinate sind die im Doppel-Membran-Apparat gemessenen Durchflußwerte und auf der Abszisse die entsprechenden korrigierten Werte aufgetragen. Außerdem ist der in verschiedenartigen Böden gefundene häufigste Bereich von 1–15 atm angedeutet. Es ist zu sehen, daß mit steigenden Saugspannungen der Einfluß der Membranen immer geringer wird. Aber auch bei Saugspannungswerten von ca 1 atm sind bei geeigneten Membransorten hinreichend genaue Messungen möglich.

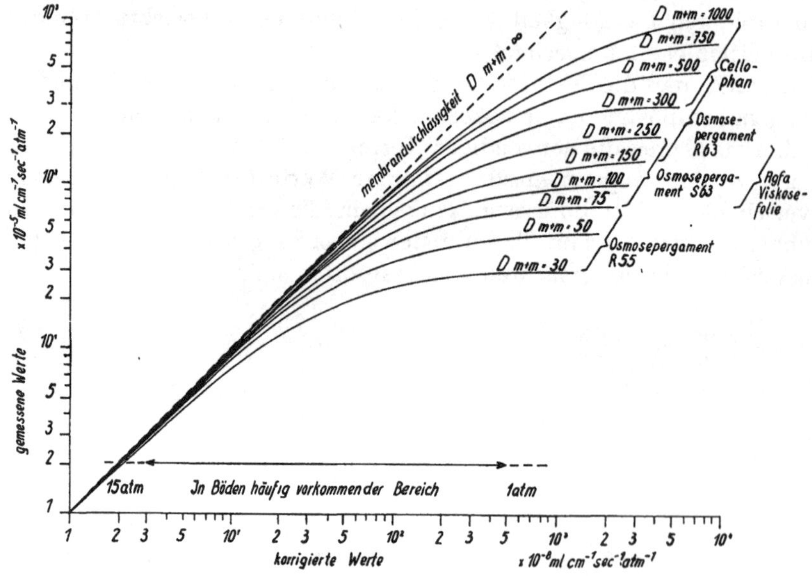

Abb. 9: Einfluß verschiedener Druckmembranarten auf die Bestimmung der kapillaren Leitfähigkeit des Bodens im Doppel-Membran-Apparat

4. Meßergebnisse

In Tabelle 1 werden als Beispiel die Meßergebnisse von 3 verschiedenen Böden mitgeteilt, deren Korngrößenzusammensetzung in Tabelle 2 wiedergegeben ist. Alle drei Böden, besonders der Feinsilt, lassen bei 1,5–2 atm relativ hohe kapillare Wasserleitfähigkeiten erkennen. Es folgt dann ein steiler Abfall (Kapillarrißbereich), der in dem Feinsilt bereits bei etwa 3–4 atm den Nullwert erreicht.

Tabelle 1

Kapillare Leitfähigkeiten (ml/cm/sec/atm · 10^{-8}) von drei verschiedenen Böden

atm	1,5	2	3	5	7	10	15
siltiger Ton	430	130	58	22	10	3,7	0,8
Staublehm	1500	570	80	20	12,8	7,6	4,9
Feinsilt	80000	300	28	2,8	—	—	—

Tabelle 2

Korngrößenzusammensetzung (mm) der Böden zu Tabelle 1

	1–0,6	0,6–0,2	0,2–0,1	0,1–0,06	0,06–0,02	0,02–0,01	0,01–0,006	0,006–0,002	<0,002
siltiger Ton	—	—	—	—	9,7	15,8	7,5	19,7	47,3
Staublehm	0,1	0,8	0,8	0,2	41,0	33,6	12,2	7,5	3,8
Feinsilt	—	—	—	—	—	—	—	100	—

Die kapillare Leitfähigkeit des siltigen Tones sinkt allmählicher und erreicht erst bei 15 atm kaum noch meßbare geringe Werte. Dagegen zeigt der Staublehm trotz eines sehr starken Abfalls der kapillaren Leitfähigkeit zwischen 2–5 atm auch noch bis zu 15 atm gut meßbare Werte.

Zusammenfassung

Es wird ein Doppel-Membran-Apparat zur Bestimmung der kapillaren Leitfähigkeit von Bodenproben im Durchflußverfahren beschrieben, der Messungen bis zu Saugspannungen von 15 atm gestattet. Der Einfluß der Membranen auf die Meßergebnisse findet Berücksichtigung. Einige Meßergebnisse werden mitgeteilt.

Резюме

Описан аппарат с двойной мембраной для определения капиллярной проводимости у почвенных образцов по проточному методу (Durchflußverfahren). Аппарат позволяет измерять силу всасывания до 15 атмосфер. Влияние мембран на результаты измерений принимается во внимание. Приведены некоторые результаты измерения.

Summary

The paper describes a double-membrane apparatus which is used in a percolation process to determine the capillary conductivity of soil samples. It can perform measurements up to a suction tension of 15 atmospheres. The influence the membranes exercise on the measurement results is taken into account. The paper lists several results measured.

Literaturverzeichnis

GARDNER, W. R.: Calculation of Capillary Conductivity from Pressure Plate Outflow Data. Soil Sci. Soc. Amer. Proc. **1956**, **20**, 317—320

KOITZSCH, R.: Theorie eines Doppel-Membran-Apparates zur Bestimmung der kapillaren Leitfähigkeit von Bodenproben. Thaer-Arch. **1964**, **8**, 47—60

MILLER, E. A., and D. E. ELRICK: Dynamic determination of capillary conductivity extend for non-negligible membrane impedance. Soil Sci. Soc. Amer. Proc. **1958**, **22**, 483—486

RICHARDS, L. A.: Capillary conduction of liquids through porous mediums. Physics. **1931**, **1**, 318—333

RICHARDS, L. A., and D. C. MOORE: Influence of capillary conductivity and depth of wetting on moisture retention in soil. Transact. Americ. Geophysic. Union **1952**, **33**, 531—540

RIJTEMA, P. E.: Calculation of capillary conductivity from pressure plate outflow data with nonnegligible membrane impedance. Wageningen. Inst. voor culturtechnick en waterhuis-houding, 1959, 200—215

VETTERLEIN, E.: Ergebnisse von Untersuchungen über die Wasserbewegung in Böden mit Hilfe des Vakuumkapillarimeters. Thaer-Arch. **1962**, **6**, 118—127

VETTERLEIN, E.: Untersuchungen über die Wasserbewegung in Böden unter besonderer Berücksichtigung sandüberlagerter Lehmböden. Forschungsbericht (nicht veröffentlicht), Eberswalde, 1963

Aus dem Forschungsinstitut für Agrarmeteorologie
des Meteorologischen und Hydrologischen Dienstes
der Deutschen Demokratischen Republik,
Agrarmeteorologische Forschungsstation Muncheberg

ROLF KOITZSCH

Theorie eines Doppel-Membran-Apparates zur Bestimmung der kapillaren Leitfähigkeit von Bodenproben

Eingegangen: 5. 10. 1963

In den letzten Jahren wurde durch Arbeiten von GARDNER (1956), MILLER und ELRICK (1958), RIJTEMA (1959) u. a. ein instationäres Meßverfahren zur Bestimmung der kapillaren Leitfähigkeit von Bodenproben entwickelt, das Druck-Platten- oder Druck-Membran-Apparate verwendet. Diese Geräte werden hier als Ein-Membran-Apparate bezeichnet, da sie nur eine Membran, die poröse Platte oder eine geeignete Folie, besitzen, deren Eigenschaften das Meßergebnis beeinflussen können. Die Theorie berücksichtigt den Membraneinfluß, und die Geräte selbst sind soweit verbessert worden, daß sie den hohen meßtechnischen Anforderungen genügen (TANNER und ELRICK, 1958). Bei geringem Wassergehalt der zu untersuchenden Bodenprobe und auch bei Proben mit einheitlicher Porengröße haften dem Verfahren aber Mängel an, die sich umgehen lassen, wenn man einen Doppel-Membran-Apparat verwendet. Die Theorie eines solchen Gerätes wird aufgestellt, und es werden Hinweise zur Auswertung der Messungen gegeben.

1. Problemstellung

Bei einem Doppel-Membran-Apparat — Hinweise für die Konstruktion eines solchen Gerätes sind bei RICHARDS (1931), RICHARDS und MOORE (1952), VETTERLEIN (1964) und KOITZSCH und VETTERLEIN zu finden — liegt die zu untersuchende Bodenprobe der Fläche F und der Dicke $2\,L$ zwischen zwei Membranen M_1 und M_2, deren Dicken l_1 und l_2 betragen. Die Membranen, die aus porösen Platten oder geeigneten Folien bestehen und die im feuchten Zustand undurchlässig für Luft, aber möglichst durchlässig für Wasser sein sollen, bilden ihrerseits den Abschluß je einer wassergefüllten Kammer. Die Bodenprobe besitze die kapillare Leitfähigkeit k und die Diffusität D, die Membranen haben die kapillare Leitfähigkeit k_1 und k_2. Beide Membranen ändern ihren Wassergehalt bei wechselnder Saugspannung nicht.

Anfangs herrsche in dem im System enthaltenen Wasser überall der Druck ΔP. Vom Zeitpunkt $t = 0$ ab werde der Druck an der Außenseite der Membran M_1 auf Null gehalten (wird die Saugspannung um den Betrag ΔP vergrößert), an der Außenseite der Membran M_2 bleibe der Druck jedoch auch für $t > 0$ stets ΔP (Abb. 1). Unter dem Einfluß der Druckdifferenz ΔP beginnt im System ein Wassertransport: Durch die Membran M_2 tritt Wasser in die Bodenprobe ein

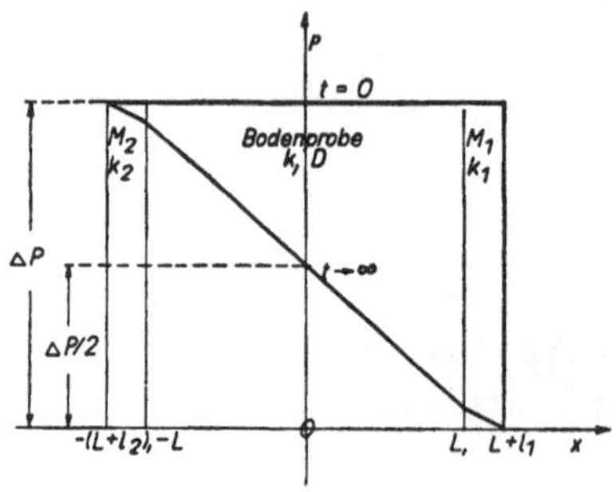

Abb. 1: Druckverteilung im System für $t = 0$ und $t \to \infty$

und durch die Membran M_1 wieder aus. Diese Wassermengen sind als Funktion der Zeit zu berechnen, wobei angenommen wird, daß der Wassertransport in der Horizontalen verläuft, so daß der Einfluß der Schwerkraft vernachlässigt werden kann.

2. Differentialgleichung

Für die horizontale eindimensionale Wasserbewegung in der Bodenprobe und den Membranen gilt das DARCYsche Gesetz

$$v = -k(\Theta)\frac{1}{\varrho}\frac{\partial p}{\partial x} \tag{1}$$

und die Kontinuitätsgleichung

$$-\frac{\partial v}{\partial x} = \frac{\partial \Theta}{\partial t}. \tag{2}$$

Führen wir die Größe

$$D(\Theta) = \frac{k(\Theta)}{\varrho}\frac{\partial p}{\partial \Theta}, \tag{3}$$

die Diffusität, in die Rechnung ein, so folgt aus (1) und (2)

$$\frac{\partial \Theta}{\partial t} = \frac{1}{\varrho}\frac{\partial k(\Theta)}{\partial x}\frac{\partial p}{\partial x} + D(\Theta)\frac{\partial \Theta}{\partial p}\frac{\partial^2 p}{\partial x^2}. \tag{4}$$

In (1) bis (4) bedeuten

- v die pro Zeit- und Flächeneinheit transportierte Wassermenge in $cm^3\ cm^{-2}\ sec^{-1} = cm\ sec^{-1}$,
- k die kapillare Leitfähigkeit in sec,
- ϱ die Dichte des Bodenwassers in $g\ cm^{-3}$,
- p den Kapillardruck im Bodenwasser in $dyn\ cm^{-2}$,
- D die Diffusität in $cm^2\ sec^{-1}$,
- Θ den Wassergehalt im Boden in Volumenanteilen.

Sowohl die kapillare Leitfähigkeit als auch die Diffusität sind im allgemeinen vom Wassergehalt abhängig, wie durch die Schreibweise angedeutet worden ist. Wird jedoch die Druckdifferenz ΔP so klein gewählt, daß die bei der Wasserbewegung auftretenden Änderungen des Wassergehaltes gering sind, dann können

k und D als Konstante angesehen werden. Für die Diffusität bedeutet nach (3) diese Voraussetzung, daß neben k und ϱ auch

(5) $$\frac{\partial \Theta}{\partial p} = \text{konstant} = b$$

ist. Dann folgt aus (4) die eindimensionale Wasserleitungsgleichung

(6) $$\frac{\partial p}{\partial t} = D \frac{\partial^2 p}{\partial x^2},$$

die mit der eindimensionalen Wärmeleitungsgleichung identisch ist.

2.1. Anfangsbedingung

Für $t = 0$ gilt die Anfangsbedingung

(7) $$p = \Delta P, \qquad -L \leqq x \leqq L.$$

2.2. Randbedingungen

Es wird vorausgesetzt, daß der Wassergehalt Θ der Membranen nicht von p abhängt. Deshalb wird für sie $\partial\Theta/\partial p = b = 0$, und obwohl die kappillare Leitfähigkeit endlich bleibt, wird $D \to \infty$. Für die Membranen gilt dann nach (6)

(8) $$\frac{\partial^2 p}{\partial x^2} = 0 \qquad \text{und daraus} \qquad \frac{\partial p}{\partial x} = \text{konstant},$$

doch ist der Druckgradient in den Membranen noch eine Funktion der Zeit. An den Grenzflächen zwischen der Bodenprobe und den Membranen kann kein Wasser gestaut werden, deshalb muß

(9) $$k \frac{\partial p}{\partial x} = k_1 \frac{\partial p_1}{\partial x}, \qquad x = L, \quad t > 0$$

(10) $$k \frac{\partial p}{\partial x} = k_2 \frac{\partial p_2}{\partial x} \qquad x = -L, \quad t > 0$$

sein. Hierbei deuten die Indizes 1 und 2 darauf hin, daß sich die Angaben auf die Membranen M_1 und M_2 beziehen. An der Stelle $x = L + l_1$ wird p für $t > 0$ stets auf Null gehalten, darum wird in Verbindung mit (8) und (9)

(11) $$p = -\frac{1}{h_1} \frac{\partial p}{\partial x}, \qquad x = L, \quad t > 0$$

mit

(12) $$h_1 = \frac{k_1/l_1}{k}.$$

An der Stelle $x = -(L + l_2)$ ist für $t \geqq 0$ stets $p = \Delta P$, und es wird

(13) $$p = \Delta P + \frac{1}{h_2} \frac{\partial p}{\partial x}, \qquad x = -L, \quad t > 0$$

mit

(14) $$h_2 = \frac{k_2/l_2}{k}.$$

Werden die für die Messungen bestimmten Membranen so ausgewählt, daß

(15) $$k_1/l_1 = k_2/l_2 = k_{1,2}/l_{1,2}$$

dann ist $h_1 = h_2 = h$, und die Randbedingungen (11) und (13) lauten

(16) $$p = -\frac{1}{h}\frac{\partial p}{\partial x}, \qquad x = L, \quad t > 0$$

(17) $$p = \Delta P + \frac{1}{h}\frac{\partial p}{\partial x}, \qquad x = -L, \quad t > 0.$$

2.3. Druckverteilung bei sehr großen Werten t

Für sehr große Werte t wird die Druckverteilung im System stationär; $\partial p/\partial x$ ist konstant und gleich

(18) $$\frac{\partial p}{\partial x} = \frac{p_{x=L} - p_{x=-L}}{2L},$$

woraus in Verbindung mit (16) und (17)

(19) $$\frac{\partial p}{\partial x} = -\Delta P \frac{h}{2(hL+1)}, \qquad t \to \infty$$

folgt. Da gleiche Membranen verwendet werden, ist

(20) $$p = \Delta P/2 \qquad \text{für } x = 0, \qquad t \to \infty,$$

und (19) und (20) führen auf

(21) $$p = \Delta P\left(\frac{1}{2} - \frac{hx}{2(hL+1)}\right), \quad -L \leqq x \leqq L, \quad t \to \infty.$$

3. Transportierte Wassermengen

Die Lösung der Differentialgleichung (6) unter Berücksichtigung von (7), (16), (17) und (21), wofür Lösungsverfahren z. B. bei GRÖBER – ERK (1933) und bei CARSLAW und JAEGER (1947) angegeben sind, ergibt den Kapillardruck p im Wasser der Bodenprobe als Funktion von x und t mit h als Parameter. Für die Lösung des eigentlichen Problems sind jedoch die durch die Membranen transportierten Wassermengen als Funktion der Zeit t mit h als Parameter zu berechnen. Ist F die Fläche der Bodenprobe, die mit einer Membran Kontakt hat, so tritt pro Zeiteinheit aus der Membran M_1 die Wassermenge

$$dQ_1 = -kF\frac{\partial p}{\partial x}, \qquad x = L, \qquad t > 0$$

aus, und die in der Zeit von $t = 0$ bis $t = t$ ausgeflossene Wassermenge beträgt unter Berücksichtigung von (16)

(22) $$Q_1 = kFh\int_0^t p\,dt, \qquad x = L.$$

In die Membran M_2 tritt unter Beachtung von (17) die Wassermenge

(23) $$Q_2 = k F h \left(t \Delta P - \int_0^t p\, dt\right), \qquad x = -L$$

ein. In (22) und (23) hat Q die Dimension g, wie man leicht nachrechnen kann, wenn man die Dimension der in den Gleichungen enthaltenen Größen einsetzt. Es wird Masse transportiert, und die durchgeflossenen Wassermengen könnten mit der Waage gewogen werden. Mit Hilfe der dimensionslosen Veränderlichen

(24) $$\varkappa = h L = \frac{k_{1,2}/l_{1,2}}{k/L}, \qquad \tau = \frac{D}{L^2} t$$

wird die Verteilung des Kapillardruckes im Wasser der Bodenprobe für $\varkappa > 0$

(25) $$p = \Delta P \left\{ \frac{1}{2} - \frac{\varkappa \cdot x/L}{2(\varkappa+1)} - \sum_{i=1}^{\infty} \frac{\mu_i^2 + \varkappa^2}{\mu_i [\mu_i^2 + \varkappa(\varkappa+1)]} e^{-\mu_i^2 \tau} \cdot \cos \mu_i \sin(\mu_i x/L) + \sum_{i=1}^{\infty} \frac{\nu_i^2 + \varkappa^2}{\nu_i [\nu_i^2 + \varkappa(\varkappa+1)]} e^{-\nu_i^2 \tau} \cdot \sin \nu_i \cos(\nu_i x/L) \right\},$$

und die aus der Bodenprobe aus- und in sie hineinfließenden Wassermengen ergeben sich für $\varkappa > 0$ zu

(26) $$Q_1 = \frac{k}{D} V \frac{\Delta P}{2} \left\{ \frac{1}{2} + \frac{\varkappa^2}{6(\varkappa+1)^2} + \frac{\varkappa \tau}{2(\varkappa+1)} - \sum_{i=1}^{\infty} \frac{\varkappa^2}{\mu_i^2 [\mu_i^2 + \varkappa(\varkappa+1)]} e^{-\mu_i^2 \tau} - \sum_{i=1}^{\infty} \frac{\varkappa^2}{\nu_i^2 [\nu_i^2 + \varkappa(\varkappa+1)]} e^{-\nu_i^2 \tau} \right\} = \frac{k}{D} V \frac{\Delta P}{2} F_1(\varkappa, \tau),$$

(27) $$Q_2 = \frac{k}{D} V \frac{\Delta P}{2} \left\{ -\frac{1}{2} + \frac{\varkappa^2}{6(\varkappa+1)^2} + \frac{\varkappa \tau}{2(\varkappa+1)} - \sum_{i=1}^{\infty} \frac{\varkappa^2}{\mu_i^2 [\mu_i^2 + \varkappa(\varkappa+1)]} e^{-\mu_i^2 \tau} + \sum_{i=1}^{\infty} \frac{\varkappa^2}{\nu_i^2 [\nu_i^2 + \varkappa(\varkappa+1)]} e^{-\nu_i^2 \tau} \right\} = \frac{k}{D} V \frac{\Delta P}{2} F_2(\varkappa, \tau).$$

Hierin ist

$$V = 2 F L$$

das Volumen der als Quader angenommenen Bodenprobe, und μ_i und ν_i sind die unendlich vielen Wurzeln der Gleichungen

(28) $$\mu \cos \mu + \varkappa \sin \mu = 0$$

und

(29) $$\nu \sin \nu - \varkappa \cos \nu = 0.$$

Sie sind alle reell und einfach und liegen tabelliert bis zu $i = 6$ bei CARSLAW und JAEGER (1947) vor.

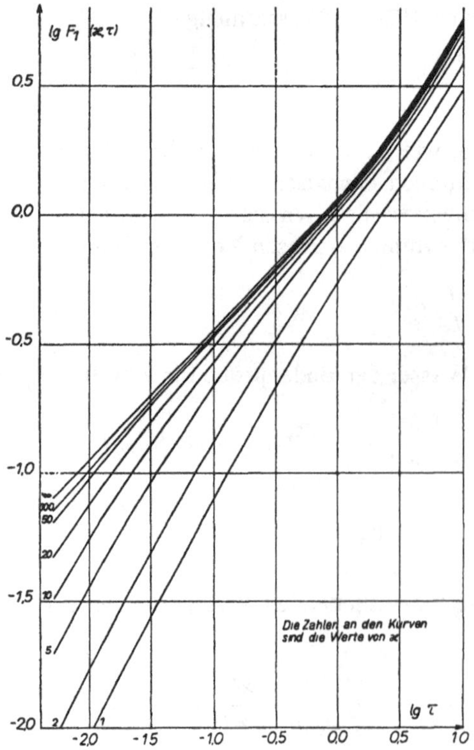

Abb. 2: Die Funktion F_1 (ϰ, τ)

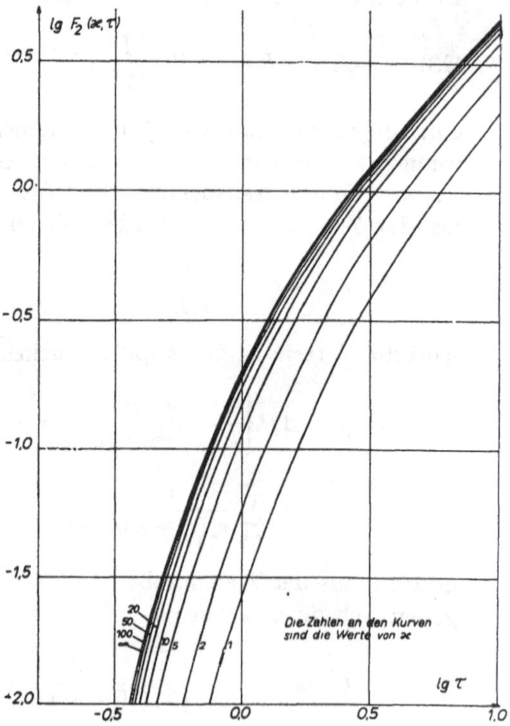

Abb. 3: Die Funktion F_2 (ϰ, τ)

Die Reihen in (26) und (27) konvergieren für alle positiven τ-Werte, wobei die Konvergenz um so schneller erfolgt, je größer τ ist. Die Funktionen $F_1(\varkappa, \tau)$ und $F_2(\varkappa, \tau)$ sind für ausgewählte Werte ϰ und $0{,}005 \leqq \tau \leqq 10$ in Abbildung 2 und 3 in einem doppelt-logarithmischen Koordinatensystem dargestellt; sie wurden mit den ersten 6 Wurzeln der Gleichungen (28) und (29) berechnet. Schließlich interessiert noch die Differenz zwischen der aus der Bodenprobe ausfließenden und in sie hineinfließenden Wassermenge. Sie wird nach (26) und (27)

$$
(30) \quad \begin{aligned} q = Q_1 - Q_2 &= \frac{k}{D} V \frac{\Delta P}{2} \left\{ 1 - 2 \sum_{i=1}^{\infty} \frac{\varkappa^2}{\nu_i^2 [\nu_i^2 + \varkappa(\varkappa + 1)]} e^{-\nu_i^2 \tau} \right\} \\ &= \frac{k}{D} V \frac{\Delta P}{2} f(\varkappa, \tau). \end{aligned}
$$

Die Funktion $f(\varkappa, \tau)$ zeigt Abbildung 4 in einem gleichfalls doppelt-logarithmischen Koordinatensystem. Die Gleichung (30) beschreibt auch den zeitlichen Verlauf des Ausflusses aus einem Ein-Membran-Apparat, an den die Druckdifferenz $\Delta P/2$ angelegt wird, wobei nur zu beachten ist, daß in diesem Falle ϰ und τ durch die gesamte Dicke der Bodenprobe dimensionslos gemacht werden [MILLER und ELRICK, 1958, RIJTEMA, 1959].

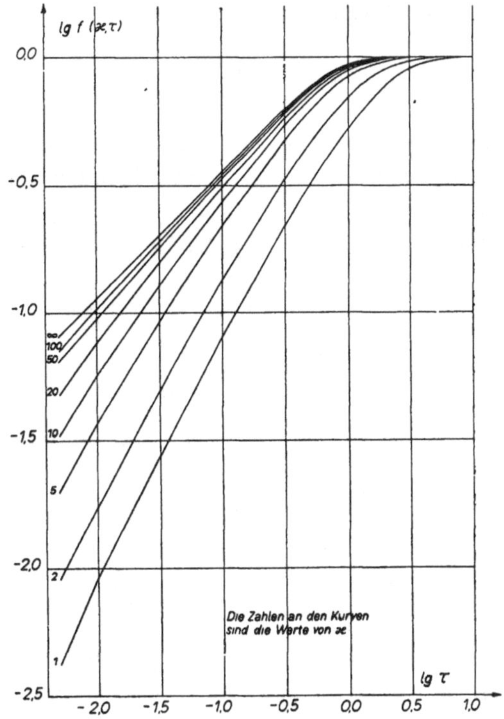

Abb. 4:
Die Funktion $f(\varkappa, \tau)$

4. Auswertung der Messungen

Q_1 und Q_2 werden in Abhängigkeit von t gemessen, und aus den gemessenen Werten sind die kapillare Leitfähigkeit k und die Wasserkapazität $\varrho\, b$ und damit auch die Diffusität D unter Berücksichtigung des jeweiligen Parameters $\varkappa$ zu bestimmen. Bei der Auswertung wird zweckmäßig danach unterschieden, welche Werte der Parameter τ bei den Messungen durchlaufen hat, denn hiernach richtet sich die Anzahl der Glieder, die in den in (26), (27) und (30) auftretenden Reihen berücksichtigt werden müssen.

4.1. Sehr große Werte τ $(\tau \geqq 3;\ \varkappa \geqq 2)$

Bei sehr großen Werten τ sind die e-Funktionen in (26) und (27) abgeklungen; es herrscht der stationäre Zustand, bei dem der Abfluß pro Zeiteinheit gleich dem Zufluß pro Zeiteinheit ist. Trägt man daher die ab- und zugeflossenen Wassermengen gegen t auf, so erhält man zwei parallele Geraden, deren Schnittpunkte mit der Ordinatenachse sich unterscheiden, und die mit

$$(31) \qquad a_1 = \frac{k}{D} V \frac{\Delta P}{2} \left(\frac{1}{2} + \frac{\varkappa^2}{6(\varkappa+1)^2} \right) > 0$$

und

$$(32) \qquad a_2 = \frac{k}{D} V \frac{\Delta P}{2} \left(-\frac{1}{2} + \frac{\varkappa^2}{6(\varkappa+1)^2} \right) < 0$$

bezeichnet werden sollen. Es wird

$$(33)\qquad a_1 - a_2 = \frac{k}{D} V \frac{\Delta P}{2} = \varrho b V \frac{\Delta P}{2},$$

woraus bei bekanntem V und ΔP die Wasserkapazität ϱb berechnet werden kann. Die Steigung der beiden Geraden beträgt

$$(34)\qquad \delta = \frac{d}{dt} Q_{1,2} = \frac{d}{d\tau} Q_{1,2} \frac{d\tau}{dt} = k \frac{V}{4L^2} \Delta P \frac{1}{\varepsilon}$$

mit

$$(35)\qquad \varepsilon = \frac{\varkappa + 1}{\varkappa} = 1 + \frac{k/L}{k_{1,2}/l_{1,2}}.$$

Um aus der Steigung δ der Geraden bei bekanntem V, L und ΔP die kapillare Leitfähigkeit k bestimmen zu können, muß noch die Größe ε ermittelt werden, die den Einfluß der kapillaren Leitfähigkeit der Membranen auf die transportierten Wassermengen berücksichtigt. Nun ist

$$(36)\qquad \frac{a_1}{a_2} = \frac{\varkappa^2 + 3(\varkappa + 1)^2}{\varkappa^2 - 3(\varkappa + 1)^2} = f(\varkappa)$$

eine Funktion von $\varkappa$ und der Quotient a_1/a_2 wird zur Bestimmung von ε benutzt. In der Abbildung 5 ist ε als Funktion von a_1/a_2 dargestellt. Aus der Darstellung kann an der linken Skala für den gefundenen Quotienten a_1/a_2 der Korrektionsfaktor ε abgelesen werden. Die Abbildung enthält weiter den zum Quotienten

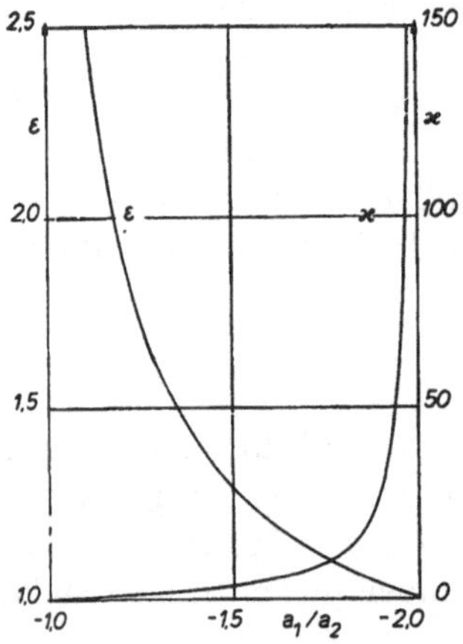

Abb. 5: Abhängigkeit des Korrektionsfaktors ε und des Parameters $\varkappa$ vom Quotienten a_1/a_2

a_1/a_2 gehörenden Wert $\varkappa$. Auf diese Weise ist es möglich, den Membraneinfluß aus den gemessenen Durchflußwerten zu ermitteln und neben der nur endlichen kapillaren Leitfähigkeit der Membranen, die sich zudem noch im Laufe der Versuche durch Verstopfung oder durch die Tätigkeit der Mikroorganismen verändern kann, auch die möglicherweise auftretenden Wasserübergangswiderstände zwischen den Membranen und der Bodenprobe zu erfassen, die ebenfalls in $\varkappa$ eingehen [RIJTEMA, 1959]. Ist ε bekannt, dann wird

$$(37) \qquad k = \frac{4\,L^2}{V \Delta P}\,\delta\,\varepsilon = \delta\,\frac{2\,L}{F \Delta P}\,\varepsilon = k'\varepsilon$$

mit

$$(38) \qquad k' = \frac{2\,L\,\delta}{F \Delta\,P},$$

der scheinbaren kapillaren Leitfähigkeit der Bodenprobe, die sich aus den gemessenen Werten ohne Berücksichtigung des Membraneinflusses ergibt. Die Abbildung 5 gestattet darüber hinaus Aussagen über die Größe des Fehlers, den man begeht, wenn man bei der Auswertung der Messungen zur Bestimmung der kapillaren Leitfähigkeit der Bodenprobe den Membraneinfluß nicht berücksichtigt. $100\,(\varepsilon - 1)$ stellt den relativen Fehler in Prozent dar. Man erhält ε durch das Lot von der $\varkappa$-Kurve auf die ε-Kurve. Bis zu

$$(39) \qquad \varkappa = \frac{k_{1,2}/l_{1,2}}{k/L} = 20$$

bleibt der Fehler unter $5\,\%$. Die in (39) im Zähler und Nenner auftretenden Größen sind kapillare Leitfähigkeiten pro Längeneinheit, für die die Bezeichnung kapillare Durchlässigkeit eingeführt wird. Beachtet man noch, daß L gleich der halben Dicke der Bodenprobe ist, dann muß die kappillare Durchlässigkeit des Membranmaterials mindestens 40 mal größer als die kapillare Durchlässigkeit der Bodenprobe sein, damit ε um weniger als $5\,\%$ vom Wert 1 abweicht, womit der Membraneinfluß bei den Messungen gegebenenfalls vernachlässigt werden könnte.

Die hier geschilderte Methode zur Berücksichtigung des Membraneinflusses verlangt sehr exakte Messungen des Zu- und Abflusses, da die Schnittpunkte der beiden parallelen Geraden mit der Ordinatenachse von großen Werten t aus extrapoliert werden müssen und der Quotient a_1/a_2 nur zwischen -1 bei $\varkappa \to 0$ (undurchlässige Membranen) und -2 bei $\varkappa \to \infty$ (ideal durchlässige Membranen) schwankt. Die kapillare Durchlässigkeit der wassergesättigten Membranen $k'_{1,2}/l'_{1,2}$ läßt sich experimentell vor Beginn der Versuche im Laboratorium bestimmen. Werden die eventuell auftretenden Wasserübergangswiderstände vernachlässigt, und setzt man die kappillare Durchlässigkeit der Membranen während des eigentlichen Versuches gleich der vorher im wassergesättigten Zustand bestimmten $(k'_{1,2}/l'_{1,2} = k_{1,2}/l_{1,2})$, dann wird nach (35) und (37) der Korrektionsfaktor

$$(40) \qquad \varepsilon = \frac{1}{1 - \dfrac{k'/L}{k'_{1,2}/l'_{1,2}}}$$

mit dem nach (37) die scheinbare kapillare Leitfähigkeit der Bodenprobe korrigiert wird (KOITZSCH und VETTERLEIN).

4.2. Große Werte τ $(0{,}2 \leqq \tau \leqq 3;\ \varkappa \geqq 2)$

Bei großen Werten τ sind in (26), (27) und (30) die Summen durch das jeweils erste Glied zu ersetzen. Dann eignet sich für eine schnelle Auswertung der Messungen die Gleichung (30) am besten, während wegen (26) und (27) auf das weiter unten beschriebene graphische Auswertungsverfahren verwiesen wird. Bezeichnet in (30)

$$q_\infty = \frac{k}{D} V \frac{\Delta P}{2} \tag{41}$$

den Gesamtausfluß für $\tau \to \infty$, so wird in Verbindung mit (24)

$$\lg \frac{q_\infty - q}{q_\infty} = \lg \frac{2\varkappa^2}{\nu_1^2 [\nu_1^2 + \varkappa(\varkappa + 1)]} - 0{,}4343\, \nu_1^2 \frac{D}{L^2} t. \tag{42}$$

Trägt man $\lg [(q_\infty - q)/q_\infty]$ gegen t auf, so erhält man eine Gerade, die die Steigerung $-0{,}4343\, \nu_1^2\, D/L^2$ besitzt und die die Ordinatenachse bei

$$\lg \frac{2\varkappa^2}{\nu_1^2 [\nu_1^2 + \varkappa(\varkappa + 1)]}$$

schneidet. Aus dem Schnittpunkt wird nach RIJTEMA graphisch $\varkappa$ bestimmt, wodurch nach (29) auch ν_1 festliegt. Nun ist aus der Steigung der Geraden mit dem bekannten L und dem soeben gefundenen ν_1 die Diffusität D zu bestimmen und mit dieser wiederum die kapillare Leitfähigkeit k nach (41). Einzelheiten hierzu sind in der Arbeit von RIJTEMA (1959) enthalten.

Werden auch hier die eventuell auftretenden Wasserübergangswiderstände vernachlässigt, und setzt man wiederum die kapillare Durchlässigkeit der Membranen während des Versuches gleich der vorher im wassergesättigten Zustand bestimmten, dann ist ν_1^2 auf folgende Weise zu ermitteln: Aus (41) erhält man k/D, aus der Steigung der Geraden $\nu_1^2 D$. Damit ist auch die Größe $\nu_1^2 k = k/D \cdot \nu_1^2 D$ bekannt, und mit dieser auch

$$\frac{\varkappa}{\nu_1^2} = \frac{k'_{1,2}/l'_{1,2}}{\nu_1^2 k/L}. \tag{43}$$

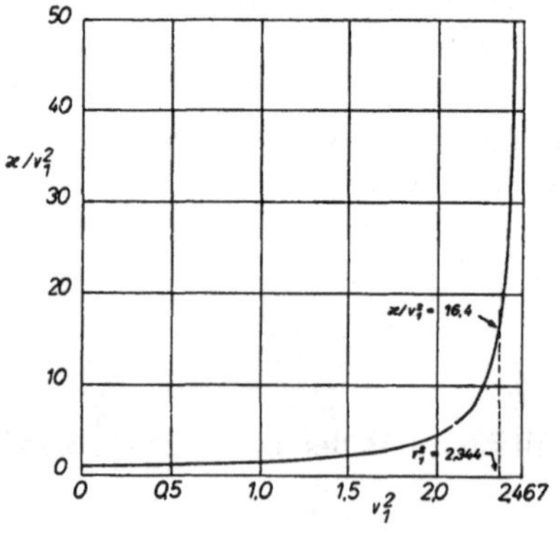

Abb. 6: $\varkappa/\nu_1^2$ als Funktion von ν_1^2

$\varkappa$ und ν_1^2 sind aber durch (29) miteinander verknüpft, so daß mit $\varkappa/\nu_1^2$ auch ν_1^2 festliegt. Abbildung 6 zeigt diesen Zusammenhang, durch den man ν_1^2 durch das Lot von dem entsprechenden Punkt der Kurve auf die Abszisse erhält und nunmehr k zu berechnen vermag.

$\varkappa/\nu_1^2$ kann zwischen 1 ($\varkappa \to 0$) und Unendlich ($\varkappa \to \infty$) schwanken. Für $\varkappa/\nu_1^2 = 1$ hat ν_1^2 den Wert Null, für $\varkappa/\nu_1^2 \to \infty$ strebt es dem Wert $\pi^2/4 = 2{,}467$ zu, der für den Fall des verschwindenden Membraneinflusses gilt. Bis zu $\varkappa/\nu_1^2 = 16{,}4$ weicht ν_1^2 um weniger als 5% von $\pi^2/4$ ab, wodurch der Fehler, den man bei der Bestimmung der kapillaren Leitfähigkeit der Bodenprobe dann begeht, wenn man den Einfluß der Membranen auf das Meßergebnis nicht berücksichtigt, bis zu $\varkappa/\nu_1^2 = 16{,}4$ unter 5% bleibt. Das setzt voraus, daß $\varkappa \geqq 40$ oder daß die kapillare Durchlässigkeit des Membranmaterials mindestens 80mal größer als die kapillare Durchlässigkeit der Bodenprobe ist.

4.3. Mittlere und kleine Werte τ

Bei allen Werten τ, bei denen die Reihen in (26), (27) und (30) von Bedeutung sind, muß auf graphische Auswertmethoden zurückgegriffen werden. Nach (26) ist

$$\lg Q_1(t) = \lg\left(\frac{k}{D} V \frac{\Delta P}{2}\right) + \lg F_1(\varkappa, \tau), \tag{43}$$

und entsprechende Beziehungen gelten für (27) und (30). Eine Darstellung von $\lg F_1(\varkappa, \tau)$ gegen $\lg \tau$ wird in ein Auswertblatt eingetragen, wie es in der Abbildung 2 (für $\lg F_2(\varkappa, \tau)$ und $\lg f(\varkappa, \tau)$ in den Abbildungen 3 und 4) geschehen ist. Die gemessenen Werte $Q_1(t)$ trägt man gegen $\lg t$ auf durchsichtigem Papier auf, das die gleiche Koordinateneinteilung wie das Auswertblatt besitzt, und verschiebt das Papier bei parallelen Koordinatenachsen solange auf dem Auswertblatt, bis sich die gemessenen Werte dem Augenschein nach am besten einer der eingezeichneten Kurven anpassen. Aus der Verschiebung der Ordinateneinteilung auf dem durchsichtigen Papier gegenüber der des Auswerblattes erhält man $\lg(k\, V \Delta P/2\, D)$, aus der Verschiebung der Abszisseneinteilung $\lg(D/L^2)$, und die gewählte Auswertkurve liefert $\varkappa$. Ist die Abstufung der $\varkappa$-Werte im Auswertblatt fein genug, so ist es theoretisch möglich, aus den Meßwerten gleichzeitig die kapillare Leitfähigkeit k und die Diffusität D der Bodenprobe, als auch über $\varkappa$ die kapillare Durchlässigkeit $k_{1,2}/l_{1,2}$ des Membranmaterials zu bestimmen.

In der Praxis erscheint diese Möglichkeit aber nur dann aussichtsreich, wenn die Meßzeit lang (etwa $0{,}01 \leqq \tau \leqq 1$) und die Präzision bei den Messungen groß ist, damit die Streuung der Meßwerte um die Auswertskurve klein bleibt [Miller und Elrick, 1958]. Sind diese Voraussetzungen nicht gegeben, so können die Meßwerte an mehrere Auswertkurven angepaßt werden, ohne daß man dem Augenschein nach zu entscheiden vermag, welche Anpassung die beste ist. Als Beispiel sind Punkte, die auf der Kurve $\lg F_1(20, \tau)$ im Bereich $-1{,}5 \leqq \lg \tau \leqq 1{,}0$ liegen, nach dem angegebenen Verfahren graphisch ausgewertet worden. Setzen wir $L = 1$ und $V \Delta P/2 = 1$, dann erwarten wir $k = D = 1$. Die Ergebnisse sind in der kleinen Tabelle enthalten, wobei die Auswertkurven der Abbildung 2 benutzt wurden, an die eine Anpassung noch möglich erschien, ohne daß zu große systematische Abweichungen auftraten. Die ermittelten Werte der Diffusität, mehr aber noch die der kapillaren Leitfähigkeit ändern sich stark mit dem Wert des bei der

$\varkappa$	D	k/D	k
5	5,62	2,10	11,8
10	2,07	1,36	2,82
20	1,03	1,02	1,05
50	0,195	0,445	0,087

Auswertung verwendeten Parameters $\varkappa$. Die richtige Auswahl ist nur mit der als bekannt vorausgesetzten kapillaren Durchlässigkeit des Membranmaterials zu treffen. Man erhält aus dem für die Auswertung benutzten $\varkappa$ und dem gefundenen k bei bekanntem L einen Wert für die kapillare Durchlässigkeit $k_{1,2}/l_{1,2}$ des Membranmaterials, und durch systematisches Probieren mit verschiedenen Auswertkurven ist zu erreichen, daß dieser Wert gleich der im wassergesättigten Zustand bestimmten kapillaren Durchlässigkeit des Membranmaterials ist. Dann sind k und D eindeutig festgelegt.

5. Vergleich mit dem Ein-Membran-Apparat

Bei dem Versuch einer Abschätzung der Vor- und Nachteile eines Doppel-Membran-Apparates gegenüber einem Ein-Membran-Apparat ist als Nachteil zu vermerken, daß zwei hier als gleich vorausgesetzte Membranen verwendet werden, deren kapillare Durchlässigkeit zusammen mit den eventuell auftretenden Kontaktschwierigkeiten zwischen den Membranen und der Bodenprobe das Meßergebnis beeinflussen können. Dem ist durch eine sorgfältige Konstruktion des Gerätes und eine geschickte Auswahl der Membranen zu begegnen. Als Membranen kommen verschiedene Materialien in Betracht (Glassinterplatten, Tonplatten, Folien; einige Meßergebnisse der kapillaren Durchlässigkeit sind bei KOITZSCH und VETTERLEIN mitgeteilt), deren kapillare Durchlässigkeiten sich wesentlich unterscheiden, wodurch sich die zu verwendenden Membranen der jeweiligen Meßaufgabe so anpassen lassen, daß die kapillare Durchlässigkeit des Membranmaterials wesentlich größer als die kapillare Durchlässigkeit der Bodenprobe ist.

Diesem Nachteil stehen aber einige Vorteile gegenüber. Bei einem Doppel-Membran-Apparat durchläuft der Zu- und Abfluß eine instationäre ($\tau < 3$) und eine stationäre ($\tau > 3$) Phase. Beide können für die Auswertung benutzt werden, und ein Vergleich der so gewonnenen Meßergebnisse erlaubt Rückschlüsse auf die Konstanz der in (26) und (27) eingehenden Parameter. Bei geringem Wassergehalt der zu untersuchenden Bodenprobe sind die Messungen im stationären Zustand von besonderer Bedeutung. Bei einem Ein-Membran-Apparat, der nur in der instationären Phase arbeitet, beträgt die insgesamt ausfließende Wassermenge $k/D \cdot V\Delta P$. Nun ist nach (3) und (5)

$$\frac{k}{D} = \varrho \frac{\partial \Theta}{\partial p} = \varrho b,$$

und diese Größe ist in Anlehnung an den Vorgang der Wärmeleitung als Wasserkapazität bezeichnet worden. Sie gibt die Wassermenge in g an, die aus 1 cm³ feuchten Erdbodens ausfließt, wenn die Saugspannung $-p$ um die Einheit vergrößert wird. Bei geringen Bodenfeuchtigkeiten ist die Wasserkapazität klein. Um dennoch zu meßbaren Ausflußwerten zu gelangen, muß beim Ein-Membran-Apparat die Druckdifferenz ΔP so groß gemacht werden, wie es die der Theorie zugrunde liegenden Voraussetzungen gerade noch erlauben, oder man muß mit dicken Bodenproben arbeiten, um V zu vergrößern, da die Fläche der Bodenprobe durch das Gerät vorgegeben ist. Bei einem Doppel-Membran-Apparat kann bei geringer Probendicke (etwa 1 cm) in der gleichen Zeit bei gleicher Druckdifferenz eine größere Wassermenge transportiert werden, wodurch genauere Messungen möglich sind. Bodenproben mit einheitlicher Porengröße (ausgesiebte Fraktionen) besitzen nur einen engen Saugspannungsbereich, in dem $\partial\Theta/\partial p > 0$ ist, nämlich den Bereich, in dem praktisch alle Poren drainieren. Bei höheren, aber auch bei geringeren Saugspannungen ist $\partial\Theta/\partial p \approx 0$, und obwohl k endlich bleibt, strebt D gegen Unendlich. Dann ist $\varrho b \approx 0$; beim Ein-Membran-Apparat findet kein Ausfluß statt, und beim Doppel-Membran-Apparat herrscht praktisch vom Zeitpunkt $t = 0$ ab die stationäre Phase. Die Abhängigkeit der kapillaren Leitfähigkeit vom Wassergehalt kann bei solchen Proben nur mit einem Doppel-Membran-Apparat untersucht werden.

Zusammenfassung

Es wird die Theorie eines Doppel-Membran-Apparates zur Bestimmung der kapillaren Leitfähigkeit von Bodenproben entwickelt, die den Einfluß der nur endlichen kapillaren Leitfähigkeit der Membranen auf das Meßergebnis berücksichtigt. Hinweise für die Auswertung der Messungen werden gegeben und die Vor- und Nachteile des vorgeschlagenen Verfahrens gegenüber den bisher angewandten Ein-Membran-Apparaten diskutiert.

Резюме

Развивается теория двухмембранного аппарата для определения капиллярной проводимости почвенных проб, которая учитывает влияние только конечной капиллярной проводимости мембран на результат измерения. Даются указания для обработки результатов измерений и рассматриваются преимущества и недостатки предложенного способа по сравнению с до сих пор применяемыми одномембранными аппаратами.

Summary

The paper elucidates the theory of using a double-membrane apparatus to determine the capillary conductivity of soil samples. This process takes into account the influence exercised on measurement results by the only finite capillary conductivity of the membranes. The paper gives advice on evaluating measurements and discusses the advantages and disadvantages of the proposed process as compared with the one-membrane apparatus which has hitherto been in use.

Literaturverzeichnis

Carslaw, H. S., and J. C. Jaeger: Conduction of heat in solids **1947**, **394** S., Oxford, University Press

Gardner, W. R.: Calculation of capillary conductivity from pressure plate outflow data. Soil Sci. Soc. Amer. Proc. **1956**, **20**, **317—320**

Gröber, H., und S. Erk: Die Grundgesetze der Wärmeübertragung. **1933**, Berlin, Julius Springer

Koitzsch R., und E. Vetterlein: Ein Durchflußverfahren zur Bestimmung der kapillaren Wasserleitfähigkeit an Bodenproben bei geringen Feuchtigkeitsgehalten. (erscheint demnächst)

Miller, E. E., and D. E. Elrick: Dynamic determination of capillary conductivity extended for non-negligible membrane impedance. Soil Sci. Soc. Amer. Proc. **1958**, **22**, **483—486**

Richards, L. A.: Capillary conduction of liquids through porous mediums. Physics **1931**, **1**, **318—333**

Richards, L. A., and D. C. Moore: Influence of capillary conductivity and depth of wetting on moisture retension in soil. Trans. Amer. Geophys. Union **1952**, **33**, **531—540**

Rijtema, P. E.: Calculation of capillary conductivity from pressure plate outflow data with non-negligible membrane impedance. Netherl. J. Agric. **1959**, **7**, **209—215**

Tanner, C. B., and D. E. Elrick: Volumetric porous (pressure) plate apparatus for moisture hysteresis measurements. Soil Sci. Soc. Amer. Proc. **1958**, **22**, **575—576**

Vetterlein, E.: Ein Doppel-Membran-Apparat zur Bestimmung der kapillaren Leitfähigkeit von Bodenproben. Thaer-Arch. **1964**, **8**

Aus dem Institut fur Acker- und Pflanzenbau Muncheberg der Deutschen Akademie der Landwirtschaftswissenschaften zu Berlin (Direktor: Prof. Dr. agr. habil. E. RUBENSAM)
dem Institut fur Bodenkunde Eberswalde der Deutschen Akademie der Landwirtschaftswissenschaften zu Berlin (Direktor: Prof. Dr. E. EHWALD)
und dem Institut fur Bodenkunde und Agrochemie Budapest der Ungarischen Akademie der Wissenschaften (Direktor: Dr. I. SZABOLCS)

ANTON KULLMANN, IMMO LIEBEROTH und ANDOR KLIMES-SZMIK

Über die Veränderungen im wasserbeständigen Krümelanteil unter dem Einfluß der Ackerkultur anhand eines Profilvergleiches

Eingegangen: 20. 9. 1963

Die Lößböden in Nordsachsen/DDR werden heute fast ausschließlich landwirtschaftlich genutzt. Nur noch wenige Restgehölze sind auf diesen zum größten Teile sehr fruchtbaren Böden zu finden. Ohne Zweifel ist bei der Inkulturnahme der natürlichen Standorte durch den Menschen entscheidend in die Bodenentwicklung eingegriffen worden. Welcher Art und von welcher Größenordnung der Einfluß durch die Ackerkultur auf die Bodenentwicklung ist, dürfte hierbei von besonderem Interesse sein; denn aus derartigen Studien lassen sich nicht nur Folgerungen für ein besseres Verständnis der heutigen Bodenprozesse ableiten, sondern auch der landwirtschaftlichen Praxis Empfehlungen für die zweckmäßigsten Bewirtschaftungsmaßnahmen unterbreiten.
Am erfolgversprechendsten für derartige Untersuchungen ist ein Vergleich zwischen Wald- und unmittelbar benachbarten, möglichst noch verschieden alten Ackerböden. Ackerraine fallen als Vergleichsobjekte aus, weil sie in der Regel zu jung und außerdem vielfach auch ungeeignet sind, da sie oft aus umgelagertem Bodenmaterial der angrenzenden Äcker entstanden sind.
Die Profile wurden zunächst nach bodengenetischen Gesichtspunkten untersucht (LIEBEROTH, 1962). In Fortsetzung dieser Arbeit soll in der vorliegenden Abhandlung speziell der Einfluß der Ackerkultur auf die Bodenstruktur herausgestellt werden, da die strukturelle Beschaffenheit des Bodens eine wesentliche, wenn auch nicht allein ausschlaggebende Komponente seiner Fruchtbarkeit darstellt. Für die Beurteilung der Bodenstruktur werden die hierfür wichtigsten Kriterien, Porosität des Bodens sowie mechanisch- und wasserbeständiger Aggregatanteil, herangezogen. Methodisch wird hierbei so vorgegangen, daß die einzelnen genetischen Horizonte der verschiedenen Profile einander gegenübergestellt werden, um der Differenzierung hinsichtlich Textur, Humusgehalt und anderen Bodeneigenschaften zu entsprechen.

1. Untersuchungsflächen

Im nordsächsischen Lößgebiet wurden zwei Standorte ausgewählt:

A. Am Schleinitzer Großholz, Flur Nelkanitz bei Lommatzsch.
Das Waldprofil kann als typische Fahlerde mit mäßiger Durchschlämmung an-

Tabelle 1

Korngrößenzusammensetzung (Textur) und chemische Analysendaten

	Horizont	Tiefe	Korngrößenzusammensetzung in %				pH	Humus	C/N	C/Porg	T	V	freies Fe_2O_3	freies Al_2O_3
		cm	>63 µm	63—20 µm	20—2 µm	< 2µm	(KCl)	%			mval	%	%	%
	Standort A													
Wald	A_1	0—10/15	3	55	28	14	3,4	6,5	13,6	170	20,9	10	0,92	0,59
	A_2	10/15—37/45	3	51	33	13	3,7	1,0	12,1	85	8,2	15	0,75	0,57
	B_{t1+2}	37/45—80	2	46	29	23	3,9	0,4	—	—	14,0	44	1,35	0,91
Jungacker	A_p	0—21	8	51	30	11	5,0	2,8	13,2	80	12,6	62	0,83	0,55
	A_2	21—44/50	3	54	32	11	4,5	0,6	11,5	35	6,2	44	0,75	0,59
Altacker	A_p	0—23	3	52	32	13	5,5	1,6	9,4	50	11,1	70	0,84	0,55
	A_2	23—32/38	4	48	32	16	5,3	0,7	7,9	40	9,9	68	0,92	0,61
	B_{tv1+2}	32/38—75	3	44	30	23	5,4	0,4	—	—	13,9	76	1,24	—
	Standort B													
Wald	A_1	0—11/15	1	56	33	10	3,4	9,9	16,7	160	25,0	9	0,98	0,51
	A_2	11/15—47/55	2	57	32	9	3,8	0,7	13,9	75	6,0	4	0,65	0,58
	B_{t1+2}	47/55—80	1	50	28	21	3,7	0,6	—	—	12,8	10	1,23	1,01
Jungacker	A_p	0—22	4	54	34	8	5,3	2,4	12,2	90	10,0	55	0,70	0,54
	A_2	22—36/42	3	54	34	9	4,5	0,6	12,3	45	5,0	34	0,60	0,51
Altacker	A_p	0—23	3	53	34	10	5,4	2,0	9,4	60	10,2	60	0,86	0,49
	A_2	23—45	2	55	31	12	5,5	0,7	7,6	50	7,6	76	0,86	0,56
	B_{tv1+2}	45—80	2	50	26	22	5,3	0,6	—	—	14,6	71	1,42	—

gesprochen werden. Das Jungackerprofil befindet sich etwa 400 m entfernt und wurde vor etwa 50 Jahren in Kultur genommen. Die Altackerfläche — 50 m vom Waldprofil entfernt — wurde mindestens vor 120 Jahren, vermutlich aber schon vor längerer Zeit gerodet.

B. Am Kranichau-Holz, Flur Zävertitz bei Mügeln.
Das Waldprofil stellt eine typische Fahlerde mit starker Durchschlämmung dar. Das Jungackerprofil liegt etwa 250 m vom Waldprofil entfernt und ist rund 70 Jahre alt. Die Altackerfläche — etwa 50 m vom Waldprofil entfernt — ist seit wenigstens 120 Jahren, höchstwahrscheinlich aber schon länger in Kultur.

Die ausführliche morphologische, mikromorphologische und analytische Charakterisierung sowie systematische Einstufung der Profile erfolgte bereits an anderer Stelle (vgl. LIEBEROTH, 1962). Bezüglich der texturellen und chemischen Beschaffenheit der Profile sei auf Tabelle 1 verwiesen.

2. Untersuchungsmethoden

Die Bodenproben für die Untersuchungen wurden aus 2 bzw. 3 Bodentiefen entnommen für Standort A am a) 14. 11. 1959, b) 27. 5. 1960, c) 3. 6. 1960, d) 10. 6. 1960 und für Standort B am a) 14. 11. 1959.
Zu den einzelnen Entnahmeterminen wurden etwa folgende Probenentnahmetiefen in cm eingehalten:

Standort	Horizont	Wald	Jungacker	Altacker
A	A_1	0—10	2—12	1—11
	A_2	25—35	25—35	23—33
	B_t bzw. B_{tv}	57—67	—	45—55
B	A_1	1—11	1—11	1—11
	A_2	24—34	23—33	27—37
	B_t bzw. B_{tv}	50—60	—	48—58

Zur Ermittlung des Volumengewichtes wurden außerdem jeweils 4 Proben mit dem Strukturbohrer nach POLIKEIT (Fassungsvermögen des Entnahmezylinders 100 ml) entnommen.
Mit 4 Wiederholungen wurde der Feuchtigkeitsgehalt in Gewichtsprozenten bestimmt. Ein Teil der Proben ist sofort nach Überführung des Bodens in das Labor, also noch bei natürlichem Feuchtigkeitsgehalt, auf die Anteile an wasserbeständigen Krümeln untersucht worden. Ein anderer Teil der Proben wurde zunächst bei 50 °C im Trockenschrank unter Luftumwälzung bis auf Lufttrockenheit getrocknet und dann analysiert. Zur Methodik der Bestimmung der wasserstabilen Krümelanteile wird auf die bei KULLMANN [1960] beschriebenen Verfahren (Schallwäscher- und Tauchmethode) hingewiesen. Der mechanisch beständige Aggregatanteil wurde an getrocknetem Boden durch Trockensiebung mit einer rotierenden Siebrüttelmaschine bei konstanter Siebgeschwindigkeit (Siebungsdauer 3 Minuten) ermittelt. Für die Bestimmung des Fulvosäure- und Huminsäureanteils wurden die Extinktionswerte der farbigen Komponenten mit dem Pulfrichphotometer (Filter S 50) nach dem Verfahren von FREYTAG [1961] gemessen.

3. Untersuchungsergebnisse

3.1. Größe des Porenraums

Die Größe des gesamten — teils mit Luft, teils mit Wasser gefüllten — Porenvolumens eines Bodens wird durch die räumliche Anordnung der Einzel- sowie aggregierten Teilchen bedingt und variiert im Laufe der Zeit in Abhängigkeit

Tabelle 2

Von Standort A Bodenfeuchtigkeiten (nach der Entnahme) in Gewichtsprozent (Anzahl der Wiederholungen pro Termin = n = 4), Volumengewichte in g/ml (n = 4), wasserbeständige Krümelanteile > 1 mm Äquiv.-Durchmesser in % in den beim natürlichen Feuchtigkeitsgehalt des Bodens untersuchten Proben (n = 3) und die Extinktionswerte der farbigen Komponenten der Huminstoffe (n = 2)

Untersuchungen der	Entnahmetermin	Wald			Jungacker		Altacker		
		A_1	A_2	B_t	A_p	A_2	A_p	A_2	B_{tv}
Bodenfeuchtigkeiten	a	5,4	5,1	10,2	6,7	8,0	4,2	9,4	11,5
	$\overline{x}$ (für b–d)	17,9	14,3	14,8	12,9	13,8	12,3	13,1	14,2
Volumengewichte	a	1,09	1,36	1,52	1,29	1,36	1,40	1,54	1,44
	b	1,16	1,18	1,40	1,26	1,38	1,36	1,30	1,40
	c	1,04	1,13	1,28	1,14	1,29	1,22	1,33	1,40
	d	1,03	1,14	1,33	1,17	1,33	1,23	1,33	1,36
	$\overline{x}$ (für b–d)	1,08	1,15	1,34	1,19	1,33	1,27	1,32	1,39
Krümelanteile (Schallwäscherverfahren)	b	38,3	46,0	41,7	37,3	47,3	47,0	47,7	41,0
	c	39,7	49,3	49,3	32,7	40,7	53,3	45,7	50,7
	d	41,0	44,0	42,0	16,0	18,3	44,3	37,3	50,7
	$\overline{x}$	39,7	46,4	44,3	28,7	35,4	48,2	43,6	47,5
Krümelanteile (Tauchverfahren)	b	39,4	35,4	41,5	20,6	18,5	39,7	41,2	37,0
	c	36,7	46,3	44,2	18,5	14,0	42,0	26,3	26,0
	d	42,8	46,1	51,4	31,4	28,5	40,3	35,8	52,3
	$\overline{x}$	39,6	42,6	45,7	23,5	20,3	40,7	34,4	38,4
Huminstoffe:									
Gesamtextrakt	$\overline{x}$ (für b–d)	2,27	0,50	0,34	1,35	0,29	0,70	0,65	0,24
Fulvosäuren	$\overline{x}$ (für b–d)	0,031	0,013	0,007	0,010	0,002	0,014	0,008	0,001
Huminsäuren	$\overline{x}$ (für b–d)	1,743	0,417	0,337	1,079	0,224	0,679	0,506	0,161

Tabelle 3

Rangordnungen (R) der Untersuchungsergebnisse des Standortes A (an Hand der Mittelwerte von Termin b—d) bei vergleichender Betrachtung der Horizonte innerhalb der Profile (1 = niedrigster Wert). Die Signifikanz der Differenzen ist durch die entsprechenden Zeichen [MUDRA, 1958] wiedergegeben

Unter-suchungen	Methode	Vorbe-handlung des Bodens	Aggre-gatgröße	Wald						Jungacker			Altacker					
				R A_1	R A_2	R B_t	Diff. $A_1:A_2$	Diff. $A_2:B_t$	Diff. $A_1:B_t$	R A_p	R A_2	Diff. $A_p:A_2$	R A_p	R A_2	R B_t	Diff. $A_p:A_2$	Diff. $A_2:B_t$	Diff. $A_p:B_t$
Poren-volumen				3	2	1	+ + +	+ + +	+ + +	2	1	+ + +	3	2	1	+ + +	+ + +	+ + +
mechanisch beständiger Aggregat-anteil	Trocken-siebung	getrock-net	0,2—0,5	2	3	1	—	—	—	2	1	—	3	2	1	○	○	○○○
			0,5—1	1	2	3	+ +	—	+ +	1	2	—	3	1	2	○○	—	○
			1—2	1	2	3	+ + +	+ + +	+ + +	1	2	+ + +	2	1	3	○	+ + +	+ + +
			2—3	1	2	3	+ + +	—	+ + +	1	2	+ + +	1	2	3	—	+ + +	+ + +
			>3	1	2	3	+	+	+ + +	1	2	+ + +	1	2	3	+ + +	+ + +	+ + +
wasser-stabiler Krümel-anteil	Schall-wäscher-verfah-ren	natur-feucht	>1	1	3	2	+ +	—	+	1	2	+	3	1	2	—	—	—
	Tauch-verfah-ren	natur-feucht	>1	1	2	3	—	—	+	2	1	—	3	1	2	○○	—	—
			0,5—1	3	2	1	—	—	○	1	2	—	1	2	3	—	+ + +	+ + +
			1—2	1	2	3	—	—	—	2	1	—	2	1	3	—	+	—
			>2	1	2	3	—	—	—	2	1	—	3	1	2	○	—	—

von den verschiedenen Standortsfaktoren und Bewirtschaftungsmaßnahmen. Dieses Hohlraumvolumen kann angenähert durch das Volumengewicht in g/ml (auch als Trockenraumgewicht oder scheinbares spezifisches Gewicht bezeichnet) charakterisiert werden.

Die in Tabelle 2 eingetragenen Volumengewichte lassen für die untersuchten Profile eine Rangordnung (Tabelle 3) erkennen, wonach im Profil von oben nach unten die Volumengewichte signifikant[1] ansteigen und dementsprechend die Porenvolumina abnehmen. Diese Feststellung stimmt mit zahlreichen, in der Literatur beschriebenen Beobachtungen überein (vgl. z. B. ENDREDY, 1936; SCHEFFER und SCHACHTSCHABEL, 1960). Aus Tabelle 1 ist zu ersehen, daß der Gehalt an Ton infolge Einschlämmung aus oberen Schichten im B_t-Horizont ansteigt, woraus die Erhöhung der Volumengewichte z. T. verständlich wird. Diese Zunahme kann außerdem durch den abnehmenden Humusgehalt (Tabelle 1) (MITSCHERLICH, 1950; SCHEFFER und SCHACHTSCHABEL, 1960) als auch durch das bekannte Absetzen des Bodens unter dem Gewicht der auflagernden Schichten begründet werden.

Bei Betrachtung (Tabelle 2) der Volumengewichte innerhalb der Horizonte zwischen den Profilen zeichnet sich eine signifikante Erhöhung der Volumengewichte und damit eine Verminderung der Porenvolumina (Tabelle 4) auf den bewirtschafteten Flächen gegenüber dem Waldprofil ab (vgl. auch DVORACSEK und DVORACSEK, 1956). Diese Unterschiede dürften ohne Zweifel als eine Folge der Bearbeitung anzusehen sein, wobei nicht nur an die mechanische Belastung (z. B. Druck) des Bodens bei der Bearbeitung zu denken ist, sondern auch an eine indirekte Auswirkung über die mit der Bearbeitung erreichte zeitweilige stärkere Durchlüftung und der damit verbundenen Intensivierung stofflicher Umsetzungen, was zu einer Verminderung im Humusgehalt führte. Die Unterschiede zwischen Jung- und Altacker (s. auch Tabelle 5) sind auf die jeweils vorhandene Fruchtart zurückzuführen.

In Tabelle 2 sind zu den einzelnen Terminen jeweils die Mittelwerte aus den in 4 Wiederholungen durchgeführten Untersuchungen eingetragen. Mit den Resultaten nur eines Untersuchungstermines (z. B. für Standort B) die physikalische Beschaffenheit des Bodens zu charakterisieren, erschien bedenklich, weil — abgesehen von systematischen Fehlern (z. B. bei Entnahme und Aufarbeitung der Proben) — noch durch verschiedene Standortsfaktoren eine mehr oder weniger große Streuung der Werte bedingt sein kann; für Standort A wurden daher die Untersuchungen zu mehreren Terminen durchgeführt. In das Mittel ($\overline{x}$) sind aber nur die Termine b—d einbezogen worden, da zu Termin a nicht nur der Boden wesentlich trockener war, sondern weil in den dazwischen liegenden Wintermonaten eine mit der Dynamik des Bodens in Zusammenhang stehende Veränderung der physikalischen Bodeneigenschaften zwischen den Horizonten eingetreten sein kann.

Es darf nicht übersehen werden, daß mit diesen Volumengewichtsbestimmungen lediglich das Gewicht der Volumeneinheit Boden erfaßt wird, nicht aber der Rauminhalt selbst. Eine größere Aussagekraft käme ohne Zweifel den direkten Bestimmungen der Gesamtporosität und ganz besonders der quantitativen Vertei-

[1] Auf eine Wiedergabe der varianzanalytischen Verrechnung und des Duncan-Testes soll hier verzichtet werden.

lung verschieden großer Poren zu, die im Rahmen dieser Untersuchungen jedoch nicht durchgeführt werden konnten.

3.2. Mechanisch beständiger Aggregatanteil

Der Anteil und die Verteilung verschieden großer Poren wird neben der Textur besonders von Menge und Größe der Bodenaggregate bestimmt (vgl. Di Gleria, Klimes-Szmik und Dvoracsek **1962**, S. **373**). Durch Trockensiebung des lufttrockenen Bodens wurden deshalb die Anteile der unterschiedlich großen Fraktionen der Mesoaggregate (Kullmann, **1958**) ermittelt und die Ergebnisse in Tabelle **3** wiedergegeben. Danach nehmen im Wald- und Jungackerprofil von oben nach unten die mechanisch beständigen Aggregatanteile signifikant zu, während im Altackerprofil teilweise eine Umkehrung für die kleineren Fraktionen konstatiert werden kann.

Werden die Ergebnisse für die einzelnen Horizonte zwischen den drei Profilen verglichen (Tabelle **4**), so ist für die Fraktionen > **1** mm im humosen Oberboden (A_1- bzw. A_p-Horizont) zu erkennen, daß durch die Bewirtschaftung zunächst eine Verminderung an Aggregaten bewirkt, aber bei längerer Bewirtschaftung dieser negative Einfluß nicht nur wieder ausgeglichen wird, sondern sogar noch eine Verbesserung gegenüber dem Waldprofil eintritt. Dieser Befund bliebe auch dann der gleiche, wenn man beim Waldprofil noch den oberen Teil des A_2-Horizontes einbeziehen würde (nämlich den Teil, der beim Pflügen in den A_p-Horizont auf Grund der geringen Mächtigkeit des A_1 mit eingemischt wurde). Im A_2-Horizont dagegen ist – wiederum für die Fraktionen > **1** mm – ein Anstieg des mechanisch beständigen Aggregatanteils vom Waldprofil zu beiden Ackerprofilen zu erkennen; ähnliches gilt für die in den B-Horizonten gemessenen Werte. Demnach wäre in diesen Horizonten mit der langjährigen Bewirtschaftung eine Strukturverbesserung einhergegangen. Die abweichenden Rangordnungen in den Fraktionen < **1** mm (A_2- und B_t-Horizont) erklären sich daraus, daß bei Bildung bzw. Zerfall größerer Aggregate reziproke Veränderungen nicht nur in der Fraktion < **0,2** mm, sondern auch in den Fraktionen **0,2–0,5** und **0,5–1** mm auftreten.

Aus Untersuchungen von Kullmann (**1962**) – allerdings an anderen Böden – geht nun hervor, daß eine Trocknung des Bodens im Labor sich anders auf die Beständigkeit der Aggregate auswirkt als eine Abtrocknung des Bodens im Freiland während warmer und niederschlagsarmer Perioden. Somit müßte die Möglichkeit in Erwägung gezogen werden, daß die ermittelten Aggregatanteile bzw. die Rangordnungen bei vergleichender Betrachtung keine einwandfreie Vorstellung über den im Augenblick der Probenentnahme vorliegenden Strukturzustand bzw. über die Relationen zwischen den Horizonten vermitteln. Um entscheiden zu können, ob tatsächlich eine Strukturverbesserung eingetreten ist, müssen daher noch Untersuchungen an zuvor nicht im Labor getrockneten Proben in den Kreis der Betrachtungen einbezogen werden. Eine Trockensiebung naturfeuchten Bodens ist aber nach Kullmann und Koitzsch (**1956**) sowie Kullmann (**1962**) nicht zu empfehlen, häufig auch gar nicht durchzuführen.

Tabelle 4

Rangordnungen (R) der Untersuchungsergebnisse des Standortes A (an Hand der Mittelwerte von Termin b–d) bei vergleichender Betrachtung der Horizonte zwischen den Profilen (Erläuterungen siehe Tabelle 3)

Unter-suchungen	Methode	Vor-behand-lung des Bodens	Aggre-gatgröße	A_p bzw. A_1						A_2						B_t		
				R Wald	R Jungacker	R Altacker	Diff. W:J	Diff. J:A	Diff. W:A	R Wald	R Jungacker	R Altacker	Diff. W:J	Diff. J:A	Diff. W:A	R Wald	R Altacker	Diff. W:A
Poren-volumen				3	2	1	+++	+++	+++	3	1	2	+++	–	+++	2	1	++
Mechanisch beständiger Aggregat-anteil	Trocken-siebung	getrock-net	0,2–0,5	1	3	2	++	○	–	3	2	1	–	–	–	2	1	○
			0,5–1	1	2	3	+	++	+++	3	2	1	–	–	–	2	1	–
			1–2	2	1	3	–	+++	+++	1	3	2	++	○	–	1	2	+
			2–3	2	1	3	○	+++	+++	1	2,5	2,5	+	–	+	1	2	+++
			>3	2	1	3	○○	+++	+	1	2	3	–	–	++	1	2	+++
wasser-stabiler Krümel-anteil	Schall-wäscher-verfah-ren	natur-feucht	>1	2	1	3	○○	+++	+	3	1	2	○	+	–	1	2	–
	Tauch-verfah-ren	natur-feucht	>1	2	1	3	○○○	+++	–	3	1	2	○○○	+++	○	2	1	○
			0,5–1	3	2	1	–	–	–	1	3	2	–	–	–	1	2	+++
			1–2	2	1	3	–	+	–	3	1	2	○○	–	–	1	2	–
			>2	2	1	3	○○○	+++	–	3	1	2	○○○	+++	○	2	1	○
	Schall-wäscher-verfah-ren	getrock-net un-gesiebt	>1	3	1	2	○○	+	–	3	1	2	○○○	+++	○○○	2	1	○○
	Tauch-verfah-ren	,,	>1	3	1	2	○○○	++	○○	3	1	2	○○○	+++	○○○	2	1	○○○
	Schall-wäscher-verfah-ren	getrock-net gesiebt	1–2	2	1	3	–	+++	+++	3	1	2	○○○	+++	○○○	2	1	○○○
	Tauch-ver-	,,	1–2	2	1	3	○	+++	–	3	1	2	○○○	+++	○○○	2	1	○○○

Gehen wir von der Überlegung aus, daß unter den die Struktur des Bodens schädigenden oder gar zerstörenden Kräften dem durch die Niederschläge in den Boden gelangenden Wasser besondere Bedeutung zukommt, so müssen die Anteile wasserbeständiger Krümel einen noch besseren Einblick in die Strukturverhältnisse gewähren. Derartige Bestimmungen sind auch deshalb notwendig, weil mit der mechanischen Beständigkeit der Aggregate sowieso noch nicht die Wasserbeständigkeit der Krümel charakterisiert wird (vgl. neben anderen Di Gleria, Klimes-Szmik und Dvoracsek, **1962**). Von einer für die Pflanzenentwicklung optimalen Bodenstruktur kann erst beim Vorhandensein einer ausreichenden Menge wasserbeständiger Krümel gesprochen werden.

3.3. Wasserbeständige Krümelanteile der im naturfeuchten Zustand untersuchten Proben

Wird der Boden im naturfeuchten Zustand (d. h. sofort nach Überführung der Proben in das Labor) ohne vorhergehende trockene Aussiebung einzelner Aggregatfraktionen einer Wasserstabilitätsbestimmung unterworfen, so kommen die — bei gegebenem Feuchtigkeitsgehalt der Bodenproben — zur Zeit gerade einwirkenden Kräfte auf die Stärke der Aggregatbindung anhand der ermittelten wasserbeständigen Krümelanteile zum Ausdruck. Bei Anwendung des Schallwäscherverfahrens wirkt während der Wasserbehandlung nur die verschlämmende Wirkung des Wassers auf die Aggregate ein; daher wird mit diesem Verfahren annähernd der gesamte stabile Krümelanteil einer Bodenprobe erfaßt. Bei Anwendung des Tauchverfahrens kommt dagegen noch eine mechanische Beanspruchung durch die Bewegung des Siebes und damit des Wassers (Staudruck, turbulente Strömung) hinzu, so daß nur diejenigen Krümelanteile ermittelt werden, die einen der Beanspruchung entsprechend höheren Stabilitätsgrad aufweisen. (Nähere Ausführungen über die Begründung zur parallelen Anwendung mehrerer Untersuchungsverfahren siehe Kullmann, **1962**.) Anhand der nach dem Schallwäscher- und nach dem Tauchverfahren erhaltenen Mittelwerte (Tabelle **2**) kann nun festgestellt werden, daß auch bei den hier untersuchten Proben die stärkere Beanspruchung durch das Tauchverfahren in der Regel zu erkennen ist. Allerdings wird davon die Rangordnung (Tabellen **3** und **4**) der Horizonte sowohl innerhalb als auch zwischen den Profilen kaum berührt, so daß wir bei den nachstehenden vergleichenden Betrachtungen die unterschiedliche Wirkung der verschiedenen Verfahren unberücksichtigt lassen können.

Bei einem Vergleich der Ergebnisse innerhalb der Profile (Tabelle **3**) zeichnet sich die Tendenz ab, daß beim Waldprofil im A_1- und beim Altackerprofil im A_2-Horizont die geringste Aggregatstabilität auftritt. Die Werte nehmen dann bei den Fraktionen $>$ **1** mm im Waldboden mit der Tiefe, im Altackerboden sowohl nach oben als auch nach unten zu. Der Jungacker verhält sich indifferent. Es muß in diesem Zusammenhang aber darauf hingewiesen werden, daß die ermittelten Differenzen größtenteils innerhalb der Fehlergrenzen liegen, so daß den Unterschieden zwischen den Horizonten nicht allzu große Bedeutung beigemessen zu werden braucht.

Werden z. B. die Ergebnisse zu den einzelnen Terminen (Tabelle 2) betrachtet, so ist eine Streuung unverkennbar. Für deren Erklärung muß — abgesehen von der Fehlerstreuung — auf zwei Fakten besonders hingewiesen werden:

a) Bei jeder Probenentnahme wurde das Waldprofil immer wieder neu abgestochen bzw. wurden die Ackerprofile immer wieder neu aufgegraben, so daß eine Streuung des Bodens bezüglich der Horizontausbildung, der texturellen Zusammensetzung und damit auch der chemischen sowie physikalischen Eigenschaften zu berücksichtigen ist.
b) Die Meßwerte sind abhängig vom Feuchtigkeitsgehalt des Bodens bei der Probeentnahme [KULLMANN, 1962]. Dieser Feuchtigkeitseinfluß ist rechnerisch nicht zu eliminieren, da zu wenig Untersuchungstermine vorliegen; außerdem ist der Einfluß der einzelnen Horizonte bzw. auch Profile auf die Größe des jeweiligen Abhängigkeitsverhältnisses unbekannt.

Werden die nach beiden Verfahren ermittelten Werte innerhalb der Horizonte zwischen den drei Profilen verglichen (Tabelle 4), so ergibt sich durch die Bewirtschaftungsmaßnahmen — in Übereinstimmung mit den Beobachtungen von DVORACSEK, KLIMES-SZMIK und FEJER (1952) — vom Wald zum Jungacker im gesamten Oberboden eine signifikante Verminderung des Anteils wasserbeständiger Krümel, die in fast allen untersuchten Fraktionen zum Ausdruck kommt und auch keine Abhängigkeit vom Stabilitätsgrad (Anwendung zweier Untersuchungsverfahren) zeigt. Vom Jungacker zum Altacker hingegen ist im Oberboden in der Regel eine signifikante Erhöhung des Krümelanteils zu verzeichnen, die in allen Fraktionen und bei Anwendung aller Verfahren deutlich zum Ausdruck kommt. Die wasserbeständigen Aggregatanteile in den B_t-Horizonten lassen erkennen, daß vom Wald- zum Altackerprofil in der Regel eine Stabilitätsverminderung eingetreten ist.

Insgesamt gesehen ergibt sich beim Vergleich der drei Profile ein Absinken des wasserbeständigen Aggregatanteils vom Wald zum Jungacker und dann wieder ein Anstieg zum Altacker (Tabelle 4). Die Werte beim Altackerprofil überschreiten dabei zum Teil die im Waldprofil aufgefundenen.

3.4. Wasserbeständige Aggregatanteile der zuvor getrockneten Proben

Es zeigt sich also, daß ein Zusammenhang zwischen den stabilen Krümelanteilen und den Bodenhorizonten besteht sowie ein Einfluß durch die Bewirtschaftung vorliegt. Um einen noch besseren Einblick in diese Zusammenhänge zu erhalten, könnte die Frage auftauchen, ob man den Feuchtigkeitseinfluß (s. o.) nicht doch erst eliminieren sollte. Da, wie gesagt, eine rechnerische Eliminierung nicht möglich ist, kann der Feuchtigkeitseinfluß nur durch Trocknung der Proben bis auf Lufttrockenheit vor den Untersuchungen ausgeschaltet werden. Unabhängig von den Einwänden gegen ein derartiges Vorgehen (KULLMANN, 1962) soll vorausgesetzt werden, da entsprechende Erfahrungswerte für dieses Lößgebiet nicht vorliegen, daß die Aggregatanteile in allen Fällen durch die Trocknung im gleichen Ausmaß verändert werden.

In Tabelle 4 sind die Resultate als Rangordnungen und die Signifikanzen bezüglich der Differenzen für die zuvor getrockneten Proben eingetragen, und zwar sowohl für die nicht zuvor durch Trockensiebung aufgetrennten Proben (unge-

Tabelle 5

Rangordnungen der Untersuchungsergebnisse des Standortes B (an Hand der Werte von Termin a) bei vergleichender Betrachtung der Horizonte zwischen den Profilen (1 = niedrigster Wert)

Untersuchungen	Methode	Vorbehandlung des Bodens	Aggregatgröße	A_p bzw. A_1			A_2			B_t	
				Wald	Jungacker	Altacker	Wald	Jungacker	Altacker	Wald	Altacker
Porenvolumen				3	1	2	3	1	2	1	2
mechanisch beständiger Aggregatanteil	Trockensiebung	getrocknet	0,2—0,5	1	3	2	1	2	3	2	1
			0,5—1,0	1	2	3	1	2	3	1	2
			1,0—2,0	1	2	3	1	2	3	1	2
			2,0—3,0	1	2	3	1	2	3	2	1
			>3,0	3	1	2	1	2	3	1	2
wasserstabiler Krümelanteil	Tauchverfahren	getrocknet ungesiebt	>1,0	3	1	2	3	1	2	2	1
		getrocknet gesiebt	1,0—2,0	3	1	2	3	1	2	1	2
Huminstoff-fraktionen	Fulvosäuren	vgl. Tab. 7		3	2	1	3	1	2	—	—
	Huminsäuren	,,		3	2	1	2	1	3	—	—

siebt) als auch für die zuvor durch Trockensiebung in Fraktionen zerlegten Proben. Sieht man von einigen Abweichungen ab, dann sind auch hier im Prinzip ähnliche Resultate wie bei den im naturfeuchten Zustand untersuchten Proben erzielt worden. Die im A_p- bzw A_1-Horizont mit beiden Verfahren (für Behandlung „getrocknet und ungesiebt") gefundenen Abweichungen in der Rangordnung gegenüber den Behandlungsweisen „naturfeucht" sowie „getrocknet und gesiebt" lassen sich wahrscheinlich so erklären, daß durch den Trocknungseffekt die Stabilität aller Aggregate im Wald-A_1 zunächst stärker angestiegen ist und daß durch die mechanische Beanspruchung bei der nachfolgenden Trockensiebung (Behandlung „getrocknet und gesiebt") diese Stabilisierung wieder aufgehoben worden ist. In jedem Falle handelt es sich jedoch um methodisch bedingte Effekte, so daß den naturfeucht untersuchten Proben größere Bedeutung beizumessen ist.

3.5. Untersuchungsergebnisse des Standortes B

Obwohl vom Standort B nur zu einem Termin im Herbst Bodenproben nach einigen wenigen Verfahren untersucht worden sind, sollen die Ergebnisse als Rangordnungen (auf eine varianzanalystische Auswertung wurde verzichtet) hier ebenfalls wiedergegeben werden (Tabelle 5). Ein Vergleich der mechanisch beständigen Aggregatanteile mit den Resultaten vom Standort A (Tabelle 4) läßt erkennen, daß auf Standort B eine in der Tendenz etwas andere Rangordnung in Erscheinung tritt, d. h. vom Wald- über das Jungacker- zum Altackerprofil eine Stabilitätszunahme zu konstatieren ist. Die übrigen Resultate weisen dagegen eine recht gute Übereinstimmung mit denen des Standortes A (s. ebenfalls Tabelle 4) auf. Somit dürften die Resultate vom Standort B trotz der gemachten Einschränkungen über deren Aussagekraft eine Bestätigung für diejenigen des Standortes A erbracht haben.

4. Diskussion der Ergebnisse

Bei der Auswertung der vorliegenden Untersuchungen wird versucht, sowohl den Profilen als Ganzes in ihrer Abhängigkeit von der Nutzung als auch den einzelnen durch die Entwicklung des Bodens bedingten genetischen Horizonten Rechnung zu tragen. Im folgenden sei daher auf die Unterschiede zwischen den Profilen und innerhalb der Profile getrennt eingegangen.

4.1. Unterschiede zwischen den Profilen

Die Rangordnungen (Tabelle 4) für die mechanisch beständigen Aggregatanteile sollen hierbei ausgeschlossen bleiben, da (s. Abschnitt 2.2) erstens durch die Trocknung des Bodens eine Verschiebung der Rangordnungen eingetreten sein kann und zweitens den auf diese Weise ermittelten Aggregatanteilen nur eine eingeschränkte Bedeutung für die Beurteilung der strukturellen Beschaffenheit der Proben beizumessen ist.

Bei Betrachtung der wasserbeständigen Aggregatanteile ergeben sich für die Wald-, Jungacker- und Altackerprofile Rangordnungen im A_1- bzw. A_p-Horizont teils von 2:1:3 und teils von 3:1:2, wobei jedoch der letzteren Rangfolge aus den unter 2.4. genannten Gründen eine untergeordnete Bedeutung zukommt. In den A_2-Horizonten liegt übereinstimmend die Folge 3:1:2 vor, in den B_t-Horizonten überwiegen signifikant höhere Werte im Waldprofil. Diese Ergebnisse besagen, daß durch die Bewirtschaftung des Bodens neben den Veränderungen im genetischen Aufbau der Profile und in den chemischen Eigenschaften des Bodens (s. LIEBEROTH, 1962) auch nachweisbar strukturelle Unterschiede eingetreten sind.

Eine Erklärung für die Strukturverschlechterung im Oberboden vom Wald- zum Jungackerboden kann nicht durch Heranziehung nur einzelner Merkmale gegeben werden, wie beispielsweise der Humusmenge. Die organische Substanz ist ohne Zweifel entscheidend an der Aggregation beteiligt, aber hier spielt nicht nur die Quantität, sondern auch die Qualität eine Rolle. Während die Abnahme der Aggregatstabilität vom Wald- zum Jungackerprofil ohne weiteres vorwiegend durch die Abnahme des Humusgehaltes bedingt sein kann, müssen für die Zunahme von Jung- zum Altacker (bei weiterer Abnahme der Humusmenge im gesamten Oberboden – siehe Tabelle 1) andere Ursachen gesucht werden. Hier wird vermutlich die Qualität der Humusstoffe eine Rolle gespielt haben. Dies kommt allerdings in den Extinktionswerten der farbigen Komponenten (s. Tabelle 2) nur beim A_2-Horizont zum Ausdruck, bei den A_p- bzw. A_1-Horizonten läßt sich keine positive Korrelation zu den Aggregatstabilitätswerten erkennen. Das gleiche gilt für die Q-4/6-Werte[2] der Braun- bzw. Gesamthuminsäurefraktion im A_p-(A_1-)Horizont (LIEBEROTH, 1962). Unterschiede sind jedoch bei den Q-4/6-Werten der Grauhuminsäurefraktion festzustellen. Sie betragen im Wald-A_1 3,0, im Jungacker-A_p 3,5 und im Altacker-A_p wieder 3,0. Je kleiner dieser Quotient ist, um so höher ist die Kondensationsstufe, d. h., um so komplizierter ist der Molekülaufbau.

Auch das Mengenverhältnis der Braun- zu den Grauhuminsäuren sowie der Anteil der an Kalzium gekoppelten Huminsäure ist im Altacker günstiger bzw. höher. Außerdem sind das C/N- und das C/P_o-Verhältnis in der Altackerkrume wesentlich enger als in der Jungackerkrume (s. Tabelle 1), was ebenfalls einen Hinweis auf die Strukturverbesserung im Altacker gibt. Da ein enges C/N-und C/P_o-Verhältnis gleichzeitig günstige Bedingungen für die Mikroben anzeigt, kann die größere Aggregatstabilität im Altacker-A_p auch auf eine stärkere mikrobielle Aktivität zurückzuführen sein. Schließlich wären noch die günstigeren pH- und V-Werte im Altacker zu nennen, durch die ebenfalls direkt wie indirekt eine Aggregatstabilisierung angezeigt wird.

Die Rangfolge in den A_2-Horizonten kann auf ähnliche, wenn auch nicht in jedem Falle gleiche Ursachen zurückgeführt werden. In diesem Horizont werden zusätzlich die höheren Gehalte an freiem Eisen sowie Ton eine Rolle gespielt haben. Die Abnahme in der Aggregatstabilität im B_t des Altackers gegenüber der im Waldboden ist schwerer zu erklären. Hier können aber durchaus Beziehungen zu der von LIEBEROTH (1962) festgestellten partiellen Aktivierung des Kolloidplasmas im B_{t1} bei langjähriger Ackernutzung in der Form bestehen, daß dadurch der mechanische Zusammenhalt der Aggregate vermindert wurde.

[2] Farbquotient, ergibt sich durch Division der Extinktionswerte bei Filter 472 nm und 664 nm

Insgesamt gesehen kann festgestellt werden, daß die Verminderung der Aggregatstabilität im Oberboden von Wald- zum Jungackerboden zu einem großen Teil auf die sehr starke Humusabnahme zurückzuführen ist. Bewegen sich die Schwankungen im Humusgehalt innerhalb kleiner Spannen, wie beispielsweise bei den Ackerprofilen, so treten andere stabilitätsbeeinflussende Faktoren (Humusqualität, pH, Gehalt an freiem Eisen usw.) in den Vordergrund. Wir können daher für die Aggregatstabilität in den Oberböden der untersuchten Profile die gleiche abschließende Feststellung treffen wie für die genetischen Merkmale (LIEBEROTH, 1962). Durch den Einfluß der Ackerkultur wird in den ersten Jahrzehnten nach der Kultivierung das natürliche Gleichgewicht der Kräfte stark gestört. In der Folge macht sich daher auch eine Verschlechterung einiger fruchtbarkeitsbestimmender Eigenschaften bemerkbar, wozu auch die Aggregatstabilität gehört. Erst nach einer bestimmten Anzahl von Jahrzehnten stellt sich allmählich wieder ein nunmehr den Kulturbedingungen angepaßtes Gleichgewicht ein. Damit tritt auch eine Verbesserung bestimmter Bodeneigenschaften gegenüber dem jungkultivierten Boden ein. Im Laufe der Zeit erreicht dann der Acker den Fruchtbarkeitsgrad des ehemaligen Waldbodens und übertrifft ihn schließlich. Die Aggregatuntersuchungen stellen somit eine wertvolle Ergänzung der Untersuchung der genetischen Bodenmerkmale dar. Die Untersuchungen von WILJAMS, SAWWINOW u. a. (zit. bei DI GLERIA, KLIMES-SZMIK und DVORACSEK, 1962, S. 465) führten ebenfalls zu dem Ergebnis, daß – wenn auch bei anderen Böden – durch die Ackerkultur die Aggregatstabilität verbessert wird. Wir müssen allerdings hinzufügen, daß eine solche Feststellung nur für Böden gilt, die bereits längere Zeit kultiviert und nicht erst vor kurzer Zeit umgepflügt worden sind.

4.2. Unterschiede innerhalb der Profile

Die unter 3.1. gegebenen Erklärungen können sinngemäß auch auf eine vergleichende Gegenüberstellung der Horizonte innerhalb der Profile übertragen werden. Darüber hinaus zeigt sich, wie bereits angedeutet, daß die Unterschiede im Profil nicht im gleichen Ausmaß signifikant sind. Doch läßt sich allgemein die Tendenz erkennen, wonach im Waldprofil von oben nach unten die Rangordnung steigt, im Jungackerprofil eine gewisse Übergangssituation vorliegt, während im Altackerprofil ein Abfall zumindest vom A_p-Horizont zum A_2-Horizont in Erscheinung tritt. Diese Umstellung im Jungackerprofil und die Aufbesserung des Oberbodens im Altackerprofil stehen zweifelsohne mit der Bewirtschaftung in Zusammenhang (siehe Abschnitt 3.1.).

Eine sichere Erklärung für die Rangfolge innerhalb der Profile kann z. Z. kaum gegeben werden. Unter Berücksichtigung der mikromorphologischen Charakterisierung der Profile (LIEBEROTH, 1962) und der Ausführungen in Abschnitt 3.1. scheint für die Zunahme vom A_1- zum A_2-(Wald) und für die Abnahme vom A_p- zum A_2-Horizont (Altacker) die Humusqualität entscheidend zu sein, weil ein Einfluß durch den – in beiden Horizonten etwa gleich hohen – Tongehalt ausscheidet (Tabelle 1).

Die B_t-Horizonte lassen sich nicht unmittelbar mit den A_1-/A_p- und A_2-Horizonten vergleichen, da offensichtlich andere Bindungskräfte vorliegen. Der An-

stieg vom A_2 zum B_t muß ursächlich mit dem Ansteigen des Tongehaltes bei gleichzeitiger Abnahme des Humusanteiles in Verbindung gebracht werden; denn neben der organischen Substanz des Bodens sind auch verschiedene andere Kräfte (WERSCHININ, 1958; KATSCHINSKI, 1958 u. a.) – besonders Sesquioxyde (ANTIPOW-KARATAJEW und Mitarbeiter, 1948), verschiedene Kationen (SCHEFFER und SCHACHTSCHABEL, 1960) usw. – in Betracht zu ziehen.
Nach DVORACSEK, KLIMES-SZMIK und FEJER (1953) werden nur bei einem „günstigen" Verhältnis der organischen Substanz zum Ton poröse, stabile Krümel gebildet, die von hohem „landwirtschaftlichem Wert" sind, während die vorwiegend aus anorganischen Stoffen gebildeten Kolloide meist kompakte Aggregate ergeben, die von „geringerer Bedeutung" sind. Wir müssen annehmen, daß in den untersuchten Profilen sowohl organische als auch anorganische Substanzen an der Aggregatbildung und -stabilisierung beteiligt sind, wobei mit schwindendem Gehalt an organischer Substanz im B-Horizont die anorganischen Kolloide bei der Aggregatbildung dominieren müßten.
Bei Anwendung eines von den letztgenannten Autoren beschriebenen Verfahrens zur „Unterscheidung der Bindekräfte" (organische Substanz und Ton) konnten aber keine Resultate ermittelt werden, die den Anstieg im Krümelanteil vom A_2- zum B_t-Horizont erklären helfen. Wahrscheinlich ist nach diesem Verfahren keine Entscheidung über den „landwirtschaftlichen Wert" der Krümel unter diesen Bodenverhältnissen gesichert möglich. Eventuell ließe sich diese Frage treffender mit Porositätsbestimmungen der Aggregate (z. B. nach SUNKEL, 1960) oder mit dem „Dissektionsverfahren" nach ANTIPOW-KARATAJEW und Mitarbeitern (1948) entscheiden.

4.3. Schlußfolgerungen für die Praxis

Für die Praxis läßt sich folgern, daß durch Bewirtschaftungsmaßnahmen auf jungkultivierten Böden im Oberboden zunächst mit einer Verschlechterung der Bodenstruktur gegenüber den natürlichen Standorten zu rechnen ist; aber durch langjährige und geeignete Bewirtschaftung vermag der Strukturzustand soweit gebessert zu werden, daß er – zumindest auf den hier untersuchten Böden – sich wieder den ursprünglichen Verhältnissen nähert und in der Regel diese dann allmählich übertrifft. Trotz intensiver Nutzung vermag also der Mensch den Bodenzustand allmählich zu verbessern und damit die Fruchtbarkeit zu heben. Diese Feststellung ist um so wichtiger, als damit gegenteiligen Auffassungen beweiskräftig entgegengetreten werden kann.

Zusammenfassung

In Fortführung der genetischen und chemischen Untersuchungen werden die Profile eines Waldes, Jungackers und Altackers an 2 Standorten hinsichtlich des Bewirtschaftungseinflusses (LIEBEROTH, 1962) auf ihre strukturellen Veränderungen betrachtet, wobei Analysendaten über Volumengewicht, mechanisch beständiger Aggregatanteil und wasserstabiler Krümelanteil (differenziert nach Fraktionen und Stabilitätsgrad) zur Deutung herangezogen werden. Dabei wird den genetischen Gesichtspunkten durch eine getrennte Untersuchung der einzelnen Horizonte entsprochen. – Die Resultate lassen erkennen, daß mit der Inkulturnahme unberührter Flächen zunächst eine strukturelle Verschlechterung der Profile einhergeht, durch langjährige Bewirtschaftung aber in dem Altackerprofil wieder eine Verbesserung eintritt, die in der Regel zu günstigeren Strukturverhältnissen im Oberboden gegenüber dem ehemaligen Waldboden führt. Dieser Entwicklungsgang läßt sich durch genetische und chemische Untersuchungen stützen. Bei Betrachtung der Horizonte innerhalb der Profile wird in der Diskussion auf die ungelösten Probleme der Bindungsmechanismen der Krümel im Hinblick auf ihren „landwirtschaftlichen Wert" hingewiesen.

Резюме

В продолжение генетических и химических исследований (Либерот, 1962 г.) обсуждаются расположенные в двух местах почвенные профили леса, поля, недавнего пользования и старопахотной земли в отношении влияния хозяйственного использования на изменение структуры, причем для решения вопроса привлекаются данные анализа объемного веса, доли устойчивых к механическому воздействию агрегатов и доли водопрочных комочков (дифференцированно по фракциям и степени устойчивости). Раздельным исследованием отдельных горизонтов учитывается генетическая точка зрения. Результаты показывают, что окультуриванию нетронутых площадей вначале сопутствует ухудшение структуры профилей, в то время, как в профиле старопахотной земли в результате долголетнего хозяйственного использования условия улучшаются и приводят, как правило, к более благоприятным условиям структуры в горизонте А по сравнению с прежней лесной почвой. Такой ход развития может быть подтвержден данными генетических и химических исследований. При обсуждении горизонтов профилей указывается на нерешенные проблемы связывающих механизмов у комочков в отношении их агрономической „ценности.

Summary

We continued the genetic and chemical investigations (LIEBEROTH, 1962) and examined the structural alterations which had taken place after cultivation on profiles of woodland, a new and an old tilled field. We examined identical profiles in two localities and utilised for this purpose analytical data on the volume weight, the mechanically stable proportion of the aggregate and the proportion of soil crumbs stable in water (differentiated according to fractions and degree of stability). The genetic points of view were taken into consideration by investigating each horizon separately.

The results show that the structure of virgin soil profiles deteriorates soon after cultivation begins, but that many years of cultivation improved the profiles on the old tilled field. This as a rule results in more favourable top-soil structural conditions than formerly prevailed in the virgin forest soil. These developments are confirmed by genetic and chemical investigations. In considering the horizons within the profiles, reference is made in the discussion to unsolved problems connected with the aggregating mechanisms of the soil crumbs from the point of view of their „agricultural value".

Literaturverzeichnis

[1] ANTIPOW-KARATAJEW, I. N., V. V. KELLERMANN und D. V. CHAN: Über das Bodenaggregat und seine Untersuchungsmethoden (russ.). 1948, 82 S., Moskau, Verl. Akad. d. Wiss. UdSSR

[2] DVORACSEK, M., A. KLIMES-SZMIK und S. FEJER: Adatok magyarországi talajok szerkezeti állapotáról. Agrokémia és Talajtan **1952**, **1**, 4, 479—494

[3] DVORACSEK, M., und M. DVORACSEK: Ősállapotu és müvelt talajok szerkezete. MTA Agrártud. Oszt. Közl. **1956**, **9**, **1—3**, **113—157**

[4] DVORACSÈK, M., A. KLIMES-SZMIK, und S. FEJER: A kötöttség befolyása a talajmorzsák vizállóságára. Agrokémia és Talajtan **1953**, **2**, **1**, **17—26**

[5] ENDREDY, E.: A talajtani ismeretek rövid összefoglalása. 1936, S. 489, Budapest

[6] FREYTAG, H. E.: Ein Beitrag zur Kenntnis der Huminsäuresynthese. III. Teil: Fraktionsübergänge an natürlichen Huminstoffen. Albrecht-Thaer-Arch. **1961**, **5**, 729—743

[7] DI GLERIA, J. A., A. KLIMES-SZMIK und M. DVORACSEK: Bodenphysik und Bodenkolloidik. 1962, 795 S., Jena, Verl. G. Fischer

[8] KATSCHINSKI, N. A.: Die Natur der mechanischen Stabilität und Wasserstabilität der Bodenstruktur. Tag.-Ber. Dt. Akad. Landwirtsch.-Wiss. Berlin 1958, Nr. **13**, **139—149**

[9] KULLMANN, A., und R. KOITZSCH: Zur Krümelstabilitätsmessung auf leichtem Boden. Z. Pflanzenernähr., Düng., Bodenkde. **1956**, **73**, 224—235

[10] KULLMANN, A.: Zur Problematik der Krümelstabilitätsmessungen und zur Methodik des Durchflußverfahrens. Tag.-Ber. Dt. Akad. Landwirtsch.-Wiss. Berlin 1958, Nr. **13**, 7—35

[11] KULLMANN, A.: Über Wasserstabilitätsbestimmungen mit einem Schallwäscher. Z. Pflanzenernähr., Düng., Bodenkde. **1960**, **89**, 114—120

[12] KULLMANN, A.: Über die Wasserstabilität der Bodenkrümel, besonders in Abhängigkeit von Zeit und Bodenfeuchtigkeit. Habil.-Schr. (im Druck)

[13] LIEBEROTH, I.: Über den Einfluß der Ackerkultur auf die Bodenentwicklung im sächsischen Lößgebiet. Albrecht-Thaer-Arch. **1962**, **6**, 3—30

[14] MITSCHERLICH, E. A.: Bodenkunde für Landwirte, Forstwirte und Gärtner. 1950, 6. Aufl., 371 S., Halle, Niemeyer-Verl.

[15] MUDRA, A.: Statistische Methoden für landwirtschaftliche Versuche. 1958, 336 S., Berlin, Verl. Parey

[16] SCHEFFER, F., und F. SCHACHTSCHABEL: Lehrbuch der Agrikulturchemie und Bodenkunde. 1. Teil: Bodenkunde. 1960, 250 S., 5. Aufl., Stuttgart, Verl. Enke

[17] SUNKEL, R.: Über die Porosität von Bodenaggregaten. 1. Mitt.: Eine Methode zur Bestimmung des Substanz- und Porenvolumens von Bodenaggregaten. Z. Pflanzenernähr., Düng., Bodenkde. **1960**, **89**, 17—27

[18] WERSCHININ, P. W.: Die physikalischen Grundlagen der Strukturbildung. Tag.-Ber. Dt. Akad. Landwirtsch.-Wiss. Berlin **1958**, **13**, 129—138

Aus dem Institut fur Bodenkunde und Pflanzenernahrung
der Humboldt-Universitat zu Berlin
(Direktor: Prof. Dr. agr. habil. E. PLACHY)

HANS LINDNER

Über ein Gerät zur Messung des Wassergehaltes und der Temperatur des Bodens mit Hilfe von Thermistoren[1]

Eingegangen: 4. 10. 1963

Das Ziel der Arbeit war die Entwicklung und Erprobung eines tragbaren Gerätes, das ohne hohen apparativen Aufwand besonders zur nichtstationären Messung des Wassergehaltes des Bodens geeignet ist, jedoch auch für stationäre Messungen eingesetzt werden kann.

Die Arbeiten wurden vom Verfasser im agrophysikalischen Institut in Leningrad begonnen [5] und im Institut für Bodenkunde und Pflanzenernährung der Humboldt-Universität zu Berlin fortgeführt. Das Gerät wurde mit Thermistoren der Produktion der DDR erprobt und weiterentwickelt, so daß neben dem Wassergehalt die Temperatur des Bodens ohne zusätzlichen Arbeitsaufwand gemessen werden kann, was besonders für mikrobiologische Untersuchungen von Bedeutung ist. Außerdem erfolgte die Prüfung der Meßgenauigkeit unter natürlichen Bedingungen auf dem Felde.

Das Gerät wurde aufbauend auf den Erfahrungen verschiedener Autoren [1, 4, 7, 8, 10], insbesondere den von TSCHUDNOWSKI [6, 7] erarbeiteten Grundlagen zur thermischen Messung des Wassergehaltes des Bodens entwickelt. Nach TSCHUDNOWSKI zeigt der Wert $b = \lambda \varphi c$ (λ Wärmeleitfähigkeit, φc Volumenwärmekapazität) eine gute Korrelation zum Wassergehalt des Bodens. Der Wert b kann über die Abkühlung bzw. Erwärmung einer Sonde mit geringer eigener Wärmekapazität sowie guter Wärmeleitfähigkeit gemessen werden [8]. In das genannte Gerät wurden unter Verwendung von Thermistoren des Typs TNS-B des VEB Keramische Werke Hermsdorf zwei Geber, die den genannten Forderungen nahekommen, als Zweigwiderstände in benachbarte Brückenzweige einer Meßbrücke eingebaut. Der eine Geber wird elektrisch beheizt, und der andere Geber dient zur Kompensation (bei der Wassergehaltsbestimmung) bzw. zur Messung der Bodentemperatur. Bei Verwendung von Thermistoren kann auf hochempfindliche Spiegel bzw. Lichtmarkengalvonometer, deren Einsatz unter Feldbedingungen problematisch ist, verzichtet werden. Zusätzliche Gleichstromverstärker, die das Gerät verteuern würden, sind ebenfalls nicht erforderlich. Die Messung mit zwei Gebern hat bestimmte Vorteile. Wird nur ein Geber verwendet, so muß die Zeit-

[1] Das genannte Gerat wird im Elektro-Akustischen-Laboratorium KG, Ing. H. RICHTER, Berlin-Niederschoneweide, Schnellerstr. 138, hergestellt.

dauer der Abkühlung bzw. Erwärmung der Meßsonde ermittelt werden, wobei sich besonders bei höherer Bodenfeuchte Veränderungen des Wassergehaltes um mehrere Prozent nur in Bruchteilen einer Sekunde auswirken [10]. Außerdem sind, wenn nur ein Geber verwendet wird, nur bei ein und derselben Bodentemperatur exakte Messungen möglich. Durch Kompensation der Bodentemperatur mittels eines zweiten Gebers wird diese Fehlerquelle behoben.

Für den zweckmäßigen Bau von Thermosonden gibt KOITZSCH [4] eine Reihe von Grundsätzen an. Verf. [5] konnte an anderer Stelle bei der Erprobung verschiedener Geber feststellen, daß kleine Geber mit hohem Metallanteil auf Grund ihrer guten Wärmeleitfähigkeit die beste Korrelation zum Wassergehalt des Bodens zeigen.

Thermistoren sind Elektronenhalbleiter, deren Leitfähigkeit mit zunehmender Temperatur exponentiell ansteigt ($R = \exp B/T$). Als Paare müssen Thermistoren mit möglichst gleicher Energiekonstante B ausgewählt und die auftretenden Unterschiede zwischen den Temperaturkoeffizienten durch Zusatzwiderstände ausgeglichen werden.

Die Energiekonstante

$$B = \frac{\ln R_{T1} - \ln R_{T2}}{\frac{1}{T_1} - \frac{1}{T_2}} \qquad \text{ist für}$$

jeden Thermistor besonders zu bestimmen. Der Ausgleich der Temperaturkoeffizienten erfolgt durch Widerstände, die zum Thermistor parallel bzw. in Reihe geschaltet werden [3]. Der Parallelwiderstand beeinflußt die Neigung der Temperaturwiderstandskurve, während der Reihenwiderstand die Kurve in sich verschiebt.

Der eine Geber ist mit einem Heizwiderstand von 35 Ohm aus Manganindraht mit einem Durchmesser von 0,06 mm versehen. Thermistor und Heizwiderstand wurden unter Verwendung eines Isolationsmaterials mit guter Wärmeleitfähigkeit – im gegebenen Falle Piacryl IM – in eine Messinghülse von 2,5 × 10 mm eingebaut. Der andere Thermistor wurde mit Lötzinn in eine gleich große Messinghülse eingeschmolzen.

Das Schaltschema des Gerätes ist in Abbildung 1 angegeben. Für die Wassergehaltsbestimmung wird neben der Heizung eine übliche Meßbrücke mit 2 Ther-

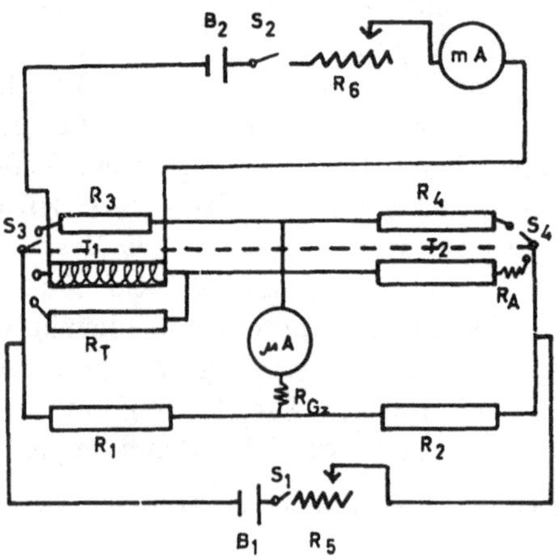

Abb. 1. Schaltschema des Gerätes

mistoren verwendet, wie sie in dem von KAGANOW entwickelten Psychrometer und Thermoanänometer [3] mit Erfolg angewendet wird. Zur Temperaturmessung wurde vom Verf. ein zusätzlicher Festwiderstand eingebaut, so daß nach einfachem Umschalten eine übliche Meßbrücke mit einem Thermistor in Funktion tritt.

In Abbildung 1 bedeuten:

T_1 Beheizter Thermistor, der als Geber in die Meßbrücke eingebaut ist
T_2 Unbeheizter Thermistor, der als Geber in die Meßbrücke eingebaut ist
$R_1 + R_2$ Zweigwiderstände der Meßbrücke
$R_3 + R_4$ Festwiderstände, die zur Kontrolle der Speisespannung der Meßbrücke dienen
R_5 Widerstand zur Regulation der Speisespannung der Meßbrücke
R_6 Widerstand zur Regulation der Heizspannung
R_T Festwiderstand zur Temperaturmessung
R_{G_2} Zusatzwiderstand zum Galvanometer
R_A Widerstand zum Ausgleich der Temperaturkoeffizienten der Thermistoren
$S_1 + S_2$ Schalter zum Ein- und Ausschalten des Meß- und Heizstromes
$S_3 + S_4$ Schalter zur Kontrolle der Speisespannung der Meßbrücke sowie zum Umschalten zur Temperaturmessung
B_1 Batterie zur Speisung der Meßbrücke (Taschenlampenbatterie 4,5 V)
B_2 Batterie zur Speisung der Heizung (Kastenbatterie 4,5 V).

Die Parameter der Meßbrücke wurden nach der folgenden von KAGANOW [2] abgeleiteten Gleichung für Meßbrücken mit 2 Thermistoren berechnet:

$$R_1 = \bar{\varrho}\left(\frac{B}{2T} - 1\right) - 2R_G.$$

In der Gleichung bedeuten:

$\bar{\varrho}$ — mittlerer Widerstand der Thermistoren im Meßbereich
B — Energiekonstante
T — Temperatur (°K)
R_G — Widerstand des Galvanometers

Der Widerstand des Galvanometers ist ggf. durch einen zusätzlichen Widerstand zu erhöhen. R_2 wird nach dem Verhältnis $R_1 : R_2$ berechnet, das bei der Kompensation bestimmt wird.

Bei entsprechender Wahl der Widerstände ändert sich der Strom in der Galvanometerkette nahezu linear in Abhängigkeit von der Temperaturdifferenz zwischen den beiden Thermistoren und ist somit in einem genügend breiten Intervall von der absoluten Temperatur unabhängig [2].

Zur Wassergehaltsmessung werden die beiden Geber in gleicher Tiefe, etwa 3–5 cm voneinander entfernt, in den Boden gedrückt. Die Bodentemperatur muß an beiden Stellen gleich sein, was über das Mikroamperemeter zu kontrollieren ist. Auf einen guten Kontakt der Geber mit dem Boden ist zu achten. Der eine Geber wird beheizt, während der zweite Geber zur Kompensation der Bodentemperatur dient. Die Kontrolle des Heizstromes erfolgt über das Milliamperemeter. Nach bestimmter Zeit (3 min, s. u.) wird die Temperaturdifferenz zwischen dem beheizten und unbeheizten Geber als Maß für den Wassergehalt des Bodens über das Mikroamperemeter gemessen. Die Temperaturmessung erfolgt über den unbeheizten Geber T_2. Zu diesem Zwecke wird anstelle des beheizten Gebers T_1 der Festwiderstand R_T über den Schalter S_3 als Zweigwiderstand in die Meßbrücke eingeschaltet.

Resultate der Messungen und Diskussion der Ergebnisse

In Abbildung 2 ist die Abhängigkeit der Meßwerte von der Zeitdauer der Beheizung angegeben. Die Temperaturdifferenz Δ_t zwischen dem beheizten und unbeheizten Geber, gemessen über das Mikroamperemeter und ausgedrückt in Mikroampere, nimmt nach dem Einschalten der Heizung zunächst recht stark zu, erreicht bei hohem Wassergehalt nach 2–3 min ein bestimmtes Gleichgewicht und steigt danach nur noch geringfügig weiter an. Bei geringem Wassergehalt erhöht

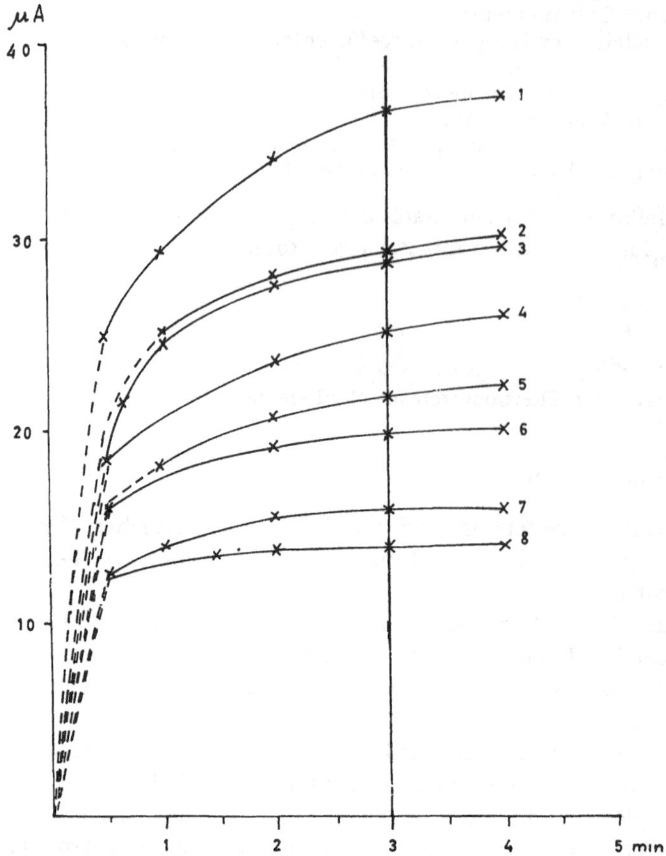

Abb. 2: Die Abhängigkeit der Meßwerte von der Zeitdauer der Messung
1. *L*; *d* 1,3; Wassergehalt 5%; 2. *L*; *d* 1,3; W. 7%; 3. *S*; *d* 1,5; W. 2%; 4. *lS*; *d* 1,3; W. 5%; 5. *S*; *d* 1,3; W. 4%; 6. *L*; *d* 1,3; W. 12%; 7. *L*; *d* 1,3; W. 21%; 8. *S*; *d* 1,3; W. 12%

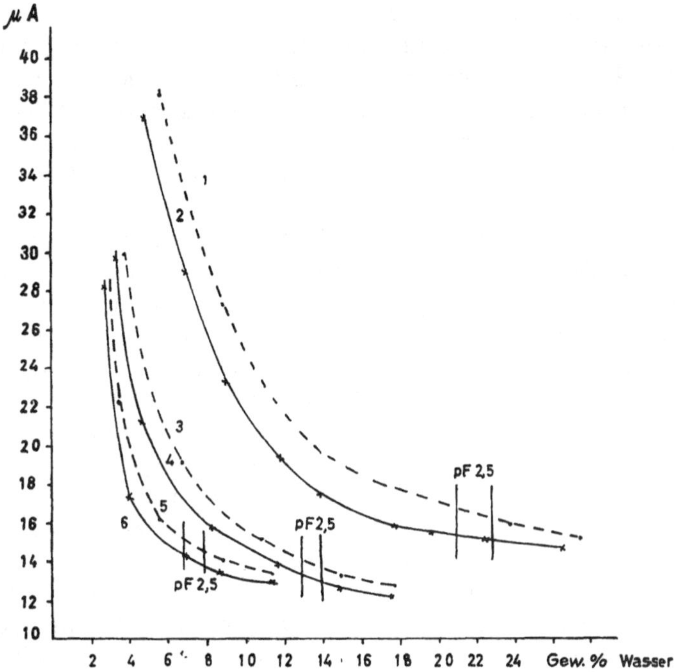

Abb. 3: Eichkurven für drei Böden mit unterschiedlicher mechanischer Zusammensetzung und verschiedener Dichte
1. *L*; *d* 1,15; (PV 56%); 2. *L*; *d* 1,3; (PV 51%); 3. *lS*; *d* 1,3; 4. *lS*; *d* 1,5; (PV 44%); 5. *S*; *d* 1,3; 6. *S*; *d* 1,5

sich Δ_t fortlaufend, wobei jedoch die Zunahme ständig geringer wird. Als optimale Meßzeit erscheint eine Beheizungsdauer von 3 min, da dann der Meßwert bei hohem Wassergehalt des Bodens praktisch konstant ist und bei niedrigem Wassergehalt nur noch eine geringfügige Erhöhung der Meßwerte auftritt. In Abbildung 3 sind die Eichkurven für einen Lehmboden (Schwarzerde), einen lehmigen Sand und einen Sandboden (s. Tab.) für verschiedene Lagerungsdichte dargestellt. Die Eichkurven wurden im Labor an Bodenproben mit bekanntem Wassergehalt und bekannter Dichte ausgemessen.

Mechanische Zusammensetzung und Humusgehalt der verwendeten Böden (in %)

	2—0,2 mm	0,2—0,02 mm	0,02—0,01 mm	0,01—0,005 mm	0,005—0,002 mm	< 0,002 mm	Humus
Lehmboden *L*	1,6	44,9	18,5	8,0	6,1	20,9	3,01
lehmiger Sand *lS*	15,2	66,5	5,4	3,0	2,7	7,2	1,57
Sandboden *S*	30,4	61,6	2,5	1,0	1,2	3,3	0,86

Die Meßwerte, ausgedrückt in Mikroampere nach 3 min Beheizung, nehmen mit zunehmender Befeuchtung des Bodens ab, da mit steigendem Wassergehalt sowohl die Volumenwärmekapazität $\varrho\, c$ als auch die Wärmeleitfähigkeit λ zunehmen, wodurch die Wärmeabgabe des beheizten Gebers erhöht bzw. dessen Erwärmung vermindert wird. Während die Eichkurven des Sandbodens und des lehmigen Sandbodens bei geringer Zunahme des Wassergehaltes steil abfallen, ist beim Lehmboden ein weniger steiler Verlauf der Eichkurve festzustellen. Diese Erscheinung erklärt sich nach TSCHUDNOWSKI [9] dadurch, daß sich in grobkörnigen Böden bei Benetzung Wasserbrücken zwischen den Bodenteilchen ausbilden, die die Wärmeleitfähigkeit stark erhöhen. Bei schweren Böden dagegen wird bei Befeuchtung zunächst Wasser in Form dünner Filme an die Bodenteilchen angelagert, was nur mit einer geringen Zunahme der Wärmeleitfähigkeit verbunden ist. Auf bessere Wärmeleitfähigkeit dürfte auch die tiefere Lage der Eichkurven des Sandes und lehmigen Sandes im Vergleich zum Lehmboden zurückzuführen sein. Mit zunehmendem Wassergehalt nimmt die Empfindlichkeit der Methode ab, die Eichkurve sinkt nur noch in weniger starkem Ausmaße. Der Meßbereich erstreckt sich jedoch bis über die Wasserkapazität des Bodens hinaus, wie aus den Eichkurven (s. pF-Bereich 2,5) ersichtlich ist. Bei geringer Lagerungsdichte liegen die Eichkurven höher als bei dichten Bodenproben, da der Wert b bei dichten Proben größer ist. Für die zur Wassergehaltsmessung vorgesehenen Böden sowie extrem lockere und verdichtete Felder desselben Bodens sind somit besondere Eichkurven erforderlich.

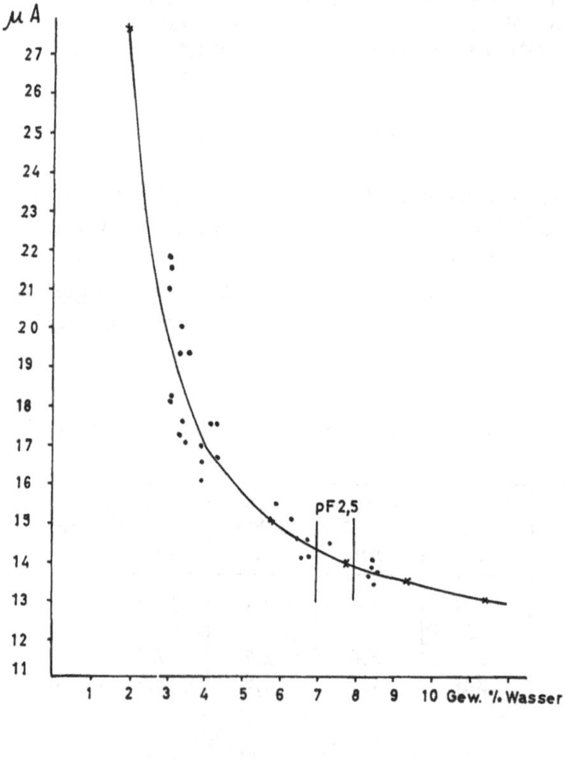

Abb. 4: Genauigkeit der Wassergehaltsmessungen im Sandboden (Eichkurve für $d = 1,5$)

Für den Sandboden sind auf Abbildung 4 die auf dem Felde gemessenen Werte im Vergleich zur Eichkurve (*d* des trockenen Bodens = 1,5) dargestellt. Die Kontrolle erfolgte durch Trocknung bei **105°** C. Für abgelagerten Sandboden, dessen Dichte ja auch noch in bestimmten Grenzen schwankt, scheint jedoch eine Eichkurve auszureichen. Die Meßwerte liegen innerhalb des Bereiches von ± 1% Wasser. Für die Schwarzerde (Abb. 5) sind zwei Eichkurven eingetragen, da die Messungen zu verschiedenen Zeiten bei unterschiedlicher Dichte des Bodens erfolgten. Auch hier zeigen die Meßwerte eine gute Korrelation zu den Eichkurven.

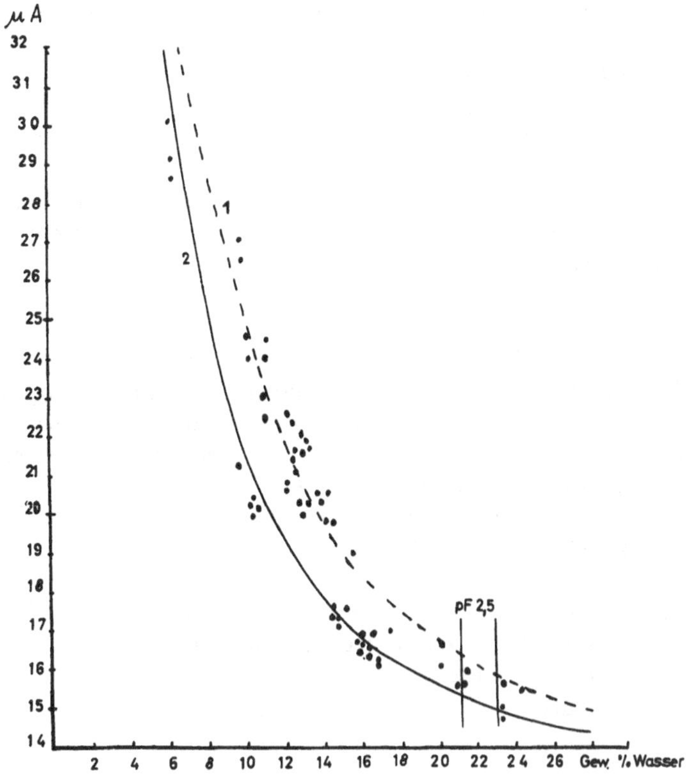

Abb. 5:
Genauigkeit der Wassergehaltsmessungen im Lehmboden
1. Eichkurve für *d* 1,15; 2. Eichkurve für *d* 1,3

Abweichungen über 1% Wasser treten bei schlechtem Kontakt zwischen Geber und Boden ein. Die bei natürlicher Lagerung des Bodens gemessenen Werte streuen jedoch stärker als bei dem Sandboden, da die Inhomogenität der Lagerung des Lehmbodens größer ist, d. h., dichte Schollen neben lockerem, gut gekrümeltem Boden dicht beieinander liegen. Für stationäre Messungen ist diese Erscheinung allerdings bedeutungslos, da sich die Dichte des Bodens in der unmittelbaren Umgebung des fest eingebauten Gebers kaum verändert.

Der Temperaturmeßbereich liegt bei dem beschriebenen Gerät zwischen 8 und 25 °C. Er läßt sich jedoch konstruktiv beliebig verändern bzw. erweitern. Die Temperaturmeßwerte ordnen sich bei der verwendeten Schaltung einer linearen Funktion unter. Die Meßgenauigkeit liegt wie bei den bekannten Temperaturmeßgeräten unter 0,1 °C.

Zusammenfassung

Es wird ein Gerät beschrieben, das unter Verwendung von Thermistoren sowohl die Messung des Wassergehaltes als auch der Temperatur des Bodens gestattet. Der Wassergehalt des Bodens wird über die Temperaturdifferenz gemessen, die sich zwischen einem beheizten und einem unbeheizten Geber nach 3 Minuten Heizungsdauer einstellt. Das Gerät ist besonders für nichtstationäre Messungen des Wassergehaltes geeignet, kann jedoch auch stationär eingesetzt werden. Die Messungen unter natürlichen Bedingungen auf dem Felde ergaben, daß die Meßgenauigkeit bei annähernder Berücksichtigung der Dichte des Bodens im Bereich von $\pm$ 1% Wasser liegt. Bei geringem Wassergehalt ist die Meßgenauigkeit größer als bei annähernder Sättigung des Bodens.

Резюме

Дается описание прибора, которым можно определять содержание влаги в почве, а также температуру почвы с использованием термисторов. Содержание влаги в почве определяется разностью температур, которая возникает между ненагретым и нагретым датчиком после его трехминутного нагревания. Прибор особенно удобен для определения содержания влаги почвы в нестационарных условиях, однако, его можно также использовать и стационарно. Измерения в естественных полевых условиях показали, что при учете приблизительной плотности почвы точность измерения находится в пределах $\pm$ 1% влаги. При более низком содержании влаги точность определия больше, чем при насыщении почвы влагой.

Summary

The paper describes a device which, with the use of thermistors, makes it possible to measure both the moisture content and the temperature of the soil. The moisture content is measured through the difference in temperature prevailing between a heated and an unheated transmitter after three minutes of heating. The device is especially suited for mobile measurements of the moisture content, but it can also be used as a stationary apparatus. Measurements taken in natural conditions in fields proved that the accurary of measurement lies within the sphere of ± 1 per cent of water if the density of the soil is taken into approximate account. The accuracy of measurement is greater when the moisture content is low than when the soil is nearly saturated.

Literaturverzeichnis

[1] KAGANOW, M. A.: Ein Gerät zur Bestimmung der Wärmecharakteristik der Böden in natürlicher Lagerung (russisch). Sbornik trudow po agronomičeskou fisike 1952, **5**, 90–96

[2] KAGANOW, M. A.: Die Grundlagen der Berechnung elektrischer Geräte zur Messung der Temperatur mit Hilfe von Thermistoren (russisch). Awtomatika i telemechanika 1952, XIII, **1**, 85–98

[3] KAGANOW, M. A.: Methoden zur Bestimmung meteorologischer Elemente mit Hilfe von Halbleiter-Thermowiderständen (russisch). Diss. Leningrad 1954

[4] KOITZSCH, R.: Versuche zur Bestimmung des Wassergehaltes des Erdbodens auf thermischer Grundlage. Abh. meteorol. u. hydrol. Dienstes DDR 1960, **54**, Bd. VIII

[5] LINDNER, H.: Zur Bestimmung des Wassergehaltes des Bodens auf thermischer Grundlage mit Hilfe von Thermistoren (russisch). Sbornik trudow po agronomičeskoi fisike (z. Z. im Druck)

[6] TSCHUDNOWSKI, A. F.: Fisika teploobmena w počwe. Leningrad, Moskau 1948, 201–204

[7] TSCHUDNOWSKI, A. F.: Eine thermische Methode zur Bestimmung des Wassergehaltes kapillarporöser Materialien (russisch). Journal techničeskoi fisiki XIV, **12**, 2190–2201

[8] TSCHUDNOWSKI, A. F.: Eine neue Methode zur Messung der Dynamik des Wassergehaltes des Bodens (russisch). Sbornik trudow po agronomičeskoi fisike 1952, **5**, 114–118

[9] TSCHUDNOWSKI, A. F.: Die wichtigsten Resultate des AFI auf dem Gebiete des Studiums des Wärmehaushaltes des Bodens (russisch). Sbornik trudow po agronomičeskoi fisike 1962, **5**, 90–96

[10] UREKKI, E. L.: Die Bestimmung des Wassergehaltes des Bodens mit Hilfe von Thermistoren und künstlicher Erwärmung. Bulletin nautschno-techničeskoi informazii po agronomičeskoi fisike 1960, **7**, 48–54, Leningrad

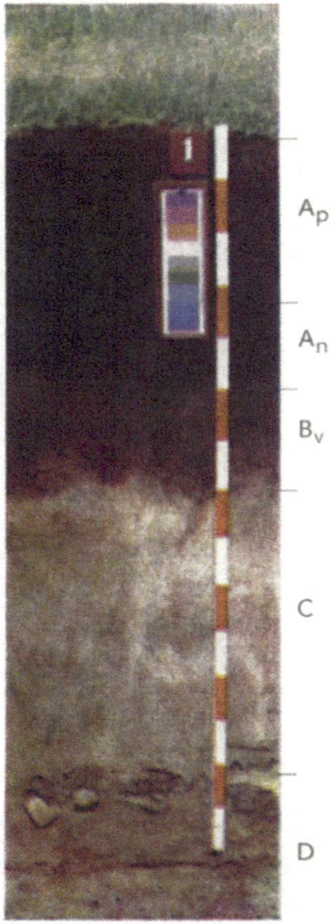

Abb.: 1
Profil Schleibnitz
mittelmächtige, ausgelaugte Schwarzerde

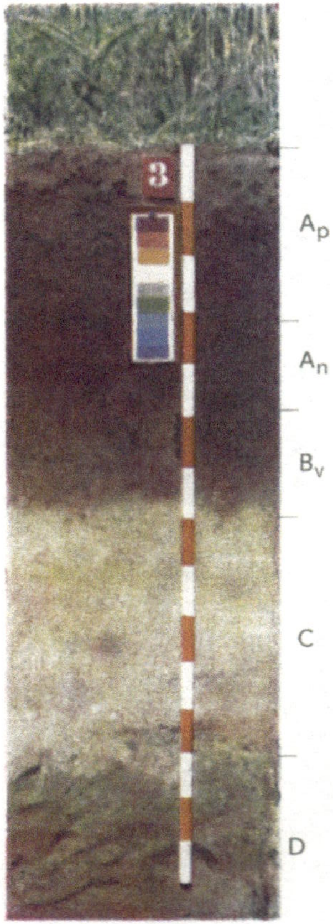

Abb.: 2
Profil Atzendorf
mittelmächtige, ausgelaugte, verbraunte Schwarzerde

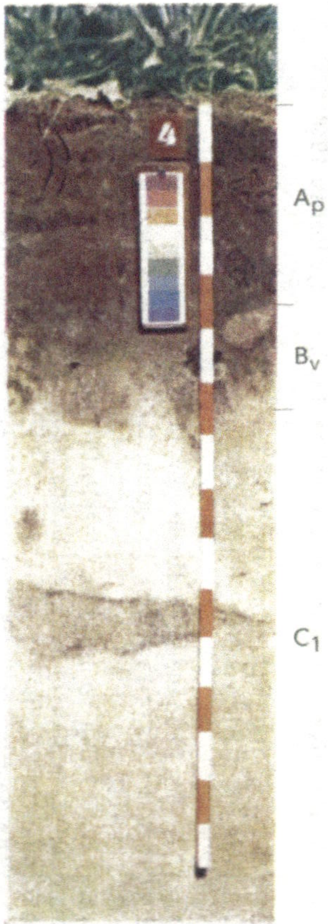

Abb.: 3
Profil Olvenstedt
geringmächtige (erodierte), ausgelaugte, verbraunte Schwarzerde

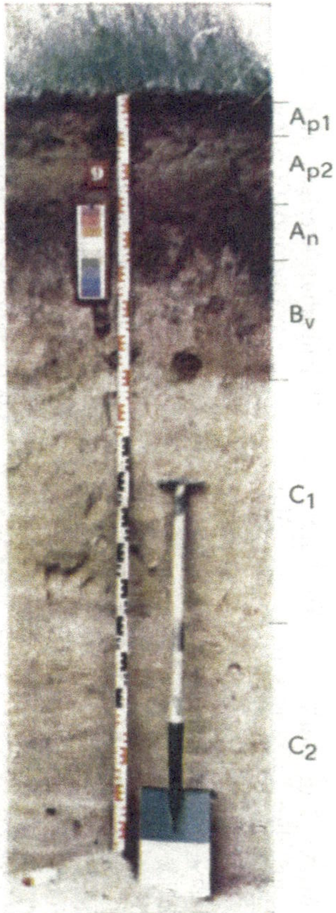

Abb.: 4
Profil Ampfurth
mittelmächtige, ausgelaugte Schwarzerde mit starker Krumendegradation

Aus dem Institut fur Bodenkunde und Pflanzenernahrung
der Humboldt-Universitat zu Berlin
(Direktor: Prof. Dr. agr. habil. E. PLACHY)

GÜNTER MARKGRAF

Über Profilaufbau und Humuszusammensetzung der Schwarzerde in der Magdeburger Börde

Eingegangen: 30. 9. 1963

0. Einführung

Die größten deutschen Schwarzerdegebiete liegen in der Magdeburger Börde und im Hallenser Land. Kleinere Vorkommen gibt es im Thüringer Becken, im Raum Braunschweig–Hildesheim sowie im Mainzer Becken und in der Pfalz.

Zahlreiche frühgeschichtliche Funde im Verbreitungsgebiet der mitteldeutschen Schwarzerde zeugen davon, daß dieser Boden seit dem Neolithikum ackerbaulich genutzt wurde. Nach SCHWARZ [14] stellen die Bodenfunde bandkeramischer Kulturen „den ältesten Niederschlag einer bäuerlichen Wirtschaftsweise in Mitteldeutschland" dar. Auch im Mittelalter ist für das fruchtbare Lößgebiet zwischen Harz und Letzlinger Heide eine starke Besiedlung charakteristisch gewesen. Mit Beginn des 19. Jahrhunderts setzte eine Entwicklung im Ackerbau Mitteldeutschlands ein, die vorwiegend vom Anbau der Zuckerrübe bestimmt wurde. In den Jahren 1804/05 begann in Neuhaldensleben bei Magdeburg eine Siederei mit der Verarbeitung von Runkelrüben zur Zuckergewinnung (GEIGENMÜLLER [4]). Schon 20 Jahre später war Magdeburg zu einem der bedeutendsten Umschlagplätze für Rübenzucker geworden. Mit 5,7% des Ackerlandes im zentralen Teil des mitteldeutschen Raumes erreichte der Zuckerrübenanbau bei der ersten amtlichen Bodennutzungserhebung im Jahre 1878 eine für diese Zeit beträchtliche Höhe (KRAATZ [7]). Gleichzeitig mit dem Wachsen des Rübenanbaues erfuhren auch die Anbauflächen weiterer bearbeitungsintensiver Kulturen, wie Kartoffeln, Gemüse, der Samenbau usw., immer größere Ausdehnung. Eine derartige Entwicklung des Feldbaues ging mit der verstärkten Anwendung von Düngemitteln, insbesondere mineralischen, dem Einsatz moderner Maschinen, wie Hackmaschinen, Rübenhebern, Motor- und Dampfpflügen u. a., parallel. So sollen bereits im Jahre 1863 in Wanzleben und 1868 in Wolmirstedt erstmals in Deutschland Dampfpflüge zum Einsatz gekommen sein (KRZYMOWSKI [8]). All diese Maßnahmen haben tiefgreifende Veränderungen im ursprünglichen Schwarzerdeboden hervorgerufen.

Auf die Morphologie der mitteldeutschen Schwarzerde hat die nacheiszeitliche Klimaentwicklung einen entscheidenden Einfluß ausgeübt. Herrschten noch im ausgehenden Boreal, rd. 5000 Jahre v. u. Z., Bedingungen, die etwa dem heutigen Kontinentalklima der osteuropäischen Steppen entsprachen, so begann 1000 v. u. Z. im Subatlantikum ein feucht-kühles, den gegenwärtigen Verhältnissen Mitteleuropas ähnliches Klima. Mit zunehmender Humidität des Klimas wurde die Entkalkung des Lösses tiefgreifender, die chemische Verwitterung stärker. Die typische Schwarzerde, für die nach LAATSCH [10] „eine stark gehemmte Verwitterung und damit das Fehlen deutlich sichtbarer Verbraunung, Kieselsäureabscheidung und Tonmineralbildung (Verlehmung) allgemein kennzeichnend ist,“ erfuhr wesentliche Veränderungen in ihrem Profilaufbau. Unter anderem tritt verschiedentlich an die Stelle des kalkhaltigen Übergangshorizontes vom A- zum C-Horizont ein entkalkter, durch freiwerdendes Eisenhydroxyd gebräunter, „entweder nur saumartig oder etwas stärker ausgebildeter (B)-Horizont“ (MÜCKENHAUSEN [11]). Die fortschreitende Tiefendegradation führt somit zum Subtyp der ausgelaugten Schwarzerde. Überschreitet der mit (B) oder B_v bezeichnete Verlehmungs- (Verwitterungs-) Horizont die Mächtigkeit von 20 cm, so beginnt nach MÜCKENHAUSEN der Übergang zur Braunerde.

Aufgabe der vorliegenden Arbeit war es, die Börde-Schwarzerde auf diese makromorphologischen Besonderheiten hin zu untersuchen. Gleichzeitig sollte die Humussubstanz, als wichtiges Kriterium eines Bodens, in ihrer Zusammensetzung analysiert werden. Es wurden insgesamt sieben Profile untersucht, von denen durch Beschreibungen und Farbaufnahmen (s. Kunstdrucktafel S. 88) vier wiedergegeben sind.

1. Hinweise auf die orographisch-geologischen und klimatischen Verhältnisse der Magdeburger Börde

Die orographischen Verhältnisse der Börde sind sehr unterschiedlich, so daß der des öfteren gebrauchte Ausdruck einer Ackerebene nur bedingt gelten kann. Es muß unterschieden werden zwischen der Hohen Börde mit stärkerer Gliederung des Geländes im Westen und der Niederen Börde mit ebenem bis welligem Relief im Osten. Der Westteil der Börde übersteigt in seinen NN-Werten den Höhendurchschnitt des östlichen Teiles um durchschnittlich 50 bis 100 m. Im Gebiet des Musterfeldstückes für die Reichsbodenschätzung bei Eikendorf sowie in dessen näherer Umgebung liegen die Höhenwerte fast ohne Ausnahme zwischen 70 und 90 m über NN.

Vom Muschelkalksattel des Hakel am Nordrand der subhercynischen Kreidemulde bis zur Elbniederung zwischen Magdeburg und Schönebeck ist die Börde nahezu lückenlos von einer unterschiedlich starken Lößschicht (Würmglazial) bedeckt. Zentrum und Ostteil des Gebietes weisen im allgemeinen eine Stärke der Lößdecke zwischen 1 bis 3 m auf. Im Westen und Südwesten sind Übergänge vom meterstarken Löß bis zu Lößschleiern von einigen Dezimeter Stärke anzutreffen. Auf Kuppen und Hügeln hat hier die Erosion verschiedentlich zum völligen Verlust der Lößdecke geführt. Der Bördelöß lagert vorwiegend auf diluvialen Sanden und Kiesen sowie auf Geschiebemergel und -lehm. An einigen Stellen liegt er unmittelbar auf den Ablagerungen älterer geologischer Formationen (Sedimente des Karbons u. Trias, tertiäre Sande).

Das Klima dieses Gebietes trägt einen durch geringe Niederschlagshöhen gekennzeichneten subkontinentalen Charakter.

Die jährlichen Niederschlagssummen des mitteldeutschen Börde- und Binnenlandklimas liegen zwischen 480 und 520 mm. Die mittlere jährliche Lufttemperatur beträgt etwa 8,5 °C.

Tabelle 1
Meßwerte des Niederschlages und der Lufttemperatur
(Mittel der Jahre 1901—1950)*

Station	I	II	III	IV	V	VI	VII	VIII	IX	X	XI	XII	Jahressumme mm
	Monatsmittel der Niederschläge mm												
Olvenstedt	36	32	30	37	43	49	64	56	40	43	40	36	506
Klein-Wanzleben	38	33	31	38	45	48	61	58	41	45	41	37	516
Bernburg/Nord	31	27	28	37	46	51	65	56	39	39	35	40	484
	Monatsmittel der Lufttemperatur °C												Jahresdurchschnitt °C
Olvenstedt	— 0,3	0,4	3,8	8,0	13,1	15,8	17,7	16,8	13,6	8,6	3,8	0,7	8,5
Klein-Wanzleben	— 0,6	0,0	3,2	7,3	12,5	15,4	17,2	16,4	13,2	8,2	3,4	0,4	8,0
Bernburg/Nord	— 0,3	0,4	3,7	8,0	13,3	16,2	18,0	17,1	13,8	8,8	3,9	0,9	8,6

* Amt für Meteorologie und Hydrologie Halle

2. Makromorphologische Merkmale der Börde-Schwarzerde

2.1. Profilbeschreibungen

Profil Schleibnitz (1), Meßtischblatt Nr. 3934 Wanzleben

r = 63560
h = 70800

Höhe über NN: 106 m, ebenes bis welliges Relief
Untergrund: Geschiebemergel
Bodenschätzung: L 1 Lö 100 — 92

$A_p \frac{0-32}{32}$	dunkelgrau bis graubraun (10 YR 3/1), gut gekrümelt, lockere Lagerung, intensiv durchwurzelt, vereinzelt Wurmkot, braust nicht mit HCl, gerader und deutlicher Übergang
$A_n \frac{32-46}{14}$	schwarz bis tiefes Dunkelbraun (10 YR 2/1.5), krümelige bis schwach plattige Struktur im oberen Teil des Horizontes, vereinzelt Wurmgänge, Übergang undeutlich
$B_v \frac{46-68}{22}$	Wechsel von dunkelbraun (10 YR 2/2) zu kräftigem Gelbbraun (10 YR 4/4), Krotowinen, verlehmter Löß von feinprismatischer Struktur, Übergang zu C scharf (Karbonatgrenze)
$C \frac{68-130}{62}$	bräunlich-gelb (10 YR 6/6), frischer feinporiger karbonatreicher Löß, polyedrische Struktur, vereinzelt Wurmgänge, diffuse Karbonatausscheidungen, z. T. fahlgraubraune und rötliche Flecken (Staunässeeinfluß)
$D \frac{130-250}{120\,(+)}$	„Steinsohle an der Basis des Lößes, es folgt schwer durchlässiger Geschiebemergel.

Profil Atzendorf (3), Meßtischblatt Nr. 4035 Atzendorf

r = 73020
h = 55560

Höhe über NN: 90 m, Relief eben
Untergrund: sandiger Mergel
Bodenschätzung: L 1 Lö 100—92

$A_p \frac{0-32}{32}$ dunkelgrau bis braun (10 YR 2.5/1), mäßig ausgeprägte feinkrümelige Struktur, lockere Lagerung, gut durchwurzelt, Übergang gerade und deutlich

$A_n \frac{32-48}{16}$ dunkelbraun bis schwarz (10 YR 1.5/2), Struktur krümelig bis schwach plattig, Bodenfauna intensiv tätig (Wurmgänge), schmaler Übergang zum folgenden Horizont

$B_v \frac{48-68}{20}$ gelblichbraun (10 YR 4/4), Lößlehm von krümeliger bis feinprismatischer Struktur, mäßig dichte Lagerung, Krotowinen vereinzelt, deutlicher Übergang zu C (Karbonatgrenze)

$C \frac{68-120}{52}$ gelblicher bis hellbrauner (10 YR 6.5/6), dichtgelagerter Löß, diffuse Kalkausscheidungen und „Lößpuppen", scharfer Übergang zum Liegenden

$D \frac{120-240}{120\,(+)}$ stark sandiger Mergel.

Profil Olvenstedt (4), Meßtischblatt Nr. 3835 Magdeburg

r = 71130
h = 79600

Höhe über NN: 65 m, welliges bis hügeliges Relief
Untergrund: roter Kulmsand
Bodenschätzung: L 2 Lö 91—83

$A_p \frac{0-34}{34}$ braun bis dunkelbraun (10 YR 4/3), krümeliger lockerer Lößlehm, intensives Bodenleben (Wurmkot), Übergang zum folgenden Horizont scharf

$B_v \frac{34-55}{21}$ gelblich—braun (10 YR 6/4), Lößlehm zerfällt in krümelig bis undeutlich prismatische Strukturelemente, Lagerung mäßig dicht, Krotowinen häufig, Übergang zu C allmählich (Karbonatgrenze)

$C_1 \frac{55-170}{115}$ hellbraun bis gelb (10 YR 7/6), feinporiger karbonatreicher Löß von dichter Lagerung, vereinzelt Krotowinen und „Lößpuppen", diffuse Karbonatausscheidungen

$C_2 \frac{160-205}{45\,(+)}$ schwach sandiger Löß von gleicher Färbung und Struktur wie C_1

Profil Ampfurth (9), Meßtischblatt Nr. 3933 Oschersleben/Bode

r = 53330
h = 69010

Höhe über NN: 98 m, Relief hügelig
Untergrund: schwach schichtiger Löß
Bodenschätzung: L 1 Lö 100—92

$A_{p1} \frac{0-10}{10}$ dunkelgrau bis braun (10 YR 3/1), feinkrümelige lockere Struktur, starke Durchwurzelung (Ackerrainvegetation), Wurmkotballen häufig, kein Aufbrausen mit HCl, Übergang deutlich

$A_{p2} \frac{10-30}{20}$ fahlbraun bis grau (10 YR 5.5/2), fast strukturlos, sehr kleine instabile Krümel, fest gelagert, Übergang zum folgenden Horizont gerade und scharf

$A_n \frac{30-43}{13}$ dunkelbraun bis schwarz (10 YR 2/1.5), gute Krümelstruktur, häufig Wurmkot, Übergang zum folgenden Horizont diffus

$B_v \frac{43-82}{39}$ gelblich-braun (10 YR 6/4), krümelig-prismatische Struktur, locker gelagert, vereinzelt Krotowinen, Übergang gerade und deutlich (Karbonatgrenze)

$C_1 \frac{82-150}{68}$ gelb bis hellbraun (10 YR 7/6), feinporiger, kalkhaltiger Löß: Karbonat konkretionen häufig

$C_2 \frac{150-230}{80\,(+)}$ kalkhaltiger, schichtiger Löß (Schwemmlöß?) von gleicher Farbe wie C_1

Drei weitere Profile, auf deren Beschreibung hier verzichtet werden muß, wurden bei Hadmersleben (2), Eikendorf (7) und Wanzleben (8) aufgenommen.

2.2. Verallgemeinerungen

Als Lokalform tritt in der Magdeburger Börde die ausgelaugte Schwarzerde in Erscheinung. Die Entkalkung hat in der Regel den gesamten A-Horizont und Teile des C-Horizontes erfaßt. Zwischen der humosen Krume und dem gelben Löß des Unterbodens hat sich ein durch Eisenhydroxyd braun gefärbter Verwitterungs- bzw. Verlehmungshorizont herausgebildet. Für den makromorphologischen Aufbau der Börde-Schwarzerde ist neben der Ausbildung dieses B_v-Horizontes die durch intensive Ackerkultur hervorgerufene, mehr oder minder stark ausgeprägte Krumendegradation charakteristisch. Auf größeren Flächen ist der A-Horizont bis zu einer Tiefe von 30 bis 35 cm verbraunt (A_p). Nur in seinem unteren Teil hat sich ein grauschwarzer Rest (A_n d. h. A „natürlich") der ursprünglichen Schwarzerde erhalten. Es lassen sich mehrfach Zusammenhänge zwischen der Farbe der humosen Krume und der Beschaffenheit des Untergrundes erkennen. An den Stellen, wo der Löß von dichtem, schwer durchlässigem Geschiebe unterlagert wird, folglich ein zeitweiliger Anstau des Sickerwassers im unteren Teil des Profiles eintritt, ist der humose Horizont in der Regel von dunklerer Farbe als an Standorten mit natürlicher Dränung (Kies und Sand im Untergrund).

3. Reaktionszustand, Kalk- und Humusgehalt, Hygroskopizität

Methodisches: Ermittlung der pH-Werte elektrometrisch in n KCl, Karbonatbestimmung auf gasvolumetrischem Wege nach Scheibler, Hygroskopizität nach Mitscherlich, Bestimmung des Gehaltes an organischer Substanz im Boden nach Tjurin (modifiziert nach Simakow und Zyplonkow [15, 16]). Das Wesentliche des Analysenganges bei der Humusbestimmung sei im folgenden kurz beschrieben:

Je nach Humusgehalt wurden etwa 0,2—1,0 g Feinboden einer Durchschnittsprobe entnommen, die nach vorherigem sorgfältigen Auslesen der Pflanzenreste gemörsert und durch ein 0,25-mm-Sieb gegeben wurde. Die Bodeneinwaage wurde in ein 100-ml-Erlenmeyerkölbchen überführt und mit 10 ml 0,4 n Kaliumdichromat-Schwefelsäurelösung (40 g $K_2Cr_2O_7$ in 1 l aqua dest. lösen und 1 l H_2SO_4 vom spez. Gew. 1,84 hinzugeben) und 0,1 g Ag_2SO_4 versetzt. Ein kleiner Trichter im Kolbenhals diente als Rücklaufkühler. Die Kölbchen wurden sodann zur Einhaltung einer genauen und reproduzierbaren Oxydationstemperatur in ein gasbeheiztes $CaCl_2$-Bad (1,45 kg $CaCl_2$ auf 1 l Wasser) gestellt. Nach beendeter Oxydation (20 min bei einer Temperatur von 140 ± 3 °C) wurde unter Verwendung von Phenylantranilsäure (0,2 g Phenylanthranilsäure in 100 ml 0,2% Sodalösung) als Indikator mit 0,1 n Lösung von Mohrschem Salz in der Wärme titriert. 1 ml Mohrscher Salzlösung entspricht 0,3 mg Kohlenstoff bzw. 0,5172 mg Humus (Umrechnungsfaktor = 1,724). Der Gehalt an organisch gebundenem Kohlenstoff bzw. Humus ergibt sich aus der

Differenz zur „Blindwertbestimmung", wobei anstelle des Bodens geglühter Löß verwendet wurde. Die Analysenbedingungen wurden durch Kohlenstoffbestimmungen im reinen Präparat (Laevulose) kontrolliert.

Wie aus den Tabellen 2 und 3 hervorgeht, liegen die pH-Werte bei allen Profilen im neutralen Reaktionsbereich. Freie Karbonate sind im Oberboden nur bei den Profilen Hadmersleben, Eikendorf und Wanzleben in Resten vorhanden. Der Karbonatgehalt des unverwitterten Lößes ist an den einzelnen Standorten sehr verschieden. Er schwankt zwischen 12 und 21 %. Diese Unterschiede können sowohl sedimentär als durch Bodenbildungsvorgänge bedingt sein.

Tabelle 2

Reaktionszustand, freie Karbonate, Humusgehalt und Hygroskopizität in geringmächtigen Schwarzerden (Mächtigkeit der humosen Krume < 40 cm)

Horizont	Mächtigkeit der Horizonte in cm	pH_{KCl}	$CaCO_3$ %	Humus % zum absolut trockenen Boden	Hy %
			Hadmersleben (2)		
A_p	35	7,00	1,72	1,83	4,64
B_v	16	7,10	7,84	1,07	4,39
C	–	7,12	12,51	0,21	2,73
			Olvenstedt (4)		
A_p	34	6,60	–	2,31	4,71
B_v	21	7,08	0,87	1,02	4,30
C	–	7,45	20,76	0,29	2,31

Bei den mittelmächtigen Schwarzerden (Mächtigkeit der humosen Krume 40–80 cm) wurden in den A_p-Horizonten Humusgehalte zwischen 2,64 und 3,48% festgestellt. Diese Horizonte haben trotz ihrer mehr oder weniger stark aufgehellten Farbe in allen Fällen höhere Humusgehalte als die nachfolgenden, dunkler gefärbten A_n-Horizonte. Im Löß des Unterbodens konnten noch Werte von rd. 0,30% ermittelt werden. Es ist aber anzunehmen, daß es sich hierbei nicht um Humusstoffe handelt, sondern um andere oxydierbare Substanzen, wie Wurzelreste, Eisen- und Manganverbindungen u. a.

Die Hygroskopizität ist von mehreren Bodenfaktoren abhängig. Sowohl Humusgehalt und -qualität als auch Textur und Kationenbelag der Kolloide sind von Einfluß auf ihr Ausmaß. Sie kann daher nur als eine konventionell festgelegte bodenphysikalische Größe betrachtet werden (DÖRTER [3]), die allerdings und damit sei der Sinn der Analyse in dieser Arbeit charakterisiert, „in der Lage ist, die verschiedenen Korngrößenanteile eines Bodens mit deren Oberflächen und den physikalischen und elektrochemischen Vorgängen, die mit den Oberflächen der Bodenteilchen zusammenhängen, insgesamt in einem Zahlenwert zu erfassen." Wie aus Tabelle 3 ersichtlich ist, besitzen die Relikthorizonte (A_n) der ursprünglichen Schwarzerde die höchsten Hygroskopizitätswerte, die

Tabelle 3
Reaktionszustand, freie Karbonate, Humusgehalt und Hygroskopizität in mittelmächtigen Schwarzerden

Horizont	Mächtigkeit der Horizonte in cm	pH_{KCl}	$CaCO_3$ %	Humus % zum absolut trockenen Boden	Hy %
		Schleibnitz (1)			
A_p	32	6,00	—	3,48	4,83
A_n	14	6,10	—	3,41	5,52
B_v	22	6,89	2,58	1,47	4,24
C	—	7,10	20,78	0,29	2,92
		Atzendorf (3)			
A_p	32	6,85	0,39	2,84	5,13
A_n	16	6,75	—	2,26	6,53
B_v	20	6,60	—	1,17	5,30
C	—	7,12	17,94	0,33	3,06
		Eikendorf (7)			
A_p	33	6,95	0,11	2,64	4,86
A_n	12	7,30	0,32	1,81	5,32
B_v	22	7,40	2,64	0,74	4,62
C	—	7,42	15,09	0,28	2,78
		Wanzleben (8)			
A_p	33	7,12	2,24	3,21	4,89
A_n	14	7,10	3,80	2,36	4,94
B_v	20	7,21	4,60	1,07	3,97
C	—	7,45	14,46	0,29	2,76
		Ampfurth (9)			
A_{p1}	10	6,85	0,04	2,69	4,80
A_{p2}	20	6,59	0,04	2,09	4,82
A_n	13	6,15	—	1,88	5,52
B_v	39	6,66	—	0,57	4,00
C_l	—	7,39	13,50	0,28	3,18

durch Einwanderung kolloidaler Substanzen aus dem A_p-Horizont und bessere Humusqualität bedingt sein werden.

4. Porenvolumina

Die Gegenüberstellung der Profile Nr. 1, 3, 7, 8 und 9 (Tabelle 4) zeigt eine übereinstimmende Tendenz in der Höhe der PV-Werte. In allen A_p-Horizonten ist durch eine Reihe von Faktoren, insbesondere durch die Maßnahmen des Ackerbaus und die Einwirkungen der Atmosphärilien eine merkliche Verschlechterung des Strukturzustandes eingetreten. Die PV-Werte sind um 2 bis 3% geringer als in den nachfolgenden Resthorizonten der ursprünglichen

Tabelle 4
Verteilung der Trockenraumgewichte und Porenvolumina in den mittelmächtigen Schwarzerden

Bezeichnung des Horizontes und Tiefe der Probenahme cm		r_t g/cm³	V_B %	V_W %	V_L %	PV %	$s_{\bar{x}}$
			Schleibnitz (1)				
A_p	10– 20	1,33	50,3	16,4	33,3	49,7 ±	0,43
A_n	36– 46	1,27	48,1	18,8	33,1	51,9 ±	0,72
B_v	52– 62	1,28	48,2	17,3	34,5	51,8 ±	1,30
C	100–110	1,41	53,3	22,3	24,4	46,5 ±	0,96
			Atzendorf (3)				
A_p	10– 20	1,38	52,1	32,6	15,3	47,9 ±	0,94
A_n	36– 46	1,31	49,5	30,3	20,2	50,5 ±	0,31
B_v	55– 65	1,32	50,0	30,1	19,9	50,0 ±	0,76
C	90–100	1,41	53,2	15,5	31,3	46,8 ±	0,62
			Eikendorf (7)				
A_p	10– 20	1,39	52,3	20,1	26,7	46,8 ±	1,17
A_n	35– 45	1,35	50,7	26,4	22,8	49,2 ±	0,78
B_v	50– 60	1,32	50,0	25,4	23,7	19,1 ±	0,85
C	90–100	1,52	57,3	29,1	13,8	43,4 ±	0,83
			Wanzleben (8)				
A_p	10– 20	1,46	55,1	22,6	22,2	44,8 ±	1,29
A_n	35– 45	1,42	53,5	25,2	21,3	46,5 ±	0,65
B_v	50– 60	1,40	52,9	23,3	23,9	47,1 ±	0,94
C	90–100	1,52	57,3	28,4	14,3	42,7 ±	0,51
			Ampfurth (9)				
A_{p1}	0– 10	1,19	44,7	23,6	31,7	55,3 ±	0,98
A_{p2}	15– 25	1,36	51,1	12,4	36,5	48,9 ±	0,63
A_n	30– 40	1,26	47,5	16,7	35,8	52,5 ±	0,72
B_v	60– 70	1,25	47,0	15,0	38,0	53,0 ±	0,53
C_1	100–110	1,52	57,3	19,7	23,0	42,7 ±	0,36

Schwarzerde und im Verlehmungssaum. Im Profil Nr. 9 hat die längere Einwirkung der Ackerrainvegetation zu einer Lockerung des Bodengefüges und damit zur Erhöhung des Porenvolumens geführt. Die Horizonte A_n und B_v weisen mit Ausnahme des Profils Nr. 8 optimale, dem natürlichen Zustand der Schwarzerde entsprechende Werte von annähernd 50% auf. Im unverwitterten, kalkreichen Löß sinken sie auf 46 bis 42% ab. Lassen sich die in der Mitte der A_n-Horizonte ermittelten höheren PV-Werte (sich andeutende Pflugsohlenverdichtungen an der oberen Grenze dieser Horizonte wurden nicht mit erfaßt) durch die stabile Krümelstruktur der ursprünglichen Schwarzerde, durch das reiche Bodenleben, den Gehalt an wertvollen Humusstoffen u. a. erklären, so dürfte in den humusärmeren B_v-Horizonten dafür die Entkalkung des Lößes eine Erklärung bieten. Ein durch die chemische Verwitterung und das Klima bedingter Verlust der kittenden Kalksubstanz des Lößes führt, wie es scheint, nicht zu einem sofortigen

Zusammenbrechen der porösen Feinstruktur desselben. Die ehemals durch Karbonate ausgefüllten Hohlräume zwischen den Mineralteilchen bleiben erhalten, wodurch eine Zunahme der PV-Werte eintritt.

Tabelle 5
Verteilung der Trockenraumgewichte und Porenvolumina in den geringmächtigen Schwarzerden

Bezeichnung des Horizontes und Tiefe der Probenahme cm		r_t g/cm³	V_B %	V_W %	V_L %	PV %	$s_{\bar{x}}$
			Hadmersleben (2)				
A_p	10— 20	1,49	56,3	18,9	24,8	43,7 ±	0,50
B_v	40— 50	1,55	58,6	22,5	18,9	41,4 ±	0,68
C	90—100	1,52	57,6	15,8	26,6	42,4 ±	0,35
			Olvenstedt (4)				
A_p	10— 20	1,38	52,1	31,0	16,9	47,9 ±	1,12
B_v	40— 50	1,41	53,1	29,9	17,0	46,9 ±	0,91
C	100—110	1,43	53,9	23,0	23,1	46,1 ±	0,48

Die Profile Nr. 2 und 4 stellen geringmächtige verbraunte Schwarzerden dar. Die orographischen Verhältnisse des Standortes berechtigen zu der Annahme, daß durch Flächenerosion Teile der humosen Krume abgetragen wurden. Somit können auch die ermittelten Werte der Porenvolumina den Boden nur allgemein hinsichtlich seines Verdichtungsgrades charakterisieren. Ein Vergleich der Horizonte untereinander läßt keinen wesentlichen Unterschied erkennen.

5. Fraktionierung des organisch gebundenen Kohlenstoffes

Wie aus den in Tabelle 2 und 3 angeführten Analysenergebnissen hervorgeht, beträgt der Humusgehalt der untersuchten Schwarzerdeprofile im Durchschnitt 2 bis 3 %. Es wurde schon mehrfach festgestellt, daß die mitteldeutsche Schwarzerde im Gehalt an organischer Substanz den Tschernosemvorkommen in Osteuropa wesentlich unterlegen ist. Nach LAATSCH [9] ist aber für die Schwarzerde nicht eine möglichst große Anreicherung organischer Substanz begriffsbestimmend, sondern „eine feste Kopplung echter Humusstoffe an tonige Substanzen". Die moderne Humuschemie bietet eine Vielfalt an Möglichkeiten, durch Anwendung entsprechender Extraktionsmittel Einblick in die quantitativen sowie qualitativen Verhältnisse der Bodenhumussubstanzen zu gewinnen.
In der vorliegenden Arbeit wurde zur Feststellung der qualitativen Zusammensetzung des Humus der Börde-Schwarzerde das Verfahren nach KONONOWA und BELTSCHIKOWA [6] gewählt. Die Methode beruht auf der Anwendung eines Gemisches von Natriumpyrophosphat und Natronlauge als Extraktionsmittel. Nach ALEXANDROWA [1] eignet sich Natriumpyrophosphat zur Extraktion von

Humusstoffen besonders für karbonatreiche Böden ohne vorherige Zerstörung der Karbonate. Durch die Behandlung des Bodens mit Natriumpyrophosphat werden nach KONONOWA und BELTSCHIKOWA außer Kalzium z. T. auch Eisen und Aluminium aus ihren Verbindungen mit Humusstoffen verdrängt. Diese irreversiblen Austauschreaktionen führen zur Bildung unlöslicher phosphorsaurer Salze des Kalziums, Eisens und Aluminiums einerseits sowie löslicher Na-Humate und -Fulvate andererseits.

KONONOWA und BELTSCHIKOWA verwenden zum Austausch der genannten Ionen durch Natrium eine Mischlösung von 0,1 m $Na_4P_2O_7$ und 0,1 n NaOH vom pH-Wert $\sim$ 13. Die Verfasser konnten feststellen, daß sich mit steigendem pH-Wert der Lösung die Ausbeute an Huminstoffen erhöht. Die höchste Menge an Huminstoffen wurde durch eine Natriumpyrophosphat-Natronlauge-Lösung vom pH-Wert $\sim$ 13 extrahiert.

Die Untersuchungsmethodik sei im folgenden kurz beschrieben:

Der durch sorgfältiges Auslesen aller Wurzelreste von nichthumifizierten organischen Stoffen befreite Boden wurde im Mörser zerrieben und durch ein 1-mm-Sieb gegeben. Jeweils 5 g Boden wurden sodann im 250-ml-Erlenmeyer-Schliffkolben mit 100 ml einer frisch hergestellten Mischlösung (44,6 g $Na_4P_2O_7 \cdot 10\, H_2O$ und 4 g NaOH in 1 l destilliertem Wasser) übergossen und mehrmals von Hand umgeschwenkt. Zur Vermeidung von CO_2-Zutritt aus der Luft sind die Kolben fest zu verschließen. Nach 16stündigem Einwirken des Extraktionsmittels auf den Boden wurde filtriert. In einer äquivalenten Menge des absolut klaren Filtrates erfolgte nach Neutralisation mit n H_2SO_4 und Eindampfen auf dem Wasserbad die Kohlenstoffbestimmung durch nasse Verbrennung (siehe Abschnitt 3) mit Chromschwefelsäure. Der ermittelte Wert entspricht dem Kohlenstoff der extrahierten Humin- und Fulvosäuren (C_{H+F}). In einer zweiten Menge des Filtrates wurden die Huminsäuren durch n H_2SO_4 (pH $\sim$ 3) ausgefällt. Zur Beschleunigung der Koagulation stellt man die Reaktionsgefäße 30 Minuten auf das Wasserbad (80 °C). Die Laborarbeit ist zweckmäßigerweise so einzurichten, daß die Fällung der Huminsäuren gegen Ende des Arbeitstages vorgenommen wird. Im Verlaufe der Nacht setzt sich dann das Huminsäuregel gut ab und kann durch Filtrieren leicht von der überstehenden Fulvosäurelösung getrennt werden. Das Huminsäuregel wurde sodann auf dem Filter mehrmals mit 0,05 n H_2SO_4 und destilliertem Wasser gewaschen, mit heißer 0,05 n NaOH gelöst und in ein 100-ml-Meßkölbchen überführt. Nach dem Abkühlen wurde mit dem Lösungsmittel bis zur Marke aufgefüllt. Ein Teil dieser Lösung dient nach dem Neutralisieren und Eindampfen zur Bestimmung des Huminsäure-Kohlenstoffes (C_H). Aus der Differenz $C_{H+F} - C_H$ wird der Kohlenstoff der Fulvosäuren (C_F) errechnet. Der Kohlenstoffgehalt des Bodenrestes (C_R) entspricht der Differenz $C_t - C_{H+F}$ (C_t = ermittelter Kohlenstoffgehalt des Bodens vor der Extraktion). Zur Analyse wurden nur die Horizonte herangezogen, in denen der Humusgehalt $^1/_2$% überstieg. In der Tabelle 6 sind die Mittelwerte aus jeweils vier Einzelextraktionen zusammengefaßt.

Es läßt sich zunächst allgemein sagen, daß unter den angeführten Bedingungen der Extraktion 33 bis 53% des organisch gebundenen Gesamtkohlenstoffs des Bodens in Lösung gegangen sind. Die von KONONOWA und BELTSCHIKOWA [6] gemachte Feststellung, wonach aus Podsolen, Tschernosemen, kastanienfarbenen Böden und Grauerden rd. 40 bis 50% des C_t durch die genannte Mischlösung extrahiert werden, trifft somit auch für die Verhältnisse unserer Lößböden zu.

Tabelle 6

Ergebnisse der Fraktionierung des organisch gebundenen Kohlenstoffes

Horizont und Tiefe der Probenahme	cm	in % zum absolut trockenen Boden					in % zum organischen Gesamtkohlenstoff (C_t)			$\frac{C_H}{C_F}$	$\frac{C_H}{C_R}$
		C_t	C_{H+F}	C_H	C_F	C_R	C'_H	C'_F	C'_R		
Schleibnitz (1)											
A_p	0— 32	2,02	0,91	0,53	0,38	1,11	26,2	18,2	55,0	1,39	0,48
A_n	32— 46	1,98	0,99	0,69	0,30	0,99	34,8	15,2	50,0	2,28	0,69
B_v	46— 68	0,85	0,43	0,30	0,13	0,42	35,3	15,3	49,1	2,31	0,72
C	80—110	0,17	—	—	—	—	—	—	—	—	—
Hadmersleben (2)											
A_p	0— 35	1,06	0,45	0,23	0,22	0,61	21,7	20,6	57,7	1,06	0,38
B_v	35— 51	0,62	0,27	0,19	0,08	0,35	30,6	12,9	56,5	2,38	0,54
C	70—100	0,12	—	—	—	—	—	—	—	—	—
Atzendorf (3)											
A_p	0— 32	1,65	0,63	0,40	0,23	1,02	24,2	13,9	61,9	1,74	0,39
A_n	32— 48	1,31	0,64	0,35	0,29	0,67	26,7	22,1	51,2	1,21	0,52
B_v	48— 68	0,68	0,36	0,19	0,17	0,32	27,8	24,9	47,3	1,12	0,59
C	80—100	0,19	—	—	—	—	—	—	—	—	—
Olvenstedt (4)											
A_p	0— 34	1,34	0,50	0,26	0,24	0,84	19,4	17,9	62,7	1,08	0,31
B_v	34— 55	0,59	0,23	0,16	0,07	0,36	27,1	11,8	61,1	2,30	0,44
C	110—130	0,17	—	—	—	—	—	—	—	—	—
Eikendorf (7)											
A_p	0— 33	1,53	0,51	0,28	0,23	1,02	18,3	15,0	66,7	1,22	0,27
A_n	33— 45	1,05	0,38	0,23	0,15	0,67	21,8	14,3	63,9	1,52	0,34
B_v	50— 65	0,43	0,17	0,12	0,05	0,26	27,9	11,6	60,5	2,40	0,46
C	80—100	0,16	—	—	—	—	—	—	—	—	—
Wanzleben (8)											
A_p	0— 33	1,86	0,72	0,37	0,35	1,14	19,9	18,8	61,3	1,06	0,32
A_n	33— 47	1,37	0,63	0,32	0,31	0,74	23,4	22,6	54,0	1,04	0,43
B_v	50— 65	0,62	0,33	0,15	0,18	0,29	24,2	29,0	46,8	0,84	0,52
C	80—100	0,17	—	—	—	—	—	—	—	—	—
Ampfurth (9)											
A_{p1}	0— 10	1,56	0,55	0,30	0,25	1,01	19,3	16,1	64,6	1,20	0,30
A_{p2}	10— 30	1,21	0,45	0,26	0,19	0,76	21,4	16,7	61,9	1,28	0,35
A_n	30— 43	1,09	0,42	0,28	0,14	0,67	25,7	12,9	61,4	1,98	0,42
B_v	55— 75	0,33	0,16	0,10	0,06	0,17	30,2	18,2	51,6	1,66	0,58
C	100—120	0,16	—	—	—	—	—	—	—	—	—

Der Anteil des extrahierten Huminsäurekohlenstoffes (C'_H) am organisch gebundenen Gesamtkohlenstoff (C_t) beträgt 18 bis 35 %. Die geringsten Werte sind in den A_p-, die höchsten in den B_v-Horizonten zu verzeichnen. Die Tendenz des unlöslichen Restes (C'_R), d. h. der Humine bzw. der fest mit mineralischen Substanzen verbundenen Huminsäuren, ist gegenläufig. Mit zunehmender Tiefe nimmt ihr Anteil am Gesamtkohlenstoff ab. Daraus ergeben sich folglich größere C_H/C_R-Quotienten in den tieferen Horizonten. Die Menge des extrahierten Fulvosäurekohlenstoffes (C'_F) schwankt zwischen 11 und 29%. In vier Profilen (Nr. 1, 2, 4 und 7) nehmen die C'_F-Werte vom A_p- zum B_v-Horizont ab. In den Profilen Nr. 3, 8 und 9 ist dagegen mit zunehmender Tiefe ein Ansteigen des Fulvosäureanteils zu beobachten. Es ist möglich, daß die Unterschiede im Fulvosäuregehalt ackerbauliche Ursachen haben (Stallmistdüngung). So konnte KRETSCHMER (zit. n. HOFFMANN [5]) in der Schwarzerde von Lauchstädt als Folge starker Stallmistdüngung eine Verminderung des Huminsäuregehaltes und Zunahme des Fulvosäuregehaltes feststellen.

Das Verhältnis der Huminsäuren zu den Fulvosäuren (C_H/C_F) schwankt in den untersuchten Böden mit Ausnahme des Profiles Nr. 8 und der A_p-Horizonte von Hadmersleben und Olvenstedt zwischen 1,2 und 2,4 und ist somit charakteristisch für die günstige Humuszusammensetzung der Schwarzerde.

Wie bei allen Profilen zu beobachten ist, steigt mit zunehmender Tiefe der Anteil des extrahierten Huminsäurekohlenstoffs am Gesamtkohlenstoff.

Für das Ansteigen der Huminsäurewerte (C'_H) von den A_p- zu den B_v-Horizonten bleiben im wesentlichen zwei Erklärungen:

a) Der höhere Gehalt an Huminsäuren im Humus der tieferen Bodenhorizonte ist auf intensivere Neubildungsvorgänge zurückzuführen.

b) Der höhere Huminsäureanteil im Humus dieser Horizonte ist durch geringere Festigkeit der Kopplungen von Huminsäuren an mineralische Substanzen, d. h. durch leichtere Extrahierbarkeit bedingt.

Im Hinblick auf die günstigeren Feuchtigkeitsverhältnisse der A_n- und B_v-Horizonte verdient die erste Erklärung zweifellos Beachtung. Nach NIEDERBUDDE [12] tragen in den Schwarzerden des feucht-temperierten Klimagebietes (Niedersachsen) die Verbindungen des Bodeneisens zur Synthese hochpolymerer Huminsäuren bei. Eine Huminstoffanreicherung wird insbesondere dann gefördert, wenn eine entsprechende Feuchtedynamik des Bodens die Alterung der Fe-Hydroxydgele verzögert. Da nun anzunehmen ist, daß in den feuchtigkeits- und temperaturausgeglicheneren tiefen Bodenabschnitten (A_n, B_v) das Altern amorpher Fe-Hydroxyde (und auch Al-Hydroxyde), d. h. ihre Umwandlung in kristalline Formen, langsamer verläuft als an der Bodenoberfläche, wäre eine verstärkte Huminsäuresynthese durchaus denkbar.

Die Betrachtung der Huminsäurewerte im Zusammenhang mit dem nichtextrahierten Rest sowie dem C_H/C_R-Verhältnis deutet aber eher darauf hin, daß es sich um einen Extraktionseffekt handelt, der durch besondere (d. h. schwächere) Bindungsverhältnisse der Huminstoffe in größeren Bodentiefen bedingt ist. Es wird also vorwiegend die zweite der oben angeführten Erklärungen zutreffen. Aber auch hierbei spielen Bodenfeuchtigkeit und Zustand der Sesquioxyd-Hydrate eine gewisse Rolle. ALEXANDROWA [2] bemerkt, daß Sesquioxyd-Huminstoff-Komplexe im Boden erst mit zunehmender Dehydratisierung, d. h. also durch Alterung, ihre Beweglichkeit verlieren und mit Tonmineralen in Verbindung treten. Es liegt folglich nahe anzunehmen, daß in den feuchteren A_n- und B_v-Horizonten die Durchkristallisierung der Fe- und Al-Hydroxydbrücken innerhalb der Tonmineral-Huminsäure-Komplexe weniger intensiv erfolgt als in den trockneren und wärmeren sowie durch die Bodenbearbeitung stärker durchlüfteten A_p-Horizonten. In dem Hinweis von KONONOWA und BELTSCHIKOWA, daß durch Natriumpyrophosphat-Natronlauge-Lösung (pH $\sim$ 13) die frei beweglichen sowie an Kalzium und nichtsilikatische Formen der Sesquioxyde gebundenen Huminstoffe extrahiert werden, dürften daher die „nichtsilikatischen" Sesquioxyde größtenteils mit Sesquioxyd-Hydraten von geringem Kristallisationsgrad identisch sein.

Es kann angenommen werden, daß in tieferen Bereichen der Schwarzerdeprofile die leichtere Extrahierbarkeit der Huminstoffe, d. h. die leichtere „Entkopplung" der organisch-mineralischen Komplexe mittels einer Mischlösung von Na-Pyrophosphat und NaOH (pH-Wert der Lösung $\sim$ 13), durch größere Ausgeglichenheit in der Bodenfeuchtigkeit und folglich besondere Red.-Ox.-Verhältnisse bedingt wird.

6. Bestimmung der $Q_{4/6}$-Werte für Humin- und Fulvosäuren

In den entsprechend Abschnitt 5 gewonnenen frischen Huminsäure- und Fulvosäurefraktionen wurden im Zeiß-Universal-Spektrophotometer VSU 1 die Extinktionen bei den Wellenlängen 472 μm und 664 μm in mehrfacher Wiederholung gemessen. Die $Q_{4/6}$-Werte sind in Tabelle 7 zusammengestellt.

Die $Q_{4/6}$-Werte der Huminsäuren liegen fast ausnahmslos zwischen 3 und 3,5. Aus der von WELTE (n. SCHEFFER und ULRICH [13]) aufgestellten Beziehung zwischen $Q_{4/6}$-Wert und Anteil der Grau- bzw. Braunhuminsäurekomponenten in einer Huminsäurelösung ergibt sich für $Q_{4/6} \sim 2{,}7$ ein Grauhuminsäureanteil von rd. 100%. Bei einem $Q_{4/6}$-Wert von 3,5 würde der Grauhuminsäureanteil nur noch etwa 50% betragen. Hinsichtlich der untersuchten Profile bedeutet dies, daß ein wesentlicher Anteil (insbesondere in den A_p-Horizonten) der mit Na-Pyrophosphat und Natronlauge extrahierten Huminsäuren zum Typ der weniger kondensierten, d. h. im Molekülaufbau schwächer vernetzten Braunhuminsäuren gehört. Mit zunehmender Tiefe (A_n und B_v-Horizonte) zeigt sich die Tendenz der Verringerung der $Q_{4/6}$-Werte, der Kondensationsgrad der Huminsäuren nimmt zu, ihr Grauhuminsäurecharakter wird deutlicher.

Die $Q_{4/6}$-Werte für die Fulvosäuren bewegen sich zwischen 4,5 und 6,0, wobei die größten Werte in der Regel in den A_p-Horizonten vorliegen. Es zeichnet sich damit eine gewisse Parallelität zu den Huminsäuren ab. In den oberen Bodenhorizonten sind folglich nicht nur die Huminsäuren, sondern auch die Fulvosäuren im Molekülaufbau weniger kompliziert als in tieferen Bodenbereichen.

Tabelle 7

Ergebnisse der Lichtabsorptionsmessungen an Humin- und Fulvosäuren

Horizont und Tiefe der Probenahme cm		Huminsäuren			Fulvosäuren		
		k_{472}	k_{664}	$Q_{4/6}$	k_{472}	k_{664}	$Q_{4/6}$
		Schleibnitz (1)					
A_p	0–32	0,807	0,252	3,25	0,354	0,070	5,08
A_n	32–46	1,025	0,388	2,70	0,363	0,076	4,78
B_v	46–68	0,389	0,121	3,23	0,218	0,046	4,74
		Hadmersleben (2)					
A_p	0–35	0,215	0,065	3,33	0,153	0,030	5,15
B_v	35–51	0,093	0,029	3,22	0,091	0,019	4,91
		Atzendorf (3)					
A_p	0–32	0,570	0,174	3,29	0,374	0,068	5,47
A_n	32–48	0,628	0,200	3,14	0,328	0,061	5,39
B_v	48–68	0,262	0,082	3,16	0,275	0,054	5,16
		Olvenstedt (4)					
A_p	0–34	0,322	0,092	3,52	0,453	0,079	5,76
B_v	34–55	0,134	0,044	3,07	0,184	0,038	4,86
		Eikendorf (7)					
A_p	0–33	0,379	0,104	3,64	0,105	0,020	5,25
A_n	33–45	0,373	0,111	3,36	0,065	0,013	5,00
B_v	50–65	0,058	0,018	3,22	0,049	0,011	4,45
		Wanzleben (8)					
A_p	0–33	0,709	0,210	3,38	0,256	0,050	5,12
A_n	33–47	0,869	0,262	3,32	0,243	0,044	5,52
B_v	50–65	0,098	0,033	2,97	0,230	0,039	5,89
		Ampfurth (9)					
A_{p1}	0–10	0,444	0,129	3,44	0,306	0,061	5,02
A_{p2}	10–30	0,398	0,120	3,32	0,307	0,051	6,02
A_n	30–43	0,493	0,151	3,26	0,287	0,062	4,63
B_v	55–75	0,094	0,029	3,24	0,127	0,023	5,52

Zusammenfassung

Anhand von Profilstudien wird festgestellt, daß für den makromorphologischen Aufbau der Börde-Schwarzerde die Ausbildung eines B_v-Horizontes und die durch intensive Ackerkultur hervorgerufene Krumendegradation charakteristisch sind. Der A-Horizont ist in der Regel bis zu einer Tiefe von 30 bis 35 cm verbraunt. Nur in seinem unteren Teil hat sich ein grau-schwarzer Rest (A_n) der ursprünlichen Schwarzerde erhalten. Die Profile sind fast ausnahmslos tiefgehend entkalkt (Karbonatgrenze am Übergang von B_v zu C). In den Relikthorizonten der ursprünglichen Schwarzerde erreichen die Hygroskopizitätswerte ihr Maximum.

Die PV-Werte sind in der Ackerkrume niedriger als in den nachfolgenden A_n- und B_v-Horizonten. In den letztgenannten Horizonten betragen die Werte für das Porenvolumen durchschnittlich 50% gegenüber 42 bis 46% im unveränderten Löß. Die $pH_{(KCl)}$-Werte liegen im neutralen bis schwach basischen Reaktionsbereich.

Der Humusgehalt der Börde-Schwarzerde beträgt im Durchschnitt 2–3%. Die A_p-Horizonte haben trotz ihrer mehr oder weniger stark aufgehellten Farbe höhere Humusgehalte als die dunkelgefärbten A_n-Horizonte. Durch eine einmalige Behandlung des Bodens mit einer Mischlösung von $Na_4P_2O_7$ und NaOH vom pH-Wert ~ 13 (Methode Kononowa–Beltschikowa) wurden 33 bis 53% des organisch gebundenen Gesamtkohlenstoffes in Lösung gebracht.

Der Anteil des extrahierten Huminsäurekohlenstoffes (C_H) am organisch gebundenen Gesamtkohlenstoff (C_t) beträgt 18 bis 35%. Die geringsten Werte sind in den A_p-, die höchsten in den B_v-Horizonten zu verzeichnen. Die Menge des extrahierten Fulvosäurekohlenstoffes schwankt zwischen 11 und 29%.

Die $Q_{4/6}$-Werte der Huminsäuren bewegen sich zwischen 3 und 3,5, die der Fulvosäuren zwischen 4,5 und 6. In beiden Fällen ist mit zunehmender Tiefe die Tendenz einer Verringerung dieser Werte zu beobachten.

Резюме

При изучении профилей отмечается, что наличие горизонта B_v и деградация пахотного слоя, обусловленная интенсивной полевой культурой, характерны для макроморфологической структуры чернозема Бёрде (плодородной Магдебургской равнины). Горизонт А, как правило, побурел до глубины 30—35 см. Лишь в редких случаях в нижней его части сохранился серовато-черный остаток (A_n) первоначального чернозема. Профили, почти без исключения в большой степени выщелочены (граница карбонатов на переходе B_v к С). В реликтовых горизонтах певоначального чернозема гигроскопичность достигает максимума. Общая скважность в пахотном слое ниже, чем в последующих горизонтах A_n и B_v. В названных в последнюю очередь горизонтах общая скважность составляет в среднем 50%, а в неизмененном лессе 42—46%. Показатели pH располагаются в пределах нейтральной — слабощелочной реакции. Содержание перегноя в черноземах Бёрде составляет в среднем 2—3%. Горизонты Ар, несмотря на более или менее светлую окраску, содержат больше гумуса, чем темнее окрашенные горизонты A_n. Однократной обработкой почвы раствором из смеси $Na_4P_2O_7$ и NaOH с показателем pH~13 (метод Кононовой-Бельчиковой) 33—53% общего органического углерода были переведены в раствор.

Доля экстрагированного углерода гумниновых кислот (C_H) в общем органическом углероде (C_t) составляет 18—35%. Наименьшие показатели отмечаются в горизонте A_p, а наибольшие — в горизонте B_v. Количество экстрагированного углерода фульвокислоты колеблется в пределах 11—29%.

Показатели $Q_{4/6}$ гуминовых кислот лежат между 3 и 3,5, а показатели фульвокислот — между 4,5 и 6. В обоих случаях с возрастающей глубиной наблюдается тенденция к понижению величин $Q_{4/6}$.

Summary

By means of profile studies it was ascertained that the formation of a B_v-horizon and soil crumb deterioration caused by intensive cultivation are characteristic of the macromorphological structure of the black earth in the Börde area. The A-horizon is in general brown down to a depth of 30–35 cm. A grey-black rest of the original black earth (A_n) remains only in the lower part of this horizon. Nearly all the profiles are decalcified to a great depth (carbonate limit at the transition point of B_v to C). The hygroscopic values are highest in the relic horizons of the original black earth. The porosity values are lower in the surface soil than in the succeeding A_n- and B_v-horizons. Their porosity values average about 50 per cent, compared with 42–46 per cent in unchanged loess. The $pH_{(KCl)}$ -values lie within the neutral to slightly basic sphere of reaction.

Black earth in the Börde has an average 2–3 per cent humus content. The A_p-horizons have higher humus contents than the darker A_n-horizons despite their more or less strongly bleached colouring. 33–53 per cent of the total organically bound carbon was dissolved by treating the soil only once with a mixed solution of $Na_4P_2O_7$ and NaOH (pH value ~13) after the KONONOVA-BELTSHIKOVA method.

The carbon equivalent (C_H) of humic acid extracted from the total organically bound carbon (C_t) amounts to 18–35 per cent. The lowest values have been found in the A_p-horizons, the highest in.the B_v-horizons. The extracted carbon equivalent of fulvic acids varied between 11 and 29 per cent.

The colour quotient ($Q_{4/6}$) values of the humic acids range between 3 and 3.5; those of the fulvic acids between 4.5 and 6. The values of both colour quotients tend to decrease with increasing depth.

Literaturverzeichnis

[1] ALEXANDROWA, L. N.: Über die Verwendung von Natriumpyrophosphat zur Extraktion freier Humusstoffe und ihrer organisch-mineralischen Verbindungen aus dem Boden (russ.). Pocvovedenie, Moskau, 1960, 2

[2] ALEXANDROWA, L. N.: Prozesse des Zusammenwirkens von Huminstoffen mit dem mineralischen Teil des Bodens (russ.). Pocvovedenie, Moskau, 1954, 9

[3] DÖRTER, K.: Die Hygroskopizität als Hilfsmittel zur Bodenbeurteilung. Z. Landeskultur 1961, 2, H. 1

[4] GEIGENMÜLLER, A. D.: Die Entwicklung der Zuckerindustrie in Halle. Hallesches Mh. 1962, 6

[5] HOFFMANN, FR.: Zur Dynamik von Menge und Qualität der Humusstoffe im Boden. Wiss. Z. Techn. Univ. Dresden 1961, 10, H. 6

[6] KONONOWA, M. M., und N. P. BELTSCHIKOWA: Vereinfachte Methode zur Bestimmung der Humusstoffgruppen von Mineralböden unter Verwendung von Natriumpyrophosphat zur Extraktion der Humusstoffe (russ.) Pocvovedenie, Moskau, 1961, 10

[7] KRAATZ, E.: Untersuchungen über die Entwicklung und Standortorientierung der Bodennutzungssysteme in Mitteldeutschland als Grundlage der Anbauplanung. Wiss. Z. Martin-Luther-Univ. Halle-Wittenberg, Math.-Naturwiss. R., 1953/54, 3, H. 1

[8] KRZYMOWSKI, R.: Geschichte der deutschen Landwirtschaft. 1951, 2. verm. Aufl., Ulmer-Verl., Stuttgart

[9] LAATSCH, W.: Der Wasserhaushalt der mitteldeutschen Schwarzerde. Z. Bodenkde. u. Pflanzenernähr. 1940, Bd. 21/22

[10] LAATSCH, W.: Dynamik der mitteleuropäischen Mineralböden. 1957, 4. Aufl., Dresden und Leipzig, Verl. Th. Steinkopff

[11] MÜCKENHAUSEN, E.: Entstehung, Eigenschaften und Systematik der Böden der Bundesrepublik Deutschland. 1962, Frankfurt/Main, DLG-Verl.

[12] NIEDERBUDDE, E. A.: Zur Frage der Huminstoffanreicherung in Mineralböden des feucht-temperierten Klimagebietes. Kali-Briefe, Fachgebiet 1 (Bdk.), Dez. 1960, 8. Folge

[13] SCHEFFER, F., und B. ULRICH: Humus und Humusdüngung. 1960, Stuttgart, Ferdinand-Enke-Verl.

[14] SCHWARZ, K.: Lagen die Siedlungen der linearbandkeramischen Kultur Mitteldeutschlands in waldfreien oder in bewaldeten Landschaften? Strena praehistorica, Festgabe z. 60. Geb. von M. Jahn. 1948, Halle

[15] SIMAKOW, W. N., und W. P. ZYPLONKOW: Eine neue Methode zur Bestimmung des Humus im Boden (russ.). Die Landwirtschaft des NW-Gebietes. 1961, H. 1, Leningrad

[16] SIMAKOW, W. N., und W. P. ZYPLONKOW: Reagenzglasmethode zur gleichzeitigen Bestimmung des Kohlenstoffgehaltes und der Oxydierbarkeit von Böden (russ.). Jb. Leningrader Univ. 1961, Nr. 3, Serie Biologie

Aus dem Landwirtschaftlich-Chemischen Institut
der Friedrich-Schiller-Universität Jena
(Direktor: Prof. Dr. agr. habil. G. SCHILLING)

GÜNTHER SCHILLING und DIETMAR RICHTER

Über das Verhalten von ^{90}Sr und ^{90}Y in mitteldeutschen Böden

Eingegangen: 28. 9. 1963

In neuerer Zeit wird häufig über die Verseuchung von Niederschlägen, Böden und Pflanzen durch radioaktive Kernspaltprodukte berichtet [6, 7, 8, 9, 10, 12, 13, 16, 24, 34]. Das Auftreten dieser Substanzen stellt zweifelsohne eine gewisse Gefahr für den Menschen dar [14, 31] und hat seinen Ursprung einerseits in den Atombombenversuchen, zum anderen aber auch in der immer stärker werdenden technischen Anwendung von Kernreaktionen [2]. Um die aus diesen Gegebenheiten erwachsenden Probleme lösen zu können, sind genaue Kenntnisse über das Verhalten der anfallenden radioaktiven Produkte erforderlich.
In der vorliegenden Arbeit wird deshalb versucht, das System ^{90}Sr/^{90}Y einer näheren Betrachtung zu unterziehen. ^{90}Sr fällt bekanntlich in erheblichem Umfang bei Uranspaltungen an und wird infolge seiner langen Halbwertszeit (etwa 25 Jahre, ß-Strahlung mit max. 0,531 MeV) sowie seiner Speicherung im Knochen als biologisch besonders gefährlich betrachtet. Sein radioaktives Folgeprodukt ^{90}Y erscheint wegen der kurzen Halbwertszeit (etwa 61 h, ß-Strahlung mit max. 2,18 MeV) weniger gefahrbringend, doch kann es mit Einschränkungen als Modell für andere Stoffe mit dreiwertigen Kationen dienen, die im Gemisch als langlebige Strahler auftreten (^{151}Sm, ^{147}Pm, ^{144}Ce + ^{144}Pr). Mit ^{90}Sr und ^{90}Y läßt sich daher ein gewisser Einblick in die grundsätzlich vorhandenen Gesetzmäßigkeiten gewinnen. Aufbauend auf den bereits vorhandenen Kenntnissen über die Sorption des ^{90}Sr im Boden [17, 20, 22, 24, 25, 26, 33] ging es dabei vor allem darum, die Bindung der beiden Produkte an einzelnen Komponenten zu studieren, um Voraussagen bezüglich des Verhaltens in Abhängigkeit von der Bodenzusammensetzung machen zu können. Fragen der zu erwartenden Grundwasserverseuchung wie solche der Kontamination von Pflanzen waren gleichermaßen bedeutsame Aspekte. Nicht zuletzt aber sollten die so erzielten Ergebnisse auch Rückschlüsse auf die grundsätzliche Dynamik winziger Mengen 2- und 3wertiger Kationen im Boden gestatten.

1. Material und radiometrische Methoden

Als Untersuchungsobjekte in der vorliegenden Arbeit dienten einerseits Modellsubstanzen für Bodenbestandteile, wie Eisenoxydhydrat[1], $Al(OH)_3$[2], Quarzsand[2], Kieselsäureanhydrid[2], Kaolinit[2], Bentonit[2], zum anderen Proben von

[1] Herstellung des Fe-Oxydhydrates: $FeCl_3 \cdot 6\ H_2O$ wurde in H_2O gelöst und mit KOH als $Fe(OH)_3$ gefallt. Die Trennung des Niederschlages von der Flussigkeit erfolgte durch Zentrifugieren. Dann wurde einige Male mit H_2O gewaschen und bei 110 °C getrocknet. [2] Handelsprodukt

solchen Böden, die in Thüringen häufig anzutreffen sind. In der folgenden Übersicht sind die verwendeten Böden zusammengestellt und durch Angabe einiger Eigenschaften charakterisiert.

Tabelle 1
Übersicht über die verwendeten Versuchsböden. Die Entnahme der Proben erfolgte in einer Tiefe von 0—20 cm. Es handelte sich stets um einheitliche Ackerkrumen ohne sichtbare Horizontgliederung

Nr.	Geologische Herkunft	pH-Wert n/10 KCl	abschlämmbare Teilchen (<0,02 mm)*	Umtauschkapazität mval/100 g**
1	Röt	7,6	65,1	23,5
2	mittl. Buntsandstein	6,2	19,5	8,0
3	mittl. Buntsandstein	6,3	21,4	10,0
4	Schieferverwitterung	3,7	50,9	21,2
5	mittl. Muschelkalk	7,4	63,2	24,6

* bezogen auf Feinerde (< 2 mm), bestimmt mit Pipettmethode nach KOHN [5]
** nach RIEHM und ULRICH [5]

Mit diesen Substraten gelangten sämtliche Versuche zur Durchführung. Verwendet wurden trägerfreie Lösungen von $^{90}SrCl_2/^{90}YCl_3$ (0,003 μC bis 0,2 μC ^{90}Sr, entspricht $1{,}5 \cdot 10^{-11}$ g bis 10^{-9} g ^{90}Sr), in denen sich beide Nuklide im radioaktiven Gleichgewicht befanden. Zur Vermeidung der Sorption an Glaswänden dienten Vorbehandlungen aller Geräte mit Silikonölemulsion bzw. sonstige Maßnahmen, die später erläutert werden.

Die Bestimmung von ^{90}Sr und ^{90}Y in den einzelnen Untersuchungslösungen, in denen sich die beiden Nuklide häufig nicht mehr im radioaktiven Gleichgewicht befanden, erfolgte über Radioaktivitätsmessungen mit Hilfe von Flüssigkeitszählrohren des VEB Vakutronik. Die unter diesen Bedingungen ermittelte Impulsrate (I'_{t_1}) setzte sich aus der Impulsrate des ^{90}Sr ($I'_{t_1 Sr}$) und der des ^{90}Y ($I'_{t_1 Y}$) zusammen, wobei

(1) $$I'_{t_1} = I'_{t_1 Sr} + I'_{t_1 Y}$$

Wenn es gelang, $I'_{t_1 Sr}$ zu bestimmen, so war aus Gleichung (1) auch $I'_{t_1 Y}$ zu ermitteln. Die vom ^{90}Sr (Halbwertszeit 25 Jahre) erzeugte Impulsrate bleibt bekanntlich innerhalb einer kürzeren Zeitspanne (z. B. 1 Woche) praktisch konstant, während sich diejenige des ^{90}Y (Halbwertszeit 61 h) in dieser Zeit ändert, sofern beide Strahler nicht im radioaktiven Gleichgewicht vorliegen. Es gilt also für derartige Zeiträume

(2)[3] $$I_{Y\infty} - I'_{t_1 Y} = I_{t_1} - I'_{t_1}$$

Dabei bedeuten: $I_{Y\infty}$ die Impulsrate, die bei Vorhandensein radioaktiven Gleichgewichtes aus dem ^{90}Y stammt, I_{t_1} die Gesamtimpulsrate, die vorhanden

[3] siehe SCHILLING [23]

wäre, wenn radioaktives Gleichgewicht herrschen würde, und I'_{t_1} die zur Zeit t_1 tatsächlich gemessene Impulsrate. Aus den Zerfallsgesetzen läßt sich daher unter Zuhilfenahme zweier im zeitlichen Abstand von d (etwa 6 Tage) gemessenen Impulsraten I'_{t_1} und I'_{t_2} und der Zerfallskonstanten des ^{90}Y (λ_B) die Größe von I_{t_1} errechnen.

$$(3)^3 \qquad I_{t_1} = \frac{I'_{t_2} - I'_{t_1} + I'_{t_1} (1 - e^{-\lambda_B d})}{1 - e^{-\lambda_B d}}$$

Mit Hilfe eines experimentell ermittelten Faktors, der den Anteil des ^{90}Sr an der gemessenen Gesamtimpulsrate angibt, ist schließlich $I'_{t_1 Sr}$ wie folgt ermittelbar

$$(4) \qquad I'_{t_1 Sr} = I_{t_1} \cdot F$$

Die experimentelle Bestimmung von F erfolgt durch Abtrennen des ^{90}Y von einem bekannten, im Gleichgewicht befindlichen $^{90}Sr/^{90}Y$-Standardpräparat und Extrapolieren der sodann aufgenommenen Abklingkurve des ^{90}Y auf den Zeitpunkt der Trennung.

$$F = \frac{I_{Stand.} - I_{Y\infty\, Stand.}}{I_{Stand.}}$$

Auf der Grundlage dieser Zusammenhänge wurden sämtliche Bestimmungen von ^{90}Sr und ^{90}Y vorgenommen. Die Meßzeiten lagen so, daß der Meßfehler stets unter 3% betrug.

2. Versuchsdurchführung und Ergebnisse

2.1. Perkolationsversuche

Folgende Methodik fand Anwendung:

In ein unten mit Auslauf versehenes Glasrohr von 29 mm Durchmesser wurden 70 g getrockneter Hohenbockaer Quarzsand gefüllt, der zuvor durch Behandlung mit HCl gereinigt, bei 600 °C geglüht und schließlich durch $Ca(OH)_2$-Lösung neutralisiert worden war. Die Säulen erhielten sodann 4 ml einer im radioaktiven Gleichgewicht befindlichen $^{90}SrCl_2/^{90}YCl_3$-Lösung und wurden nacheinander mit H_2O, 0,1 n $CaCl_2$-Lösung, 0,1 n $AlCl_3$-Lösung und 4 n HCl durchgewaschen. Die aufgefangenen Fraktionen von jeweils 10 ml bekamen zur Vermeidung einer Adsorption an der Glaswand Zusätze von je 5 ml n HCl. Die Radioaktivitätsbestimmungen erfolgten wie beschrieben.

In Abbildung 1 sind die Ergebnisse eines derartigen Versuches wiedergegeben. Man erkennt, daß durch Behandlung der Säule mit H_2O weder ^{90}Sr noch ^{90}Y abgelöst werden konnten und die darauffolgende $CaCl_2$-Lösung lediglich ^{90}Sr in Lösung gebracht hat. ^{90}Y wurde dagegen erst nach Behandlung mit $AlCl_3$-Lösung bzw. HCl im Eluat gefunden.

^{90}Sr und ^{90}Y wurden also zweifelsohne beide von Quarzsand sorbiert, jedoch war ihre Eluierbarkeit sehr unterschiedlich. Die Ursache dafür, daß sich ^{90}Y erst durch $AlCl_3$-Lösung freisetzen ließ, konnte entweder in der Wirkung des $Al^{\cdots}$ oder in pH-Differenzen der Extraktionsmittel zu suchen sein. Nach Abbildung 1

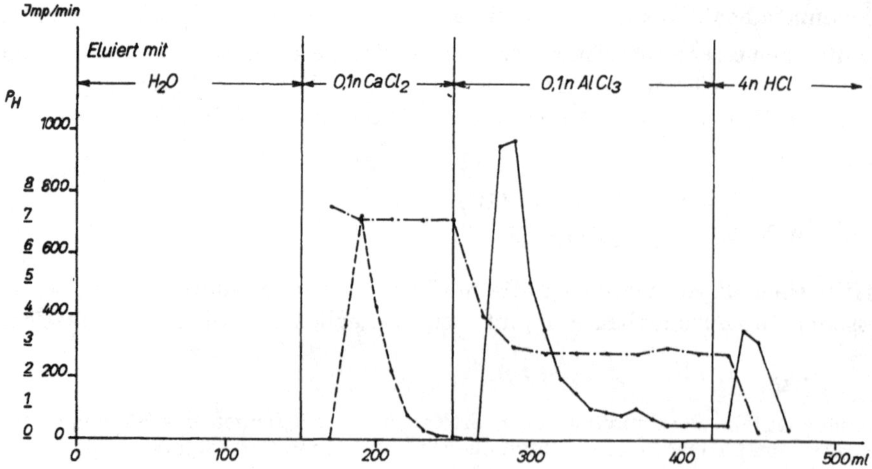

Abb. 1: Das Verhalten von ^{90}Sr und ^{90}Y in Quarzsandsäulen beim Durchwaschen mit H_2O, 0,1 n $CaCl_2$-Lösung, 0,1 n $AlCl_3$-Lösung und 4 n HCl. Die angegebenen Impulsraten und pH-Werte beziehen sich auf die Verhältnisse in den jeweiligen Extrakten. Weitere Angaben im Text.
----- ^{90}Sr ——— ^{90}Y —·—· pH

hat sich der pH-Wert in den Eluaten beim Wechsel der Extraktionsmittel tatsächlich jeweils verringert[4].

Zur Klärung der aufgeworfenen Frage wurde ein weiterer Versuch durchgeführt, jedoch mit dem Unterschied zum vorher beschriebenen, daß die zur Elution verwendete 0,1 n $CaCl_2$-Lösung einen kleinen Zusatz von HCl erhielt. Hatte das unterschiedliche Verhalten von ^{90}Sr und ^{90}Y seine Ursache in einer verschiedenen pH-Abhängigkeit der Sorption, so mußte bei diesem Versuch bereits die 0,1 n $CaCl_2$-Lösung das ^{90}Y abtrennen. Abbildung 2 läßt erkennen, daß dies tatsächlich der Fall gewesen ist: ^{90}Sr und ^{90}Y sind gemeinsam durch $CaCl_2$-Behandlung abgelöst worden.

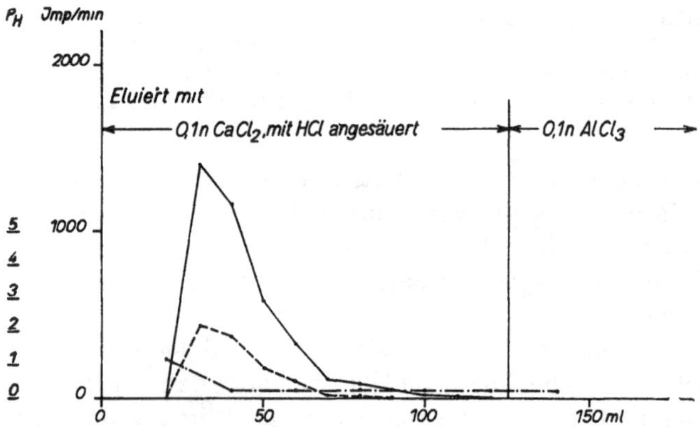

Abb. 2: Das Verhalten von ^{90}Sr und ^{90}Y in Quarzsandsäulen beim Durchwaschen mit unterschiedlichen Lösungen. Weitere Angaben im Text.
----- ^{90}Sr
——— ^{90}Y
—·—· pH

[4] Die pH-Messungen erfolgten mit der Glaselektrode.

2.2. Versuche mit der Schüttelmethodik

2.2.1. Die Sorption des ^{90}Y

Um näheren Einblick in die Sorption des ^{90}Y zu gewinnen, wurden zunächst Sorptionsversuche mit unterschiedlichen Trägern bei verschiedenen pH-Werten durchgeführt, und zwar auf folgende Weise:

Die jeweiligen Sorptionsträger[5] gelangten in hydrophobisierte Reagenzgläser und wurden mit einer zur Einstellung des gewünschten pH erforderlichen HCl- bzw. NaOH-Lösung sowie einer $^{90}SrCl_2$-/$^{90}YCl_3$-Lösung (im radioaktiven Gleichgewicht) versehen. Die Flüssigkeitsmenge betrug jeweils 15 ml. Sodann wurde bis zur Einstellung des Austauschgleichgewichtes geschüttelt und anschließend in Kunststoffbechern zentrifugiert. 10 ml der überstehenden Lösung, mit 5 ml 5 n HCl zur Vermeidung von Sorption an den Glaswänden versetzt, fanden zur Bestimmung der Radioaktivität im Zentrifugat Verwendung. Die Messungen erfolgten mit dem Flüssigkeitszählrohr, und aus den Ergebnissen wurde unter Berücksichtigung der im Rückstand verbliebenen Lösungsmenge auf den nicht sorbierten ^{90}Y-Anteil geschlossen (vgl. Abschnitt Material und radiometrische Methoden).

Tabelle 2 zeigt die Resultate. Man erkennt, daß alle geprüften Substanzen in der Lage waren, ^{90}Y zu sorbieren. Bezüglich der pH-Abhängigkeit bestanden jedoch Unterschiede. Offensichtlich kann man 2 verschiedene Gruppen von Trägern unterscheiden. Bei Quarzsand, Kieselsäureanhydrid, Fe-Oxydhydrat, Aluminiumhydroxyd und zerriebenem Polyäthylen trat eine nahezu vollständige Sorption erst ein, wenn der pH-Wert in der Lösung über 5 anstieg. Bentonit, Kaolinit, Torf und Schieferverwitterungsboden hielten ^{90}Y jedoch auch bei niedrigeren pH-Werten nahezu quantitativ zurück. Die erste Gruppe von Substanzen umfaßt offensichtlich alle Substrate, die keine merkliche Kationenumtauschkapazität besitzen. Die zweite Gruppe enthält dagegen diejenigen, bei denen eine solche vorhanden ist. Nun kann man aus dieser Beobachtung sicherlich noch nicht schließen, daß zwei verschiedene Arten von ^{90}Y-Sorption möglich sind, etwa so, daß bei pH-Werten unter 5 ^{90}Y vor allem als Kation an negativ geladenen Gruppen der Sorptionsträger zurückgehalten wird, während bei höheren pH-Werten eine unspezifische Molekülsorption an der ganzen Grenzfläche stattfindet und dadurch auch Substanzen ohne merkliche Kationenumtauschkapazität sorbierend wirken. Immerhin gibt es aber andere Hinweise, die das Vorhandensein einer solchen zweifachen Bindungsmöglichkeit wahrscheinlich machen. So ist die Tatsache des sprungartigen Ansteigens der ^{90}Y-Sorption bei pH 5 kaum anders zu erklären als durch die Bildung irgendwelcher ^{90}Y-Aggregate ($^{90}Y(OH)_3$?), die unspezifisch sorbiert werden; denn sonst würde dieser Umschlagpunkt nicht bei allen geprüften Verbindungen an derselben Stelle liegen. Da KURBATOV [11] beim Arbeiten mit trägerfreien ^{86}Y-Lösungen (etwa 10^{-11}g ^{86}Y-Ionen/l) festgestellt hat, daß bei steigenden pH-Werten ein immer größerer Anteil als „Radiokolloid" vorlag, erscheint diese Vermutung nicht ganz unbegründet. In Tabelle 3 sind einige Zahlen aus KURBATOVs Arbeit wiedergegeben. Aus ihnen geht hervor, daß zwischen pH 4,95 und pH 6,1 der Anteil des „abfiltrierbar" vorliegenden

[5] Die Sorptionstrager kamen in folgenden Mengen zur Anwendung: 1,336 g Fe-Oxydhydrat, 0,975 g $Al(OH)_3$, 1 g Kieselsaureanhydrid, 1 g Kaolinit, 1 g Bentonit, 4 g Polylathylen, 5 g Boden oder Quarzsand und 0,5g Torf.

Tabelle 2

Die Sorption des ^{90}Y an verschiedenen Modellsubstanzen in Abhängigkeit vom pH-Wert*

pH-Bereich	% in Lösung befindliches ^{90}Y (zugesetzte Menge = 100%)				
	Quarzsand	Kieselsäure-anhydrid	Fe-Oxyd-hydrat	$Al(OH)_3$	zerriebenes Polyäthylen
1,0–1,5			100 ± 12		
1,6–2,0	100 ± 16	100 ± 13			
2,1–2,5					66 ± 4
2,6–3,0					
3,1–3,5	100 ± 19			97 ± 1	
3,6–4,0	83 ± 10			91 ± 1	
4,1–4,5	82 ± 12				
4,6–5,0	7 ± 2		23 ± 2	52 ± 4	51 ± 3
5,1–5,5		26 ± 6			
5,6–6,0	6 ± 4		0 ± 0	0 ± 0	33 ± 2
6,1–7,0		8 ± 2	0 ± 0	0 ± 0	28 ± 1
7,1–8,0	0 ± 0		0 ± 0		
8,1–9,0		0 ± 0	0 ± 0	0 ± 0	
9,1–10,0			0 ± 0		

pH-Bereich	% in Lösung befindliches ^{90}Y (zugesetzte Menge = 100%)			
	Bentonit	Kaolinit	Torf	Schiefer-verwitterungsboden
1,0–1,6	4 ± 0	9 ± 2		
1,7–2,0		0	11 ± 4	15 ± 2
2,1–2,5				
2,6–3,0				5 ± 1
3,1–4,0				
4,1–5,0	0		3 ± 0	
5,1–6,0		0	3 ± 2	10 ± 2 HS**
6,1–7,0	0	0	2 ± 0	25 ± 2 HS**
7,1–8,0	0	0	3 ± 1	33 ± 4 HS**
8,1–9,0	0			
9,1–10,0				
10,1–11,0		5 ± 1	41 ± 6 HS**	
11,1–12,0	0	0	65 ± 3 HS**	

* Die Fehlerangabe bezieht sich auf die Unterschiede zwischen den 3 Parallelproben:

$$m = \pm \sqrt{\frac{\sum (I'_{t1Y_i} - \overline{I'_{t1Y}})^2}{n\,(n-1)}}$$

** HS = Mit zunehmender Alkalitat wurden aus Torf und dem Schieferverwitterungsboden Humate extrahiert. Da mit steigendem pH-Wert auch die Impulsrate des ^{90}Y in den Extrakten wuchs, ist anzunehmen, daß ^{90}Y an die Humate gebunden war.

^{86}Y sprunghaft angestiegen ist. In dem gleichen pH-Bereich wuchs auch die Sorption des ^{90}Y in der vorliegenden Arbeit stark an. Dieser Sachverhalt läßt eine Sorption von ^{90}Y in Aggregatform bei pH-Werten über 5 verständlich erscheinen. Für das Haften am Träger könnten ähnliche Bindungskräfte verantwortlich sein, wie sie bei hohen Konzentrationen zur Bildung des Hydroxydniederschlages führen. Diese Art von Sorption würde bedeuten, daß ^{90}Y über pH 5 nicht in kurzer Zeit (2 h) durch Kationen ausgetauscht werden kann. Um dies zu überprüfen, wurden erneut Versuche mit der bisherigen Methodik durchgeführt. Als Sorptionsträger diente Eisenoxydhydrat. Im Gegensatz zu früher bestanden jedoch 10 ml der insgesamt 15 ml umfassenden Flüssigkeitsmenge

Tabelle 3

Der pH-abhängige, durch ein Papierfilter zurückgehaltene Anteil ^{86}Y (nach J. D. KURBATOV und M. H. KURBATOV)

pH	% Y im Niederschlag
3,8	13,6
4,95	36,0
6,1	72,6
7,0	81,2
8,8	100,0

aus einer unmarkierten $SrCl_2$- bzw. YCl_3-Lösung definierter Konzentration. Tabelle 4 orientiert über Einzelheiten sowie über die erhaltenen Ergebnisse.

Man erkennt, daß sich ^{90}Y bei pH-Werten über 5,0 in der Tat niemals hat in Lösung bringen lassen. Die Sorption als Aggregat erscheint daher recht wahrscheinlich. Dies wird um so klarer, wenn man das Verhalten des in den überstehenden Lösungen gleichzeitig bestimmten ^{90}Sr in die Betrachtung einbezieht. ^{90}Sr ließ sich im Gegensatz zu ^{90}Y durch Salzzusatz abtrennen. Es lag also

Tabelle 4

Prüfung auf Vorliegen austauschbar sorbierten ^{90}Y an Eisenoxydhydrat in verschiedenen pH-Bereichen (Fehlerangabe wie in Tab. 2)

Konzentration des zugesetzten Salzes	pH der Aufschlämmung	zugegebene Menge = 100% % ^{90}Y in Lösung	% ^{90}Sr in Lösung
—	7,1	0	1 ± 0
0,01 n $SrCl_2$	7,4	0	13 ± 0
0,1 n $SrCl_2$	7,1	0	74 ± 1
0,01 n YCl_3	7,3	0	1 ± 0
0,1 n YCl_3	7,7	0	12* ± 1
0,01 n $SrCl_2$	6,1	0	90 ± 1
0,01 n YCl_3	5,9	0	38 ± 1
—	5,0	0	99 ± 1
0,01 n $SrCl_2$	5,0	2 ± 1	96 ± 2
0,001 n YCl_3	5,0	18 ± 1	95 ± 3
0,01 n YCl_3	5,0	29 ± 2	100 ± 1
—	3,7	95 ± 2	100 ± 2

* Die Große dieses Wertes erklart sich aus dem erforderlich gewesenen hohen NaOH-Zusatz (Austausch des ^{90}Sr durch Na)

anscheinend als sorbiertes Kation vor. Wenn zugegebenes nicht radioaktives YCl_3 in dieser Hinsicht weniger wirkte als $SrCl_2$, so beruhte dies sicher in erster Linie darauf, daß Yttrium bei pH-Werten über 5,0 nicht mehr vollständig in Ionenform vorlag und sich deshalb auch nicht am Kationenaustausch beteiligen konnte (starke Veränderung des Aktivitätskoffizienten). Das Verhalten des ^{90}Sr stützt dadurch indirekt die Ergebnisse bezüglich der Sorption des ^{90}Y in nicht austauschbarem Zustand.

Somit dürfte deutlich geworden sein, daß ^{90}Y im Gegensatz zu ^{90}Sr bei pH-Werten über 5 zum großen Teil nicht als Kation, sondern als Aggregat vorliegt und als solches an den Trägern niedergeschlagen wird. Das Ergebnis der Perkolationsversuche, nach welchen ^{90}Y bei pH 7 durch $Ca^{\cdot\cdot}$ nicht zu eluieren war, findet damit seine Aufklärung.

Zu fragen bleibt allerdings, ob ^{90}Y bei pH-Werten unter 5,0 als Kation, also leicht austauschbar, sorbiert wird; denn alle Sorptionsträger mit merklicher Kationenumtauschkapazität (Tab. 2) zeigten bei diesen Säuregraden erhebliche ^{90}Y-Sorption. Diejenigen Varianten in Tabelle 4, bei denen der pH-Wert bei 5,0 lag, sprachen bereits für eine mindestens teilweise schnelle Austauschbarkeit des ^{90}Y unter solchen Verhältnissen bei Eisenoxydhydrat. Mit Bentonit und Schieferverwitterungsboden wurden ähnliche Austauschversuche durchgeführt. Die pH-Werte lagen der Versuchsfrage entsprechend stets unter 5,0. Tabelle 5 läßt die Einzelheiten sowie die Ergebnisse erkennen.

Tabelle 5

Die Austauschbarkeit des ^{90}Y bei niedrigen pH-Werten (Fehlerangabe wie in Tab. 2, 3 Parallelen)

Sorptionsträger	Konzentration des zugesetzten Salzes	pH der Aufschlämmung	% ^{90}Y in Lösung*	% ^{90}Sr in Lösung*
Bentonit	—	2,7	1 ± 0	22 ± 0
	0,01 n YCl_3	2,8	6 ± 3	46 ± 1
	0,1 n YCl_3	2,7	69 ± 16	91 ± 1
Schieferverwitterungsboden	—	2,7	5 ± 0	79 ± 0
	0,01 n YCl_3	2,7	49 ± 14	83 ± 0
	0,1 n YCl_3	2,8	79 ± 6	100 ± 1

* Zugegebene Menge = 100 %

Man bemerkt, daß ausreichende Zusätze von YCl_3 und $SrCl_2$ in jedem Falle ^{90}Y in Lösung gebracht haben. Auch das sorbierte ^{90}Sr wurde durch diese Maßnahme in Freiheit gesetzt. Die anfangs gemachte Annahme besteht daher zweifelsohne zu Recht: Im pH-Bereich unter 5,0 liegt sorbiertes ^{90}Y wohl mindestens teilweise austauschbar vor. Damit haben die 2 verschiedenen Arten der ^{90}Y-Sorption, einmal als Aggregat über pH 5 ohne Austauschbarkeit, zum anderen auch als Ion unter pH 5, ihre Bestätigung gefunden.

2.2.2. Die Sorption des ^{90}Sr

Bei den Untersuchungen über die Sorption des ^{90}Sr wurde davon ausgegangen, daß sein größter Anteil offenbar als Kation austauschbar gebunden vorliegt. Darauf weisen einerseits zahlreiche Ergebnisse in der Literatur hin [4, 17, 24, 27, 32], zum anderen lassen dies auch einige bereits angeführte Resultate der vorliegenden Arbeit erkennen. So ist die Nichtverdrängbarkeit durch H_2O, aber vollständige Auswaschung des ^{90}Sr durch 0,1 n $CaCl_2$-Lösung aus Quarzsand (Abb. 1) kaum anders zu deuten. Auch die in den Tabellen 4 und 5 angeführten Resultate bezüglich der Verdrängung des ^{90}Sr durch YCl_3 und $SrCl_2$ bei Eisenoxydhydrat, Bentonit und Schieferverwitterungsboden können beinahe nur durch das Vorhandensein austauschbar gebundenen ^{90}Sr erklärt werden. Immerhin erhebt sich die Frage, ob neben dieser Bindungsform auch andere Arten der Sorption vor-

Tabelle 6
Die Sorption des ^{90}Sr an verschiedene Sorptionsträger in Abhängigkeit vom pH-Wert (3 Parallelproben, Fehlerangabe wie für ^{90}Y in Tab. 2)

pH-Bereich	% in Lösung befindliches ^{90}Sr (zugesetzte Menge = 100%)					
	Quarz-sand	Fe-Oxyd-hydrat	$Al(OH)_3$	Bentonit	Torf	Schiefer-verwitte-rungs-boden
1,0– 1,5		100 ± 1			100 ± 5	
1,6– 2,0	100 ± 7			39 ± 1		81 ± 2
2,1– 2,5					11 ± 1	
2,6– 3,0						69 ± 2
3,1– 3,5	100 ± 5		100 ± 3			
3,6– 4,0	100 ± 1		100 ± 3			
4,1– 4,5	100 ± 1					
4,6– 5,0	93 ± 14		100 ± 7	8 ± 4		
5,1– 5,5		100 ± 28				
5,6– 6,0	78 ± 24	24 ± 4	86 ± 2		2 ± 1	8 ± 0
6,1– 7,0		1 ± 0	83 ± 4	4 ± 0		
7,1– 8,0	71 ± 28	0 ± 0		2 ± 0		
8,1– 9,0		0 ± 0	12 ± 2	2 ± 0	7 ± 0	
9,1–10,0		0 ± 0				

kommen. Ergebnisse von Graf v. REICHENBACH und Mitarbeiter [20] an Böden aus Westdeutschland lassen dies durchaus möglich erscheinen. Auch die in Tabelle 6 angeführten Resultate, die durch Bestimmung der ^{90}Sr-Impulsrate in dem bereits angeführten Schüttelversuch über die pH-abhängige Sorption des ^{90}Y an verschiedenen Sorptionsträgern (Tab. 2) gewonnen worden sind, schließen eine solche Möglichkeit nicht aus. Wohl ist aus Tabelle 6 zu entnehmen, daß ^{90}Sr von allen geprüften Substanzen – auch Quarzsand, Fe-Oxydhydrat und $Al(OH)_3$ – sorbiert wird und durch wachsende $H^{\cdot}$-Konzentrationen allmählich in Freiheit gelangt, doch bleibt auch bei niedrigeren pH-Werten zuweilen ein unter den gegebenen Versuchsbedingungen nicht freizusetzender Rest am Träger.

Um der Frage einer etwaigen Bindung des ^{90}Sr in nicht austauschbarer Form nachzugehen, wurden deshalb Versuche mit verschiedenen, vor allem kolloidreicheren Böden sowie Tonmineralien durchgeführt. Als nicht austauschbar gebunden sollte der Teil des ^{90}Sr bezeichnet werden, der sich nach Zugabe zu dem betreffenden Substrat durch wiederholte Extraktion mit Neutralsalzlösungen nicht ablösen ließ. Um auch den Einfluß kurzzeitiger Austrocknung und Entquellung zu erfassen, wurde in Anlehnung an Graf v. REICHENBACH und Mitarbeiter [20] folgendermaßen verfahren:

Methode A: 10 g Boden erhielten in Stohmannflaschen $^{90}SrCl_2/^{90}YCl_3$-Lösung sowie eine solche Menge dest. Wassers zugesetzt, daß das insgesamt zugeführte Flüssigkeitsvolumen 50 ml ausmachte. Nach Eintrocknen der gut umgeschüttelten Aufschlämmung bei 100 °C (10 h) wurde der Rückstand mit 100 ml n NH_4-Azetatlösung versetzt, 2 h mechanisch geschüttelt und abzentrifugiert. Diese Extraktionen wurden so lange fortgesetzt, bis keine Radioaktivität im Extrakt mehr nachzuweisen war. Die ^{90}Sr-Bestimmungen in den Auszügen erfolgten in der üblichen Weise.

Methode B: Vorbehandlung wie bei A, jedoch ohne Eintrocknen
,, C: Behandlung wie bei B, jedoch Extraktion mit n $CaCl_2$-Lösung
,, D: Behandlung wie bei C, jedoch Durchführung der Extraktion mit n $SrCl_2$-Lösung

Tabelle 7

Der Austausch des am Boden sorbierten ^{90}Sr durch andere Kationen

Extraktionsmethode	extrahiertes ^{90}Sr Imp/min*	extrahiertes ^{90}Sr relativ	Zahl der Extraktionen
I. Boden Nr. 5**			
A	43166 ± 188	101 (91)***	6
B	44510 ± 123	104 (94)	6
C	41257 ± 442	96	6
D	42565 ± 1068	99	6
II. Boden Nr. 2			
A	42044 ± 264	98 (92)	5
B	44460 ± 152	104 (95)	5
C	42808 ± 393	100	5
D	42894 ± 750	100	5
zugegebenes ^{90}Sr (I u. II)	42790 ± 280	100	
III. Boden Nr. 4 (Methode B)	41475 ± 637	100 (85)	6
zugegebenes ^{90}Sr (III)	41430 ± 315	100	
IV. Bentonit (Methode B)	37344 ± 695	103 (80)	6
zugegebenes ^{90}Sr (IV)	36096 ± 406	100	

* Die Fehlerangabe bezieht sich auf die Abweichung der 2 Parallelproben vom Mittelwert.

** Die Nummern beziehen sich auf die Boden-Nr. in Tab. 1

*** Die Zahlenangaben in Klammern kennzeichnen den Prozentsatz des in der 1. Fraktion gefundenen ^{90}Sr, wobei die gesamte extrahierte Menge gleich 100 gesetzt wurde.

Tabelle 7 gibt die Versuchsergebnisse wieder. Man erkennt, daß das gesamte zugesetzte ^{90}Sr bei allen Substanzen und nach allen angewendeten Methoden in den Extrakten wiederzufinden war.
Zweifelsohne konnte also bei den verwendeten Böden und Tonmineralien unter den gegebenen Verhältnissen keine Fixierung des ^{90}Sr festgestellt werden. Doch wird im Rahmen der Diskussion noch auf Einzelheiten einzugehen sein.
Die Feststellung, daß ^{90}Sr vollständig austauschbar gebunden ist, ließ es sinnvoll erscheinen, die Bindung näher zu untersuchen. Besonders wichtig erschien es, die Haftfestigkeit am Sorptionsträger kennenzulernen. Eine Möglichkeit zur Aufklärung dieser Verhältnisse ist durch Vergleich mit dem Verhalten gleichwertiger Ionen, z. B. $Ca^{\cdot\cdot}$, gegeben.
Die Gleichgewichtsreaktion eines Sr-Ca-Austausches im Boden läßt sich wie folgt formulieren [18]

$$(5) \qquad A + B' \rightleftharpoons B + A'$$

Dabei werden für am Boden sorbiertes ^{90}Sr bzw. Ca die Symbole A′ bzw. B′ verwendet, während A und B die in der Lösung vorhandenen Konzentrationen beider Elemente kennzeichnen. Setzt man voraus, daß diese Reaktion dem Massenwirkungsgesetz gehorcht, so läßt sich vereinfachend schreiben

$$(6) \qquad \frac{A \cdot B'}{A' \cdot B} = K.$$

A, A′, B und B′ wurden in mval je Volumeneinheit des Systems eingesetzt. Besteht nun kein Unterschied in der Haftfestigkeit von $^{90}Sr^{\cdot\cdot}$ und $Ca^{\cdot\cdot}$ am Boden, so wird K gleich 1 sein. Ist andererseits $K < 1$, so wird $^{90}Sr^{\cdot\cdot}$ fester sorbiert als $Ca^{\cdot\cdot}$

Zur Bestimmung von K wurde der Boden zunächst durch Schütteln mit 1,5 n $CaCl_2$-Lösung mit Ca-Ionen beladen. Anschließend erfolgte eine wiederholte Behandlung mit Wasser, bis in diesem kein Chlorid mehr nachzuweisen war. 50 g des auf diese Weise vorbehandelten und bei 105 °C getrockneten Bodens gelangten mit 150 ml Flüssigkeit 10 Stunden zum Schütteln. Dabei bestand die Flüssigkeit aus einer ^{90}Sr-/^{90}Y-Lösung und Wasser, dem 40 mg Ca in Form von $CaCl_2$ zugesetzt waren. In der überstehenden Lösung der zentrifugierten Bodensuspension wurde die Impulsrate von A in einem aliquoten Anteil gemessen. In einem anderen Teil der Lösung kam B nach Fällung als Oxalat und manganometrischer Titration zur Bestimmung. Die Ermittlung von A′ und B′ erfolgte nach Schütteln des beim Zentrifugieren zurückgebliebenen Bodenkörpers mit 0,2 n NH_4Cl-Lösung. Diese Extraktion wurde so oft wiederholt, bis in dem Extrakt keine Radioaktivität mehr nachweisbar war.

Nach den aus Tabelle 8 ersichtlichen Daten schwanken die Gleichgewichtskonstanten bei den Böden zwischen 0,99 und 0,70. Mit Ausnahme der Böden 1 und 5 ist die Abweichung von $K = 1$ statistisch gesichert. Das bedeutet, daß an den meisten Böden und an beiden Tonmineralien ^{90}Sr stärker als Ca haftet. Allerdings ist der Unterschied bei Berücksichtigung der Fehlermöglichkeiten nur gering. $Sr^{\cdot\cdot}$ und $Ca^{\cdot\cdot}$ werden daher mit sehr ähnlicher Haftfestigkeit sorbiert. Die Tendenz einer festeren Bindung des $Sr^{\cdot\cdot}$ gegenüber $Ca^{\cdot\cdot}$ ist dabei in den meisten Fällen gesichert und stimmt mit ähnlichen Befunden in der Literatur überein [1, 18].

Tabelle 8
Die Untersuchung der Haftfestigkeit von ^{90}Sr gegenüber Ca an Böden und Tonmineralien (3 Parallelproben)

Sorptionsträger (Boden-Nr.)	K $\pm$ (ΔK)abs.*
1	0,99 $\pm$ 0,108
2	0,76 $\pm$ 0,145
3	0,70 $\pm$ 0,087
4	0,76 $\pm$ 0,104
5	0,97 $\pm$ 0,110
Bentonit	0,68 $\pm$ 0,086
Kaolinit	0,58 $\pm$ 0,073

* Absoluter Fehler von K, ermittelt nach dem Gaußschen Fehlerfortpflanzungsgesetz

2.3. Vegetationsversuch

MICHAEL und SCHILLING [15] hatten nachgewiesen, daß Haferpflanzen bei der Aufnahme nicht zwischen $Sr^{\cdot\cdot}$ und $Ca^{\cdot\cdot}$ unterscheiden können. Folglich richtet sich das Verhältnis zwischen Sr und Ca in der Pflanze nach dem pflanzenverfügbaren Angebot im Boden. Um zu überprüfen, ob sich die unterschiedliche Haftfestigkeit von $^{90}Sr^{\cdot\cdot}$ und $Ca^{\cdot\cdot}$ am Boden auch in den Gehalten der Pflanze widerspiegelt, wurde folgender Gefäßversuch durchgeführt[6]:

In Mitscherlichgefäße wurden 5 kg Boden Nr. 5 bzw. 6 kg Boden Nr. 2 zusammen mit einer ^{90}Sr-/^{90}Y-Lösung eingebracht. Die verabreichte Düngung setzte sich aus 1,2 g N (in Form von NH_4NO_3), 1,0 g K_2O (in Form von KCl) und 0,5 g P_2O_5 (in Form von KH_2PO_4, der K-Gehalt fand Berücksichtigung) zusammen. Dabei wurde die N-Düngung in 3, die K-Düngung in 2 Teilgaben verabreicht. Durch Gießen nach Gewicht konnten die eingestellten 45% Wasserkapazität während der Vegetationszeit konstant gehalten werden. Eingesät wurde Hafer der Sorte „Goldschatz". Die Ernte erfolgte nach abgeschlossener Blüte. Die Ermittlung des ^{90}Sr-Gehaltes der Pflanzen sowie die von Ca (Fällung als Oxalat und manganometrische Titration) wurde im Filtrat der naß veraschten und in 5 n HCl gelösten Pflanzensubstanz vorgenommen. Der Gehalt des Bodens an austauschbarem Ca ergab sich durch wiederholte Extraktion mit 0,2 n NH_4Cl-Lösung. Die „Gleichgewichtskonstante" K_V des Vegetationsversuches errechnete sich aus diesen Daten sowie aus der zugesetzten ^{90}Sr-Menge (= ^{90}Sr Boden) folgendermaßen:

$$K_V = \frac{Ca_{Boden} \cdot {}^{90}Sr_{Pflanze}}{Ca_{Pflanze} \cdot {}^{90}Sr_{Boden}} \tag{7}$$

Tabelle 9 informiert über die erhaltenen Ergebnisse.

Wie der t-Test ergibt, besteht zwischen beiden Versuchsarten beim Muschelkalkboden keine, beim Buntsandsteinboden so gut wie keine statistische Sicherung der K-Werte. Die Ergebnisse der Bodenextraktion werden demzufolge durch die Gehalte in der Pflanze sehr gut widergespiegelt.

[6] Der Versuch besitzt nur dann Aussagewert, wenn mit sehr kleinen Sr-Mengen gearbeitet wird und wenn sich das Verhältnis von ^{90}Sr zu Ca im Boden während der Vegetation praktisch nicht ändert. Beide Voraussetzungen waren erfullt. (Einzelheiten vgl. RICHTER, D., 1963, Diss. Univ. Jena.)

Tabelle 9
Prüfung auf Übereinstimmung der K-Werte des Gefäßversuches mit denen der Extraktionsmethode (3 Parallelgefäße)

Methodik	Boden-Nr.	Konstante	$t_{Diff.}$	$t_{0,05}$
Gefäßversuch Extraktion	5	K_V = 0,84 K = 0,97	2,17	2,78
Gefäßversuch Extraktion	2	K_V = 0,89 K = 0,76	4,3	4,3

2.4. Auswaschungsversuche im Freiland

Wenn in den beschriebenen Versuchen gezeigt werden konnte, daß ^{90}Sr in austauschbarem Zustand am Boden sorbiert wird, so hat dies vermutlich eine unterschiedliche Wanderungsgeschwindigkeit in Abhängigkeit von der Bodenzusammensetzung zur Folge. Einerseits dürfte ein Einfluß der Kationenumtauschkapazität des Substrates vorhanden sein; denn bei Annahme wenigstens annähernd gleicher Reaktionsgeschwindigkeiten in den verschiedenen Böden werden in wäßriger Lösung zugeführte $^{90}Sr^{\cdot\cdot}$ zwar überall gleich schnell eingetauscht, aber auf Substraten mit höherer Umtauschkapazität langsamer wieder ausgetauscht, da die Wahrscheinlichkeit des Austausches infolge der Anwesenheit größerer Mengen von austauschbaren Kationen geringer ist. Zum anderen sollte die Kationenkonzentration in der Außenlösung auf die Wanderungsgeschwindigkeit von Einfluß sein.

Um das Zutreffen dieser Voraussagen unter praktischen Bedingungen zu überprüfen, gelangten auf drei verschiedenen Standorten folgende Versuche zur Anlage:

A. Standorte:

1. Grünlandboden auf Röt in Jena, ebene Lage, ohne Horizontgliederung in der untersuchten Bodenzone. Die Wurzelschicht wurde vor Versuchsbeginn 2 cm tief entfernt.
2. Ackerboden bei Stadtroda auf einer pleistozänen Schuttdecke aus Gesteinsmaterial des mittleren Bundsandsteines mit bedeutendem Steinanteil, Hangkuppe, Tiefe des Bearbeitungshorizontes 20 cm, darunter C-Horizont.
3. Boden unter Kiefernwald auf mittlerem Buntsandstein, Ausbildung eines geringmächtigen Podsols (etwa 5 cm Rohhumusauflage und A_1-Horizont, 5 cm A_2- und schwach entwickelter B-Horizont, unter 10 cm C-Horizont), ebene Lage.

B. Versuchsdurchführung: Auf Parzellen ohne Pflanzenbewuchs von 40 × 40 cm wurde eine trägerfreie ^{90}Sr-/^{90}Y-Lösung (etwa 2 μC) gegossen. Außer einer Kontrollparzelle, die nur den atmosphärischen Niederschlägen ausgesetzt war (etwa 180 mm im Versuchszeitraum), kamen 2 weitere Varianten zur Anlage. Die eine erhielt zusätzlich 600 mm „Regen“, die andere außerdem eine $CaCl_2$-Düngung in einer 20 dt/ha CaO entsprechenden Menge nach Zugabe der radioaktiven Lösung. Die Probenahme erfolgte 3 Monate nach der Anlage in verschiedenen Tiefen (s. Tab. 10), wobei keine Rücksicht auf den Profilaufbau genommen wurde. Die Proben wurden mit 5 n HCl, wenn nötig wiederholt, extrahiert zur Bestimmung des ^{90}Sr mit Hilfe des Flüssigkeitszählrohres.

Tabelle 10

Die vertikale Bewegung des ^{90}Sr auf 3 Standorten in Abhängigkeit von Wassergabe und Ca-Düngung (2 Parallelproben, Fehlerangabe wie in Tab. 7)

Nr.	Ausgangs-material	Stand-ort	Ent-nahme-tiefe cm	^{90}Sr/100 g Boden in Relativzahlen oberste Bodenschicht = 100		
				unbehandelt	+600 mm „Regen“	+600mm „Regen“ + $CaCl_2$
1	Röt (Boden Nr. 1)	Jena (Grünland)	0—5	100,0 ± 6,7	100,0 ± 30,0	100,0 ± 35,1
			5—10	3,6 ± 0	13,2 ± 4,0	13,8 ± 2,0
			10—20	0,9 ± 0,2	2,3 ± 1,0	1,1 ±. 0,7
			20—40	0,0 ± 0	0,0 ± 0	0,0 ± 0
2	Buntsandstein (Boden Nr. 3)	Stadtroda (Acker)	0—5	100,0 ± 0,7	100,0 ± 4,1	100,0 ± 7,1
			5—10	22,6 ± 0,7	16,1 ± 2,2	60,5 ± 10,4
			10—20	2,3 ± 0,3	1,3 ± 0,1	27,0 ± 10,4
3	Buntsandstein	Stadtroda (Wald)	0—5	100,0 ± 8,8	100,0 ± 14,1	100,0 ± 23,6
			5—10	5,3 ± 0,7	2,1 ± 0,3	10,0 ± 2,4
			10—20	0,8 ± 1,0	0,9 ± 0	4,3 ± 1,5
			20—40	0,2 ± 0	0,2 ± 0	1,0 ± 0,1

Aus den in Tabelle 10 wiedergegebenen Ergebnissen ist zunächt zu entnehmen, daß ^{90}Sr auf allen 3 Standorten vorwiegend in der obersten 5 cm tiefen Bodenschicht sorbiert worden ist. Auch die zusätzliche Regenmenge vermochte nur wenig ^{90}Sr zu verlagern. Das steht mit den Befunden der Perkolationsversuche in vollem Einklang. Beim Vergleich der Standorte 1 und 2 deutet sich ein Einfluß der Umtauschkapazität auf die Wanderung des ^{90}Sr an. Bei Standort 3 handelt es sich um einen Sandboden, der von einer Rohhumusschicht bedeckt ist. In dieser wird ^{90}Sr offensichtlich festgehalten. Auch hier kann die Wirkung der Umtauschkapazität entscheidend sein. Ferner zeigen die auf allen drei Standorten erhaltenen Ergebnisse, daß besonders auf dem leichten Boden (Standort 2) durch Zugabe von Ca-Ionen ^{90}Sr abwärts gewandert ist. Bei Nr. 1 sind vielleicht durch die zusätzliche Wassergabe Ca-Ionen in Lösung gegangen, so daß durch die Ca-Gabe der Gehalt an austauschbarem Ca nicht wesentlich erhöht wurde.

Die Ergebnisse lassen also einen Einfluß von Umtauschkapazität und Salzgehalt der Bodenlösung erkennen. Wie weit daneben Unterschiede in der Durchflußgeschwindigkeit am Zustandekommen der Resultate beteiligt gewesen sind, ist unklar. Überhaupt muß die Deutung mit Vorsicht erfolgen, da durch ungleichmäßige Lagerung (z. B. Wurzelgänge) leicht die eigentlich vorhandenen Gesetzmäßigkeiten überdeckt werden können und die Zahlen dadurch stark streuen.

3. Diskussion

Die im Hinblick auf das Verhalten von ^{90}Y in der vorliegenden Arbeit erzielten Ergebnisse weisen auf das Auftreten von kolloidalen Aggregaten bei diesem Strahler hin. Das Vorkommen von Radiokolloiden ist übrigens auch bei anderen Elementen nachgewiesen worden. Zum Beispiel fand PANETH [3], daß radioaktive Isotope des Pb und Bi im schwach alkalischen Gebiet nicht durch Ultrafilter diffundieren, und auch bei Protaktinium, Plutonium, Scandium und Cer sollen Kolloide auftreten [3]. Daher ist das anormale Sorptionsverhalten des ^{90}Y, wie es in dieser Arbeit beobachtet werden konnte – fehlende Austauschbarkeit über pH 5 –, nichts Abwegiges. ^{90}Y wird also offenbar sehr fest an die sorbierenden Substanzen gebunden. Da die Kolloidbildung, wie oben dargelegt, bei verschiedenen Elementen vorkommt, könnten die bei ^{90}Y gefundenen Gesetzmäßigkeiten für andere Nuklide ebenfalls gelten. So werden die Ergebnisse von PROCHOROW und Mitarbeiter [19], die eine nur geringe Beweglichkeit von ^{144}Ce gegenüber ^{90}Sr und ^{137}Cs im Boden fanden, u. U. verständlich. Andererseits dürfte aber auch die geringe Aufnehmbarkeit von ^{91}Y und ^{144}Ce [21] mit auf solche Effekte zurückzuführen sein.

Ganz anders als ^{90}Y verhält sich ^{90}Sr bei der Sorption. Es wird, wie die vorliegenden Versuche zeigen, von vielen Substanzen austauschbar gebunden. Unter den hier verwendeten Material- und Versuchsbedingungen und innerhalb der verhältnismäßig kurzen Zeit von der Sr-Verabreichung bis zur Extraktion konnte eine Fixierung in keinem Falle nachgewiesen werden. Wenn also ^{90}Sr bei allen untersuchten Böden vollständig austauschbar war, so sind die in Tabelle 8 angeführten Gleichgewichtskonstanten für den ^{90}Sr-Ca-Austausch nicht etwa wegen einer Fixierung des ^{90}Sr kleiner als 1, sondern offensichtlich aus Gründen, die den unterschiedlichen physikalisch-chemischen Eigenschaften der Sr- und Ca-Ionen zugeschrieben werden müssen. Da in dem Gefäßversuch mit Hafer bei den gleichen Böden dieselben Konstanten wie bei Anwendung der Extraktionsmethode ermittelt werden konnten, hat auch hier während der 4 Monate langen Vegetationszeit sicherlich keine Fixierung stattgefunden.

Das Ausbleiben der ^{90}Sr-Festlegung steht mit den Ergebnissen anderer Autoren (vgl. [27]) im Einklang. Immerhin finden sich aber auch Angaben, die auf das Vorkommen von nicht austauschbarem ^{90}Sr hinweisen [17, 20, 32]. Die eigenen Versuche haben nun gezeigt, daß die restlose Extraktion des ^{90}Sr zuweilen erst durch mehrfach wiederholte Behandlung mit Neutralsalzlösungen möglich ist. Methodische Fragen sind also von großer Bedeutung, so daß ein genauer Vergleich der Ergebnisse auf Schwierigkeiten stößt. Dabei soll die Fixierung durch „Alterung", wie sie von einigen Autoren gefunden wurde [28, 30], keineswegs in Abrede gestellt werden.

Da ^{90}Sr austauschbar und mit ähnlicher Haftfestigkeit wie Ca sorbiert wird, ist es verständlich, daß seine Beweglichkeit im Boden größer als die des ^{90}Y ist. Die Wanderungsgeschwindigkeit hängt demzufolge, wie oben ausgeführt wurde, von der Zusammensetzung des Bodens ab. Diese Tatsache, die in den durchgeführten Freilandversuchen bestätigt werden konnte, liefert vielleicht auch eine Erklärung für die von KLOKE [8] festgestellte unterschiedlich tief reichende Verseuchung der Böden durch ^{90}Sr. Sicher kann man daher nicht grundsätzlich von einer völligen Sorption des Fallout-^{90}Sr durch die oberste Bodenschicht sprechen, wenngleich dies für die meisten Standorte zutreffen wird. Im Hinblick auf

Fragen der Grundwasserverseuchung sollten diese Gesichtspunkte Beachtung finden.

Auch für die ^{90}Sr-Verseuchung der Pflanzen (angegeben in pc ^{90}Sr/g Ca) ergeben sich bei ^{90}Sr-Aufnahme aus dem Boden Schlußfolgerungen. So beeinflußt eine Ca-Düngung das Verhältnis von ^{90}Sr/Ca in der Pflanze nur dann merklich, wenn der betreffende Boden vorher wenig austauschbares Calcium enthalten hat. Anderenfalls reicht die verabfolgte Ca-Menge nicht aus, um das ^{90}Sr/Ca-Verhältnis des Bodens und damit dasjenige in der Pflanze spürbar zu verändern.

Zusammenfassung

Trägerfreie, im radioaktiven Gleichgewicht befindliche Mischungen von $^{90}SrCl_2$ und $^{90}YCl_3$ wurden in Form von Lösungen zu Böden und entsprechenden Modellsubstanzen (Eisenoxydhydrat, $Al(OH)_3$, Quarzsand u. a.) zugesetzt. Aus ihrer Extrahierbarkeit waren Rückschlüsse auf die Bindung beider Nuklide an die Bodenbestandteile möglich. Folgende Ergebnisse sind erzielt worden:

1. ^{90}Sr und ^{90}Y werden von den verschiedensten Böden sowie den geprüften Modellsubstanzen sorbiert und lassen sich durch dest. Wasser im neutralen Reaktionsbereich kaum extrahieren.
2. Sorbiertes ^{90}Y ist nur im sauren Bereich, und zwar bis zu pH 5,0, durch Salzlösungen verdrängbar. Bei höheren pH-Werten liegt es offenbar als „Radiokolloid" an die Träger gebunden vor und läßt sich nicht austauschen.
3. Im Gegensatz zu ^{90}Y war ^{90}Sr bei den durchgeführten Versuchen stets austauschbar. Es ließ sich etwas schwerer durch Kationen verdrängen als Calcium. Haferpflanzen nahmen ^{90}Sr und Ca in dem Verhältnis auf, wie es durch diese Unterschiede in der Austauschbarkeit zu vermuten war.
4. Auswaschungsversuche auf natürlichen Standorten zeigten, daß Eindringtiefe und Auswaschungsgefahr bei ^{90}Sr entsprechend der Art seiner Bindung offenbar von der Umtauschkapazität des Bodens und vom Elektrolytgehalt der Bodenlösung abhängen.

Die Ergebnisse wurden im Hinblick auf die radioaktive Verseuchung diskutiert.

Резюме

Свободные от носителей и находящиеся в радиоактивном равновесии смеси $^{90}SrCl_2$ и $^{90}YCl_3$ вносились в почву и в соответствующие модельные вещества (гидроокись железа, $Al(OH)_3$, кварцевый песок и др.) в виде растворов. Исходя из их способности экстрагироваться можно сделать выводы о присоединении обоих изотопов к составным частям почвы. Были получены следующие результаты:

1. Различные почвы, а также проверявшиеся модельные вещества сорбируют ^{90}Sr и ^{90}Y в пределах нейтральной реакции и почти не экстрагируются дистиллированной водой.
2. Сорбированный ^{90}Y поддается замещению растворами солей, но только в кислой среде с показателем pH до 5,0. При более высоких

показателях pH он, очевидно, находится в связанном с носителем состоянии, в виде „радиоколлоида“, и не поддается замещению.

3. В противоположность ^{90}Y, в проведенных опытах ^{90}Sr всегда поддавался замещению. Стронций замещался катионами несколько труднее, чем кальций. Овсом ^{90}Sr и Ca усваивался в такой пропорции, которая, очевидно, соответствует различиям в замещаемости этих элементов.
4. Проведенные в естественных условиях опыты по вымыванию веществ показали, что глубина проникновения и опасность вымывания ^{90}Sr соответственно формам его связей, по всей вероятности зависит от емкости поглощения почвы и от содержания электролитов в почвенном растворе.

Результаты опытов обсуждались с точки зрения радиоактивного заражения почвы.

Summary

Solutions of carrier-free mixtures of radioactively balanced $^{90}SrCl_2$ and $^{90}YCl_3$ were added to soils and to corresponding model substances (ferric hydroxide, $Al(OH)_3$, quartz sand and others). We were able to draw conclusions about the binding of the two nuclides to soil constituents from their extractability. We obtained the following results:

1. The various soils and the model substances tested absorb ^{90}Sr and ^{90}Y. It is almost impossible to extract them with distilled water in the neutral reaction sphere.
2. Absorbed ^{90}Y can only be displaced by saline solutions in the acid sphere, and here only up to pH 5.0. It is obviously linked to the carrier as a "radio colloid" and cannot be exchanged if the pH value is higher than that.
3. In contrast to ^{90}Y, ^{90}Sr was always exchangeable in our experiments. It was slightly more difficult to displace it with cations than calcium. Oat plants absorbed ^{90}Sr and Ca in the ratio to be expected from these interchangeability differences.
4. Washing out experiments that were performed in natural localities indicated that the depths to which ^{90}Sr penetrates into the soil and the danger of its being washed out obviously depend on the exchange capacity of the soil itself and on the electrolyte content of the soil solution. This corresponds to the nature of its linkage.

The results are discussed in connection with radioactive poisoning.

Literaturverzeichnis

[1] Barbier, G., und L. Duval: Sur l'échange des cations présents en minime proportion. Application a la rétention du strontium et du cesium radioactifs dans le sol. Ann. Agron. 1958, **6**, 695—712

[2] Graham, E. R.: Uptake of waste Sr 90 and Cs 137 by soil and vegetation. S. Sci. 1958, **86**, 91—97

[3] Hecht, F., und M. K. Zacherl: Handbuch der mikrochemischen Methoden. Bd. II. 1955, Wien, Springer Verl.

[4] McHenry, J. R.: Ion-exchange properties of stronium in a calcareous soil. Proc. Soil Sci. Soc. Am. 1958, **22**, 514—515

[5] HERRMANN, R.: Handbuch der landw. Versuchs- und Untersuchungsmethodik (Methodenbuch). 1955, Bd. 1., 3. Aufl., Radebeul und Berlin, Neumann Verl.

[6] HVINDEN, T., and A. LILLEGRAVEN: Caesium-137 in air, precipitation, drinkenwater, milk and beef in Norway during 1959 and 1960. Nature 1961, 190, 402–404

[7] KIEFER, H., und R. MAUSHART: Die Ablagerung von ^{90}Sr auf der Erdoberfläche. Naturwiss. 1959, 46, 102–104

[8] KLOKE, A.: Die Wanderung von ^{90}Sr im Boden. Naturwiss. 1961, 48, 674

[9] KLOKE, A., und F. LUDWIEG: Strontium-90, Caesium-137 und Plutonium-239 in Heuproben von 1953 bis 1961. Naturwiss. 1962, 49, 65–66

[10] KNOOP, E., und D. SCHROEDER: Der ^{90}Sr-Gehalt einiger Böden Schleswig-Holsteins. Naturwiss. 1958, 45, 436–437

[11] KURBATOV, J. D., and M. H. KURBATOV: Isolation of radioactive yttrium and some of its properties in minute concentrations. J. Phys.-Chem. 1942, 46, 441–457

[12] MACHTA, L., and K. TELEGADAS: World-wide fallout to 1962. Atompraxis 1963, 9, 209–213

[13] MARQUARDT, H.: Anstieg der künstlichen Radioaktivität. Zit. in Nat. Rdsch. 1961, 14, 435

[14] MERTENS, D., und O. PRIBILLA: Über den ^{90}Sr-Gehalt menschlicher Knochen in den Jahren 1958 und 1959. Naturwiss. 1960, 47, 503

[15] MICHAEL, G., und G. SCHILLING: Strontium in der höheren Pflanze. I. Die Aufnahme des Strontiums durch Erbsen und Hafer und seine Wirkung auf das Pflanzenwachstum. Z. Pflanzenernähr., Düng., Bodenkde. 1960, 91, 147–158

[16] NEUWIRTH, R.: Beobachtung bei der Niederschlags- und Luftüberwachung in Erlangen-Bruck. Atompraxis 1959, 5, 284–288

[17] NISHITA, H., KOWALEWSKY, B. W., STEEN, A. J., and K. H. LARSON: Fixation and extractability of fission products contaminating various soils and clays. I. ^{90}Sr, ^{91}Y, ^{106}Ru, ^{137}Cs and ^{144}Ce. Soil Sci. 1956, 81, 317–326

[18] POLJAKOW, JU. A.: Opredelenije termodinamitscheskich charakteristik obmennoi adsorbzii ionow kalzija i stronzija w potschwach. Doklady sowetskich potschwowedow K VII meshdunarodnomu kongressu w SSchA, 1960, 100–105

[19] PROCHOROW, W. M., und TSCHAI DJAN-IN: Diffusija Ce^{144} w potschwe. Potschwowedenije 1963, 7, 107–109

[20] Graf v. REICHENBACH, H., und Freiherr G. v. D. BUSSCHE: Untersuchungen über die Strontiumsorption in schleswig-holsteinischen Böden. Z. Pflanzenernähr., Düng., Bodenkde. 1963, 101, 24–33

[21] ROMNEY, E. M., NEEL, J. W., NISHITA, H., OLAFSON, J. H., and K. H. LARSON: Plant uptake of ^{90}Sr, ^{91}Y, ^{106}Ru, ^{137}Cs, ^{144}Ce from soils. Soil Sci. 1957, 83, 369–376

[22] SCHEFFER, F., und F. LUDWIEG: Das Verhalten von ^{90}Sr in Boden und Pflanze und landwirtschaftliche Maßnahmen zur Verminderung der Strontium-90-Verseuchung der Nahrungsmittel. Atompraxis 1958, 4, 416–419

[23] SCHILLING, G.: Die Aufnahme des Strontiums, seine Verteilung und sein Bindungszustand in der Pflanze. Habil.-Schr. Univ. Jena 1960

[24] TITLJANOWA, A. A., und N. A. TIMOFEJEWA: O podwishnosti soedineni kobalta, stronzija i zesija w potschwe. Potschwowedenije 1959, 3, 86–91

[25] SCHROEDER, D., und G. Freiherr v. D. BUSSCHE: Die Konkurrenz von Calcium-, Wasserstoff- und Strontium-Ionen bei der Sorption von aktivem und inaktivem Strontium im Boden. Landwirtsch. Forsch. 1962, 15, 190 und folgende

[26] SCHROEDER, D., Graf v. REICHENBACH, H., und G. Freiherr v. D. BUSSCHE: Zur Frage der pH-Abhängigkeit der Strontiumsorption in Böden. Naturwiss. 1962, 49, 135–136

[27] SCHULZ, R. K., OVERSTREET, R., and K. L. BABCOCK: On the soil chemistry of radio-strontium. Hilgardia 1958, 27, 333–342

[28] SCHULZ, R. K., und H. H. RIEDEL: Effect of aging on fixation of strontium 90 by soils. Soil Sci. 1961, **91**, 262—264

[29] SITTKUS, A., und E. WELTE: Der ^{90}Sr-Gehalt verschiedener Graslandproben im Bundesgebiet in Abhängigkeit vom ^{90}Sr-Gehalt der zugehörigen Böden. Naturwiss. 1959, **46**, 399—400

[30] SQUIRE, H. M.: Changes with time in the availability of strontium-90 in soil. Nature (London) 1960, **188**, 518—519

[31] TADAYOSHI DOKE: Der Strahlenpegel im menschlichen Körper als Folge des Fallout. Wiss. Welt II, 1958/59, 29—32

[32] TENSHO, K., YEH, K., MITSUI, S., Adsorption of radioactive strontium by soil, especially in relation to native calcium. Soil Sci. and Plant Nutr. 1961, **7**, 152—156

[33] TIMOFEJEWA, N. A., und A. A. TITLJANOWA: Sorbzija stronzija 90 potschwami. Iswestija Akademii Nauk SSSR. Serija Biologischeskaja 1959, **24**, 111—117

[34] WELTE, E., und A. SITTKUS: Der ^{90}Sr-Gehalt verschiedener Böden im Bundesgebiet und in West-Berlin. Naturwiss. 1958, **45**, 463—464

[35] ZIMEN, K. E.: Angewandte Radioaktivität. 1952, Berlin-Göttingen-Heidelberg, Springer Verl.

Aus dem Institut fur Acker- und Pflanzenbau
der Universitat Rostock
(Direktor Prof. Dr. rer. nat. habil. M. SEIFFERT)

HEINZ-GÜNTHER BECKER

Zum Nachweis herbizider Triazine in Ackerböden

Eingegangen: 20. 9. 1963

1. Problemstellung

Zur Unkrautbekämpfung in Mais werden in zunehmendem Maße herbizide Triazine, wie W 6658 (6-Chlor-2,4-diäthylamino-1,3,5-triazin) und Wonuk (6-Chlor-2-äthylamino-4-isopropylamino-1,3,5-triazin), mit gutem Erfolg eingesetzt. Im Mittel zahlreicher Versuche und Anbauvergleiche in der Praxis wurden in der DDR Mehrerträge durch den Triazineinsatz von 25–30% erreicht. Die Aufwandmenge betrug in der Vergangenheit bei W 6658 im Mittel 3–4 kg/ha Spritzpulver in 600 l Wasser. Die Applikation erfolgt gleichzeitig oder unmittelbar nach der Bestellung des Maises. Wonuk wird in einer Aufwandmenge von 2 kg/ha bei pre-emergence-Behandlung oder 3 kg/ha bei post-emergence-Behandlung in 600 l Wasser verwendet.

Durch die Anwendung von 4 kg/ha W 6658 kam es besonders nach trockenen Jahren wie 1959 und 1962 wiederholt an den Folgekulturen zu stärkeren Schäden. In dem Bestreben, diese Schäden weitestgehend verhüten zu können, war das Aufsuchen von Möglichkeiten zum Nachweis der wirksamen Triazine eine Notwendigkeit. Können doch durch rechtzeitigen Nachweis herbizid wirksamer Triazine Schäden an Folgekulturen durch Anbau weniger empfindlicher oder resistenter Kulturpflanzen vermieden werden. Nachweismethoden für Triazine sind auch nötig, um über die Wirkungsdauer im Boden, Faktoren des Abbaues, Verbleib in der Pflanze u. a. eine Aussage machen zu können. Ziel unserer Arbeiten war es, eine einfache, handliche und dennoch recht sichere Methode zum Nachweis von Triazinen zu erarbeiten.

2. Nachweismethoden

In der Literatur finden sich Hinweise auf eine Anzahl physikalisch-chemischer und biologischer Nachweismethoden.

2.1. Physikalisch-chemische Methoden

Die von DELLEY (1958) ausgearbeitete Nachweismethode beruht auf folgendem Prinzip: Das Boden- bzw. Pflanzenmaterial wird 24 h mit Chloroform extrahiert. Daran schließt sich eine Reextraktion aus Chloroform bei gleichzeitiger Hydrolyse des Extraktes mit einer 50%igen H_2SO_4 an. Das Kation des Hydrolyseproduktes gestattet im folgenden dann eine uv-spektralphotometrische Bestimmung. Die maximale Absorption bei Simazin liegt bei 240 nm, bei Atrazin und Propazin bei 240,5 nm. Die Identifizierung erfolgt mittels infraroten Lichtes. Die Erfassungsgrenze wird mit 2 γ angegeben (GYSIN und KNÜSLI, 1960).

Diese Methode wurde von VAVILINA (1962) verändert. Sie verkürzt die Extraktionszeit bei pflanzlichem Material auf 3 h. Dafür erfolgt ein zusätzliches Zentrifugieren und Filtrieren der Lösung. Durch die dadurch erreichte Entfernung der Fette soll eine bessere uv-spektralphotometrische Bestimmung erreicht werden. Ob sich diese Abänderung auch für die Untersuchung von Böden empfiehlt, steht offen.

LIVAR und MARČEKOVA (1961) schlagen zur quantitativen Bestimmung des Atrazins eine infrarotspektrophotometrische Analyse vor, während zur qualitativen Bestimmung und zur Reinheitsprüfung die Papierchromatographie empfohlen wird. Auch BATORA (1961) berichtet über die Papierchromatographie als Möglichkeit zum Nachweis von Triazinen.

2.2. Biologische Nachweismethoden

Neben den physikalisch-chemischen Methoden zum Nachweis von herbiziden Triazinen wurden biologische Nachweismethoden entwickelt, die einen weit geringeren apparativen Aufwand verlangen. Diese Nachweismethoden eignen sich jedoch nur zur Untersuchung von Böden auf ihren Gehalt an wirksamen Triazinen.

Die einfachste von GAST (1960) beschriebene Methode zum Nachweis von Triazinen verzichtet auf eine Mengenbestimmung. Aus der Zahl der abgestorbenen Testpflanzen und dem Grad der Schädigung der überlebenden Pflanzen wird auf das Vorhandensein von Simazin geschlossen. Als Testpflanze wurde Senf benutzt.

Diese Methode läßt sich zu einer quantitativen Bestimmung erweitern. Eine bestimmte Menge des zu untersuchenden Bodens wird in einer vorgeschriebenen Weise vorbehandelt und in Gefäßen mit Testpflanzen bepflanzt. Daneben wird triazinfreier Boden gleicher Güte und Herkunft mit einer bestimmten Triazinmenge behandelt, in gleicher Weise mit Testpflanzen bepflanzt und zur Bildung einer Eichkurve herangezogen. Die nach 12–20 Tagen von den Pflanzen gebildete ober- und unterirdische Trockenmasse dient zur Bestimmung der Restmenge wirksamer Triazine im Boden, wobei man sich zweckmäßigerweise der grafischen Lösungsmethode bedient. Die Genauigkeit wird im Konzentrationsbereich von 0,2 bis 1,0 ppm als gut bezeichnet. Außerhalb dieses Bereiches wurden größere Differenzen gegenüber anderen Nachweismethoden festgestellt. VAN DER ZWEEP (1958) konnte in Sandböden noch 0,05 mg Simazin/kg Boden nachweisen, in den übrigen Böden war die Erfassungsgrenze 0,2 mg/kg Boden. Als Testpflanzen werden genannt: Gerste, Roggen, Hafer u. a. (Anonym, 1960).

Der von polnischen Forschern versuchte Weg, über eine Bestimmung der freien Aminosäuren auf den Gehalt an Triazinen im Boden schließen zu können, führte zu keinem positiven Ergebnis. Es wurde jedoch nachgewiesen, daß die Menge von Glutaminsäure und Glutaminen in den Wurzeln und Asparaginsäure, Glutaminen und Asparaginen in den Oberteilen der getesteten Haferpflanzen als Indices zur Bestimmung der aktiven Simazin-Restmengen im Boden herangezogen werden können (SWIENTOCHOWSKI und MIKLASZEWSKI, 1962).

Als letztes sei noch der Algentest angeführt. Die Durchführung erfolgt in der Weise, daß in wäßrigen Bodenauszügen das Wachstum der Algen und deren Chlorphyllgehalt colorimetrisch bestimmt wird. Das unterschiedliche Wachstum der Algen beruht im allgemeinen auf unterschiedlichen Herbizidkonzentrationen (BALIKA und BILODUB, 1962). Die Genauigkeit soll ausreichen, die Empfindlichkeit gut sein. Die Handhabung des Testes ist einfach (mündliche Information anläßlich einer Exkursion in die VR Polen 1963).

3. Eigene Untersuchungen zu biologischen Nachweismethoden

Die von uns durchgeführten Arbeiten hatten zum Ziel, festzustellen, welche der empfindlichen Kulturpflanzen als Testpflanze zum Triazinnachweis geeignet sind und für eine einfache, leicht zu handhabende Nachweismethode Verwendung finden können.

3.1. Prüfung verschiedener Pflanzen auf die Eignung als Testpflanze

Bei der Auswahl der Testpflanzen wurde von den Forderungen, die an eine Testpflanze gestellt werden müssen, ausgegangen. Zu diesen Forderungen gehören:

3.1.1. Empfindlichkeit gegenüber Triazinen,

3.1.2. rasches und gleichmäßiges Wachstum der Testpflanze

3.1.3. weitgehende Unabhängigkeit des Wachstums der Pflanze vom Kulturzustand des zu prüfenden Bodens,

3.1.4. möglichst kleinsamige Kulturen, damit etwa 5 Pflanzen in 200 g Boden genügend Lebensraum haben.

Es wurden nicht alle empfindlichen Kulturpflanzenarten, die diese Bedingungen erfüllen, geprüft. 1963 wurden folgende Kulturen auf ihre Empfindlichkeit gegenüber W 6658 untersucht: Winterweizen, Winterroggen, Hafer, Sommergerste, Salat, Gartenkresse und Senf. Die Empfindlichkeit gegenüber Atrazin wurde untersucht an Winterweizen, Winterroggen, Hafer, Salat, Gartenkresse und Senf. Die angewendeten Konzentrationen waren (in aktiver Substanz):

1 = unbehandelt
2 = 0,2 ppm W 6658 bzw. Atrazin
3 = 0,4 ppm ,,
4 = 0,8 ppm ,,
5 = 1,6 ppm ,,

200 g lufttrockner Boden wurden in 400-ml-Bechergläser gefüllt. Nach dem Anfeuchten und der Behandlung mit den Triazinen wurde der Boden gut durchmischt und gelockert und 8–10 angekeimte Samen der zu prüfenden Kulturen je Becherglas ausgesät. 4–5 Tage nach der Aussaat erfolgte ein Vereinzeln auf jeweils 5 gleichmäßig entwickelte Pflanzen je Gefäß. Senf, Gartenkresse und Salat wurden am 12. Tag, die Getreidearten am 21. Tag nach der Aussaat geerntet und das Grün- und Trockengewicht der oberirdischen Teile festgestellt. Die Unter-

Tabelle 1

Einfluß von W 6658 auf die Trockenmassebildung bei verschiedenen Kulturpflanzen
(unbehandelt = 100; in Klammer = Trockenmasse/Gefäß in mg von unbehandelt)

Variante	1	2	3	4	5
Winterweizen	100 (127,6)	98,9	87,7	70,8	69,0
Winterroggen	100 (105,0)	84,7	78,9	70,1	60,0
Hafer	100 (85,4)	78,1	58,9	51,5	52,5
Sommergerste	100 (106,8)	76,6	62,3	59,4	56,6
Salat	100 (10,2)	57,8	53,9	50,0	47,1
Gartenkresse	100 (22,3)	42,6	37,7	33,2	35,9
Senf	100 (71,0)	80,4	50,8	37,6	42,5

suchung erfolgte in 4facher Wiederholung. Die mit W 6658 gewonnenen Ergebnisse sind in Tabelle 1 dargestellt.
Aus den Zahlen der Tabelle 1 und der Abbildung 1, in der die Abnahme der geernteten Trockenmasse wiedergegeben ist, geht hervor, daß von den geprüften Kulturpflanzen die Gartenkresse am empfindlichsten reagiert. Bei 0,2 ppm wird die Trockenmassebildung bereits um über 50 % vermindert. Die Grenze für genaue Ermittlungen der Restmengen scheint 0,5 bis 0,8 ppm zu sein. Salat ist ebenfalls sehr empfindlich, sollte jedoch wegen des zu geringen Erntegewichtes je Gefäß und der damit verbundenen Fehlerquellen nicht als Testpflanze Verwendung finden. Senf, Hafer und Sommergerste scheinen gut als Testpflanzen geeignet. Diese Pflanzen reagieren nicht so heftig, können daher auch zum Nachweis von Restmengen bis 1,0 ppm verwendet werden.

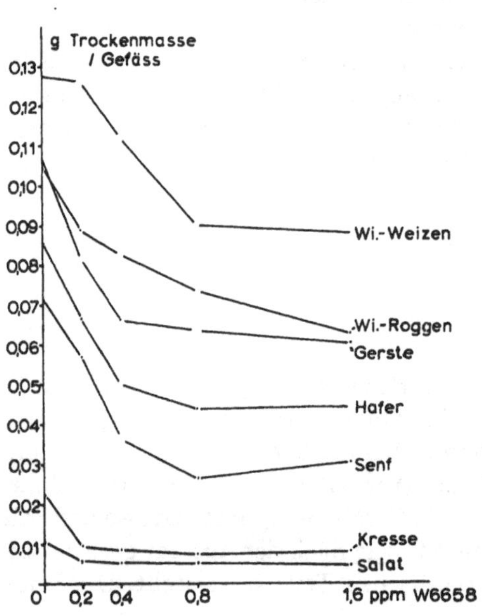

Abb. 1: Gebildete Trockenmasse in Abhängigkeit von verschieden hohen W-6658-Gaben

Tabelle 2
Einfluß von Atrazin auf die Trockenmassebildung bei verschiedenen Kulturpflanzen
(unbehandelt = 100; in Klammer = Tockenmasse/Gefäß in mg von unbehandelt)

Variante	1	2	3	4	5
Winterweizen	100 (129,6)	93,8	84,9	76,7	62,7
Winterroggen	100 (137,8)	77,9	69,4	57,0	49,0
Hafer	100 (106,9)	74,8	47,6	43,5	42,2
Salat	100 (7,6)	56,6	47,4	38,2	36,8
Gartenkresse	100 (21,6)	56,9	52,8	49,1	47,7
Senf	100 (60,7)	82,4	65,4	47,0	42,8

Der Winterweizen ist als Testpflanze für W 6658 nach diesen Untersuchungen wenig geeignet, da geringe Konzentrationen von 0,2 ppm nicht nachgewiesen werden und die Konzentrationen 0,8 und 1,6 ppm den gleichen Rückgang bei der gebildeten Trockenmasse von 30% erzeugten.
Der Winterroggen kann als Testpflanze benutzt werden, es ist jedoch zu bemerken, daß beim Winterroggen und Winterweizen nach 21 Tagen Versuchsdauer noch keine eindeutige Symptomausbildung der W-6658-Schädigung vorhanden war. Da der Nachweis kurzfristig erfolgen soll, scheinen die letztgenannten Getreidearten nur bedingt als Testpflanze geeignet.
Ein Nachweis des W 6658 bis 1,0 ppm reicht für praktische Verhältnisse völlig aus, da Konzentrationen dieser Größenordnung und darüber alle empfindlichen Kulturpflanzen stark schädigen bzw. völlig zum Absterben bringen. Die gleichen

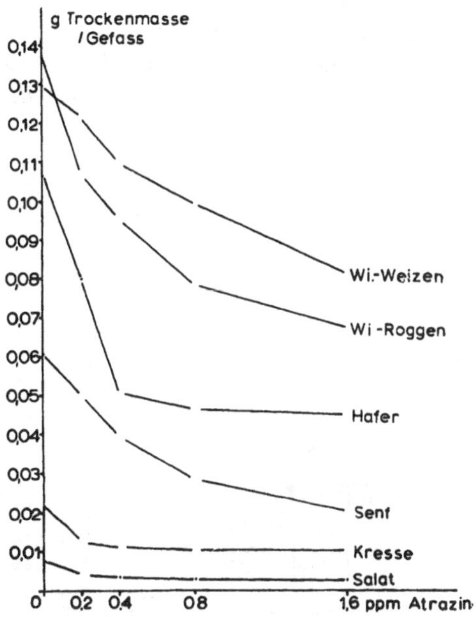

Abb. 2: Gebildete Trockenmasse in Abhängigkeit von verschieden hohen Atrazin-Gaben

Untersuchungen, wie sie mit W 6658 durchgeführt wurden, sind auch für Atrazin vorgenommen worden. Die an den genannten Kulturpflanzen erzielten Ergebnisse sind in der Tabelle 2 und Abbildung 2 wiedergegeben.

Salat und Gartenkresse reagieren auch auf Atrazin am stärksten. Die Gartenkresse scheint geeignet zum Nachweis von Konzentrationen von 0,5 bis 0,8 ppm. Salat sollte wegen der geringen Substanzbildung auch für den Atrazinnachweis nicht verwendet werden. Hafer und Senf eignen sich gut zum Nachweis von Atrazin bis etwa 1 ppm. Winterweizen und Winterroggen sind eventuell geeignet, um noch höhere Konzentrationen als 1 ppm Atrazin nachzuweisen. Auf Grund dieser Untersuchungen kann empfohlen werden, den Nachweis der Triazine W 6658 und Atrazin mittels Testpflanzen mit Senf und Hafer für den Konzentrationsbereich von 0,2 bis etwa 1 ppm vorzunehmen. Für Untersuchungen von 0,1 bis 0,5 ppm ist die empfindlichere Gartenkresse gut geeignet. Eine Bestimmung von Konzentrationen von über 1 ppm Atrazin kann eventuell mit Winterroggen oder Winterweizen erfolgen.

3.2 Erste Untersuchungsergebnisse mit der entwickelten Testmethode

Die Testmethode lehnt sich an eine in Holland entwickelte Methode an. Im Laufe des Jahres wurden wiederholt Bodenproben gezogen. Daran schloß sich die Aufbereitung mit den Arbeitsgängen: Trocknen (lufttrocken), Sieben (1 mm), Einwaage von 200 g Boden in Bechergläser (400 ml), Anfeuchten mit 25–30 ml Wasser und Behandeln der Kontrollserien mit bestimmten Triazinmengen.

Nachdem die Proben soweit vorbereitet waren, erfolgte eine Lockerung und intensive Durchmischung des Bodens in den Gefäßen. In diesen gelockerten Boden wurden je Gefäß 8–10 angekeimte Gartenkressesamen gesetzt, die 4–5 Tage später auf 5 Pflanzen reduziert wurden (wichtig ist die Gleichmäßigkeit der verbleibenden Pflanzen). Am 12. Tag erfolgte die „Ernte"; Grünmasse und Trockenmasse wurden bestimmt und auf graphischem Wege die aktiven Restmengen bestimmt. Unsere Untersuchungen zeigten, wie in Abbildung 3 auszugsweise wieder-

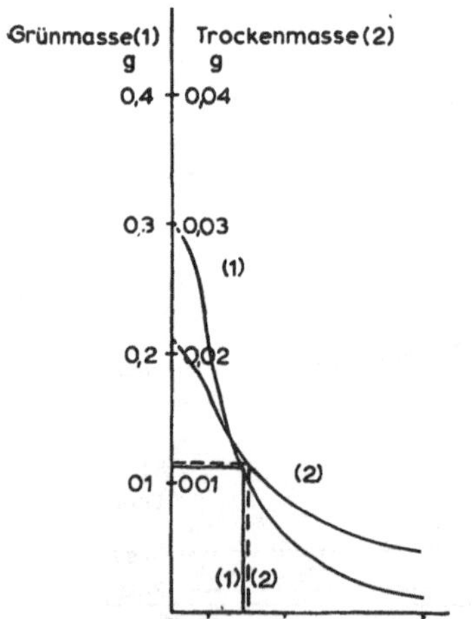

Abb. 3: Die graphische Lösungsmethode zur Bestimmung von W 6658 bzw. Atrazin in Ackerböden. Vergleich zwischen der Bestimmung über Grünmasse und über Trockenmasse

gegeben, daß die Bestimmung der aktiven Restmengen über die gebildete oberirdische Grünmasse eine ähnlich gute Aussage gestattet wie die von den holländischen Autoren geforderte Bestimmung über die ober- und unterirdisch gebildete Trockenmasse. Wegen der erheblichen Arbeitsvereinfachung halten wir die Berechnung über gebildete oberirdische Grünmasse für ausreichend, jedoch muß die Ernte der Testpflanzen erfolgen, bevor einzelne von ihnen absterben.

Mit dieser Methode wurde ein Boden, der 10 Jahre unterschiedlich gedüngt war (a = ohne Düngung, b = mineralische Düngung, c = organische und mineralische Düngung) 1962 auf den Gehalt an W 6658 und Atrazin untersucht.

Der 1962 bestellte Mais war 5 Tage nach der Aussaat mit 4 kg/ha W-6658- bzw. Atrazin-Spritzpulver behandelt worden.

Die unterschiedliche Düngung führte im Laufe der Versuchsdurchführung zu folgenden durchschnittlichen Gehalten bei C, N, K_2O und P_2O_5 (mg/100 g absolut trockner Boden) und pH-Werten im Boden:

	C	N	P_2O_5*	K_2O*	$PH_{(KCl)}$
a	650,3	70,7	11,8	3,9	5,72
b	675,8	72,3	12,0	4,4	5,78
c	734,7	77,1	14,6	7,7	5,87

* nach EGNER-RIEHM

Im Laufe des Jahres wurde der Boden 3mal auf Triazine untersucht. Die Ergebnisse der Untersuchungen geben Tabelle 3 für W 6658 und Tabelle 4 für Atrazin wieder.

Tabelle 3

Gehalt des Bodens an W 6658, 1962 (in ppm) — über Trockenmasse bestimmt

Bodenschicht		Probenahme am:		
		13. 7.	3. u. 4. 9.	8. u. 10. 10.
Boden a	0— 5 cm	> 2	0,2	0,0
	5—10 ,,	> 2	0,3	0,0
	10—15 ,,	0,1	0,0	0,0
Boden b	0— 5 ,,	> 2	0,7	0,0
	5—10 ,,	> 2	0,7	0,0
	10—15 ,,	0,2	0,0	0,0
Boden c	0— 5 ,,	> 2	0,85	0,0
	5—10 ,,	> 2	0,55	< 0,1
	10—15 ,,	0,2	0,0	0,0

Nach der Behandlung Anfang Mai waren bis Mitte Juni in den obersten Bodenschichten bis 10 cm noch über 2 ppm W 6658 vorhanden. In der Schicht 10—15 cm Krumentiefe waren nur 0,1 bis 0,2 ppm nachweisbar. Es wird dadurch bestätigt, daß Simazin und W 6658 besonders in den oberen Zentimetern der Krume ver-

bleiben. Obwohl seit der Applikation etwa 200 mm Niederschlag gefallen waren, konnte kein Einwaschen in tiefere Bodenschichten festgestellt werden.
Die zweite Untersuchung Anfang September zeigt auf den gedüngten Böden eine höhere W-6658-Konzentration als auf den ungedüngten Böden. Ob diese Differenzen im Abbau auf die unterschiedliche Düngung zurückzuführen sind, kann auf Grund der geringen Zahl von Untersuchungen nicht beantwortet werden. Bis zur 3. Untersuchung (Probenahme am 8. u. 10. 10.) war alles von der Kresse noch nachweisbare W 6658 abgebaut. Von der Behandlung bis zum 8. Oktober fielen 390 mm Niederschlag. Der Abbau war in diesem Zeitraum von 5 Monaten bei allen Varianten bis auf nicht mehr nachweisbare W-6658-Mengen fortgeschritten.

Tabelle 4
Gehalt des Bodens an Atrazin, 1962 (in ppm) – über Trockenmasse bestimmt –

Bodenschicht		Probenahme am: 24.–26. 7.	26.–28. 9.	15.–17. 10.
Boden a	0– 5 cm	0,8	0,1	0,0
	5–10 ,,	1,4	0,2	0,0
	10–15 ,,	0,2	0,1	0,0
Boden b	0– 5 ,,	0,3	0,2	0,0
	5–10 ,,	2,0	0,2	0,0
	10–15 ,,	0,1	0,0	0,0
Boden c	0– 5 ,,	2,0	0,3	0,0
	5–10 ,,	1,0	0,2	0,0
	10–15 ,,	0,1	0,0	0,0

Das Atrazin dringt trotz seiner besseren Löslichkeit ebenso wie das W 6658 nur in Spuren in Krumentiefen von über 10 cm vor. Dabei scheint der Abbau beim Atrazin etwas schneller zu gehen als beim W 6658. Beim Atrazin lagen bei der 1. Probenahme die Mengen weitgehend im Bestimmungsbereich. Die gefundene Konzentration in der Schicht von 0–10 cm ist schwankend, die Gesamtmenge an Atrazin ist außer im Boden c bei den übrigen Varianten etwa gleich. Es muß beim Vergleich mit W 6658 aber berücksichtigt werden, daß die Proben 2 Wochen später gezogen wurden.
Der Boden der 2. Probenahme zeigte nur Spuren von 0,1 bis 0,3 ppm, die vorwiegend in den Schichten bis 10 cm nachgewiesen wurden.
Der Boden der 3. Probenahme zeigte keine wirksamen Rückstände von Atrazin. Demzufolge sind die im Mai 1962 applizierten 4 kg/ha Atrazin nach 5 Monaten bis auf nicht mehr durch Gartenkresse nachweisbare Mengen abgebaut worden.

4. Diskussion

Der Nachweis der Triazine W 6658 und Wonuk ist auf physikalisch-chemischem und biologischem Wege möglich. Die physikalisch-chemischen Methoden gestatten zweifellos die quantitativ exakte Bestimmung mit dem Vorteil eines weiteren Untersuchungsbereiches.

Da sie einen erheblichen Aufwand an Apparaturen und ausgebildeten Kräften erfordern, bleibt ihre Anwendung größeren Instituten vorbehalten. Für die dringend notwendigen Grundlagenforschungen über die Sorptions-, Abbau- und Verlagerungsprozesse der Triazine im Boden verdienen sie den Vorzug.
Vergleichsuntersuchungen mit der physikalisch-chemischen und Nachweismethode über Testpflanzen bestätigen, daß innerhalb der für die Belange des praktischen Pflanzenbaues bedeutungsvollen Konzentration zwischen 0,2 und 1,0 ppm recht gute Übereinstimmung zwischen beiden Methoden besteht.
Für den Pflanzentest spricht auch, daß unter bestimmten Bedingungen durch physikalisch-chemische Methoden Triazinmengen nachgewiesen werden, ohne daß Testpflanzen Schäden zeigen. Verschiedene Beobachtungen deuten darauf hin, daß Triazine in pflanzenunwirksamer Form im Boden festgelegt werden können, die zwar von den erstgenannten Methoden nachgewiesen werden können, für den praktischen Pflanzenbau aber ohne Bedeutung zu sein scheinen.
Um der Praxis eine Orientierung über die Anbaumöglichkeit bestimmter Kulturpflanzen auf mit Triazinen behandelten Böden zu geben, erscheinen die über den Pflanzentest einfach zu erzielenden Ergebnisse zweckmäßiger und in ihrer Genauigkeit ausreichend.
Die in den wenigen bisher durchgeführten Untersuchungen gewonnenen Ergebnisse über die Geschwindigkeit des Abbaues decken sich in Grundsätzen mit den in der Literatur niedergelegten Befunden. NEURURER (1962) gibt als Karenzzeit für

3 kg Atrazin	5–7 Monate,
10 kg Atrazin	15 Monate,
4 kg Simazin	5–7 Monate,
10 kg Simazin	15 Monate an.

BURSCHEL [1961] berichtet, daß der Abbau der Triazine wie eine Reaktion I. Ordnung verläuft und relativ gleiche Mengen innerhalb einer Zeiteinheit abgebaut werden.
Im folgenden soll ein Vorschlag unterbreitet werden, wie mit einfachen Mitteln die Bestimmung des Gehaltes an W 6658 und Wonuk in Ackerböden mittels Testpflanzen vorgenommen werden kann.

5. Vorschlag zur Bestimmung des Gehaltes an W 6658 und Wonuk in Ackerböden

5.1. Probenahme

Auf dem zu untersuchenden Feldstück wird eine Mischprobe von 2—2,5 kg Frischerde durch eine größere Zahl von Einstichen bei gleichmäßiger Verteilung gezogen. Bei nicht gepflügten Äckern beschränkt sich die Probenahme auf die Schicht von 0—10 cm, auf gepflügten auf die gesamte Pflugtiefe. Vorgewende sind bei der Probenahme auszuschalten bzw. getrennt zu untersuchen, da hier eine doppelte bis dreifache Konzentration vorliegen kann.

5.2. Behandlung der Bodenprobe

Die Mischprobe wird lufttrocken gemacht und dann durch ein 1-mm-Sieb passiert. Für Tonböden genügt ein 2-mm-Sieb. Organisches Material ist zu zerkleinern und dem gesiebten Boden wieder beizumischen. Bodenproben sind, sofern keine sofortige Untersuchung erfolgt, kühl aufzubewahren, eine längere Aufbewahrung ist nicht zu empfehlen.

5.3. Ansetzen der Kulturgefäße

Als Kulturgefäße eignen sich 400-ml-Bechergläser oder ähnliche nicht poröse Gefäße (ohne Abfluß). Von der gut gemischten Bodenprobe (gleicher Wassergehalt des Bodens) werden 6 Gefäße mit je 200 g lufttrockenem Boden gefüllt und mit 30 ml Wasser befeuchtet. Während des Versuchsablaufes werden die Gefäße auf mittlere Feuchtigkeit nachgegossen.

5.4. Testpflanze

Zur Testung dient Hafer oder Senf. Körner gleicher Sortierung werden 24 Stunden vor Ansetzen der Bodenprobe bei Temperaturen zwischen 20 und 25 °C vorgekeimt. Jedes Gefäß wird mit 8 gekeimten Körnern besetzt. Nach 4–5 Tagen wird auf 5 Pflanzen vereinzelt. Die Pflanzen stehen in Räumen mit Temperaturen um 18–20 °C und verlangen eine gute Belichtung. Je günstiger die Belichtung, um so günstiger die Symptomausbildung.

5.5. Testserie

Die Messung des Wirkstoffgehaltes erfolgt indirekt im Vergleich mit einem nicht behandelten Boden, dem kontrollierte Mengen einer Wirkstofflösung zugesetzt sind. Einem unbehandelten Ackerboden ähnlicher Bonität werden 5 kg Boden entnommen und wie unter 5.2 erwähnt behandelt. Zur Herstellung einer Testreihe wird eine Stammlösung hergestellt, indem 200 mg W 6658 in 1 l Wasser gelöst werden (24 Stunden vorher ansetzen und mehrmals umschütteln).

Es wird folgende Testreihe angesetzt:

a) 0
b) 0,2 ppm = 0,4 ml Stammlösung pro Gefäß
c) 0,5 ppm = 1,0 ml ,, ,, ,,
d) 1,0 ppm = 2,0 ml ,, ,, ,,

Jede Variante wird mit 4 Wiederholungen angesetzt (16 Gefäße).

5.6. Auswertung

Nach 12–15 Tagen, bei Sichtbarwerden der Schadsymptome (Vergilben, Nekrosen) wird der Versuch abgeerntet. Das Absterben einzelner Pflanzen darf nicht abgewartet werden. Die Pflanzen werden mit einer Schere an der Bodenoberfläche abgeschnitten und ihr Frischgewicht bestimmt.

Aus dem Gewicht der in der Testreihe gewachsenen Pflanzen wird eine Eichkurve gebildet. Die auf den zu untersuchenden Böden gebildeten Grünmassen lassen durch Vergleich mit der Eichkurve auf den Wirkstoffgehalt schließen.

5.7. Deutung der Ergebnisse

Wirkstoffkonzentrationen von 0,2 ppm liegen an der Nachweisgrenze und geben nur schwache Reaktionen. Für den Anbau landwirtschaftlicher Kulturen können nach der ermittelten Konzentration folgende Empfehlungen gegeben werden (weitere Testungen zur Erhärtung der Ergebnisse unbedingt notwendig):

bis 0,2 ppm unbedenklich für alle Kulturen
bis 0,5 ppm bedenklich für Rüben, kleinsamige Leguminosen und Feinsämereien
bis 1,0 ppm außer Mais nur noch großkörnige Leguminosen und Kartoffeln möglich, evtl. auch hier leichte Schäden
über 1,0 ppm nur Mais möglich

Zusammenfassung

1. Es wird ein Überblick über die zum Nachweis von herbiziden Triazinen im Boden gebräuchlichen physikalisch-chemischen und biologischen Nachweismethoden gegeben. Die wesentlich einfach zu handhabenden biologischen Verfahren gestatten in dem mittleren, für den Anbau von Kulturpflanzen wichtigsten Konzentrationsbereich Aussagen von hinreichender Genauigkeit.
2. Von den geprüften Testpflanzen eignen sich Hafer, Senf und Gartenkresse gut für den für praktische Belange bedeutungsvollen Bereich von 0,2–1,0 ppm. Für über 1,0 ppm hinausgehende Konzentrationen von Atrazin eignen sich auch Winterroggen und Winterweizen als Testpflanzen. Salat ist wegen seiner geringen Massenbildung wenig geeignet.
3. In Anlehnung an eine holländische Untersuchungsmethode wird ein Verfahren entwickelt, welches durch die Beschränkung auf die Bestimmung der von Testpflanzen gebildeten Grünmasse eine einfache und wenig aufwendige Bestimmung gestattet.
4. Mit Hilfe dieses Verfahrens wird der Abbau von W 6658 und Wonuk in verschiedenen Tiefen eines 1962 behandelten unterschiedlich gedüngten Bodens durch wiederholte Untersuchungen verfolgt.
5. Abschließend wird die Untersuchungsmethodik ausführlich erläutert.

Резюме

1. Дается обзор о физико-химических и биологических методах, используемых для обнаруживания гербицидных триазинов в почве. Простые, в основном, биологические методы позволяют достаточно точно определять средние концентрации, самые важные для выращивания культурных растений.
2. Среди испытанных опытных растений овес, горчица и огородный перечник — самые пригодные для диапазона 0,2 ррм, имеющего значениедля практики. Для концентраций атразина выше 1,0 ррм, как опытные расрения пригодны также озимая рожь и озимая пшеница. Салат непригоден, потому что образует недостаточную массу.
3. На основе голландского метода исследования разрабатывается способ, который, ограничиваясь определением образованной опытными растениями зеленой массы, делает определение триазинов простым и малотрудоемким.
4. С помощью этого метода проводятся повторные наблюдения за разложением W 6658 и вонук на различной глубине. Средства были использованы в 1962 году на различно удобренных почвах.
5. В заключение дается точное описание методики исследования.

Summary

1. The paper lists the physico-chemical and biological methods used to prove the presence of herbicide triazines in arable soil. Biological processes which are generally easy to put into effect permit sufficiently accurate statements on the

middle sphere of concentration, i. e., the most important one for the cultivation of crops.

2. Various test plants were themselves tested and the fact proved that oats, mustard, and garden cress are well suited for tests applied to the 0.2–1.0 ppm range. This section is important for practical farming. Winter rye and winter wheat can be used to test Atrazin concentrations exceeding 1.0 ppm. Lettuce is not suitable because it produces little bulk.

3. A process has been developed which derives from a Dutch investigatory method and allows for simple and inexpensive determination since it is restricted to determining the green mass produced by the test plants.

4. The decomposition of W **6658** and Wonuk is followed up with the help of this process, employed in repeated investigations, at various depths of a soil that was treated with varying quantities of fertilizers in **1962**.

5. The paper closes with a detailed explanation of the methodology of the investigation.

Literaturverzeichnis

Anonym: Die biologische Bestimmung von Herbizidrückständen im Boden. Von der Firma Geigy AG, Basel, unter 72/HAE/ct. 22. 2. 1960 vervielfältigt

BALIKA, N., und H. BILODUB: Untersuchungen über die Auswahl eines Algentestes zwecks Bezeichnung der Herbizidaktivität. Vortrag auf dem Herbizid-Symposium in Wroclaw, 28.—31. 5. 1962 (IfD Dok.-Dienst)

BATORA, V.: Papierchromatographie und ihre Anwendung in der Forschung und Analyse von Pflanzenschutzmitteln. Vortrag auf der wiss. Tagung Sekt. Chemie im RGW, Sofia, Mai/Juni 1961 (IfD Dok.-Dienst)

BURSCHEL, P.: Untersuchungen über das Verhalten von Simazin im Boden. Weed Res. 1961, **1**, 131—141

DELLEY, R.: Bestimmung von geringen Mengen Simazin. Analytische Laboratorien J. R. Geigy AG, Basel, AF 169/58/18

GAST, A.: Neuere Erfahrungen mit Simazin im Rebbau. Schweiz. Z. Obst- u. Weinbau 1960, **69**, 203—210

GYSIN und KNÜSLI: Chemistry and herbicidial properties of triazine derivate. Advances in pest control res. 1960, **3**, 289—358

LIVAR, M., und V. MARCEKOVA: Infrarotspektrophotometrische Analyse von 2-Chlor-4-äthylamino-6-isoprophylamino s-triazin. Sbornik prac. vysk. ust. agrochem. technol. Bratislava 1961, **2**, 67—81

NEURURER, H.: Die Kenntnis der Auswirkung von Herbiziden im Boden (1. Mitt.). Pflanzenschutzber. 1962, XXVIII, H. 10/12, 145—180, Wien

SWIENTOCHOWSKI und MIKŁASZEWSKI: Freie Aminosäuren im Boden und Haferjungpflanzen als Indices des nicht zerlegten Simazins im Boden. Vortrag auf dem Herbizid-Symposium in Wrocław, 28.—31. 5. 1962, (IfD.-Dok.-Dienst)

VAN DER ZWEEP, W.: Der Nachweis von Simazin im Ackerboden. Meded. Landb. Hogeschoole Gent 1958, **23**, 1000—1009

VAVILINA: Methode zur Bestimmung restlicher Simazinmengen in Maiskörnern. Vopr. Pit., Moskva 1962, **21**, H. 4, 60—63

Aus dem Institut fur Bodenkunde und Pflanzenernahrung
der Humboldt-Universitat zu Berlin
(Direktor: Prof. Dr. agr. habil. E. Plachy)

Werner Hähnel

Eine Fluoreszenzmethode zur Erfassung von Mikroorganismen des Bodens

Eingegangen: 30. 9. 1963

„. . . le rôle des infiniments petits m' apparaissait infiniment grand"

Pasteur

In unseren Böden leben Millionen kleinste, sich in kürzester Zeit immer wieder erneuernde Lebewesen, die für die Erhaltung der Leistungsfähigkeit unserer landwirtschaftlichen Nutzflächen eine sehr wichtige Rolle spielen. Ihrer Tätigkeit ist es zu verdanken, daß der Stoffkreislauf zwischen der anorganischen und organischen Materie in ungestörtem gleichmäßigen Rhythmus jahraus jahrein aufrechterhalten bleibt.

Diesem Prozeß unterliegen auch die ständig absterbenden Mikroorganismen. Ihr relativ hoher Phosphorgehalt und ihre Stoffwechselprodukte sind als Nährstoffe für die landwirtschaftlichen Kulturpflanzen besonders wertvoll.

Es ist bekannt, daß enge Zusammenhänge zwischen der Ertragsfähigkeit und den im Boden sich abspielenden biologischen Vorgängen bestehen. Die in den letzten Jahren entwickelten Methoden zur Messung der biologischen Leistungsfähigkeit eines Bodens unterstreichen die Tatsache, daß jetzt neben den Problemen der Bodenphysik und Bodenchemie die bodenbiologischen Fragen in den Vordergrund des wissenschaftlichen Interesses gerückt sind. Die quantitative Ermittlung der verschiedenen für die bodenbiologischen Vorgänge wichtigen Kleinlebewesen ergibt aber noch recht ungenaue Ergebnisse. Neben den Schwierigkeiten einer möglichst sauberen Trennung aller zu zählenden Mikroorganismen wird die Aufgabe methodisch noch dadurch erschwert, daß im Boden eine kaum zu bestimmende Anzahl verschiedener Mikroorganismen scheinbar wahllos in engster Gemeinschaft vorkommt.

Alle diese Organismen stehen aber in engsten Beziehungen zueinander bezüglich des Auf- und Abbaues organischer Substanzen. Die Zusammensetzung und die Zahl der Mikroorganismen geben ein Spiegelbild klimatischer und ackerbaulicher Faktoren. Bis zu einem gewissen Grade sind sie ein Anhaltspunkt zur Beurteilung der Leistungsfähigkeit eines in landwirtschaftlicher Nutzung befindlichen Bodens.

Die Aufdeckung der vielen noch immer ungelösten Zusammenhänge zwischen der Welt der Mikroorganismen und der Leistungs- und Ertragsfähigkeit des Bodens ist ein äußerst wichtiges Problem aller ackerbaulich und bodenkundlich interessierten Kreise.

Zur genauen Erfassung der Mikroorganismen ist das gute Zusammenwirken verschiedener Faktoren erforderlich. Während das optische Problem als gelöst gelten kann, sind die Fragen der Färbung der Bodensuspensionen und der Trennung der Mikroorganismen von den Bodenteilchen noch als ungelöste Probleme zu betrachten.

Ziel dieser Arbeit war es, eine geeignete Keimzählmethode auszuarbeiten, die Vorteile des direkten Verfahrens mit einem genauen Bezugsverhältnis zur Gewichtseinheit Boden vereinigt, wie es beim Plattenverfahren der Fall ist.

Da fast alle basischen Anilinfarben bei geringem Verdünnungsverhältnis nicht nur die Bakterien, sondern auch die Bodenteilchen färben, entschlossen wir uns, die Fluoreszenzmethode nach STRUGGER [11] als Grundlage für unsere Arbeiten zu nehmen.

Die Beurteilung der zahlreichen Vorversuche ergab dabei drei wichtige Fragenkomplexe.

Bei Bearbeitung dieser Fragen glaubten wir, die Fluoreszenzmethode nach STRUGGER für bodenkundliche Belange, speziell für quantitative Bestimmungen, besonders geeignet zu machen, um so vielleicht weniger geeignete aber heute noch angewendete Verfahren zu ersetzen.

Als die drei wichtigsten zu untersuchenden Fragenkomplexe wurden erkannt:

1. Umbau der Zählkämmer nach THOMA in eine Kammer mit Fluoreszenzumrandung und der Tiefe von 0,01 mm.
2. Auflösung der Bodenkrümel zum Zwecke der Freilegung und Zählung der in den Krümeln eingeschlossenen Mikroorganismen
3. Trennung der Mikroorganismen von den Bodenteilchen, insbesondere von Teilchen über 0,01 mm.

1. Erläuterung der verbreitetsten Methoden der quantitativen Bestimmung der Bakterien

Die Entwicklung der KOCHschen Plattenmethode und die Einführung der Untersuchungsmethode von L. PASTEUR brachten die Möglichkeit, im Boden Bestimmungen des Keimgehaltes vorzunehmen. Neben diesen beiden Methoden befaßte sich besonders ein Schüler ROBERT KOCHS, Dr. FRÄNKEL, mit der Entwicklung einer quantitativen Erfassungsmethode für Bakterien. FRÄNKEL sei hier genannt, weil er der erste Wissenschaftler ist, der sich mit dem Problem der Auflösung der Bodenkrümel befaßt hat, um auch die in den Bodenkrümeln befindlichen Organismen zählen zu können. Seine Untersuchungen führten zu der Erkenntnis, daß durch Schütteln in erwärmtem, destillierten Wasser eine Auflösung der Bodenkrümel und eine Auswaschung der Keime aus den aufgelösten Bodenteilchen nicht möglich war.

Später hat dann ein weiterer Schüler von R. KOCH, der Arzt Dr. ESMARCH [3], versucht, das KOCHsche Plattenverfahren zum Zwecke der Freilegung aller Bakterien abzuändern. Er verwendete dazu flüssige Gelatine, die er in Reagenzgläser füllte und die Gläser in drehende Bewegung versetzte, um so die Glaswände des Reagenzglases mit erkalteter Gelatine zu überziehen. Die Erdteilchen weichten in der warmen Lösung gut auf. Die Methode konnte sich aber nicht durchsetzen, da es nicht gelang, eine gleichmäßige Schichtstärke der Gelatine an der Wand des Reagenzglases zu erzielen. Das Verfahren nach ESMARCH läßt sich nur mit einigermaßen Erfolg anwenden, wenn der der Methode anhaftende Unsicherheitsfaktor durch sehr viel Paralleluntersuchungen ausgeglichen werden kann. – Um sich ein genaues Bild über die Leistungsfähigkeit eines Bodens zu beschaffen, ist ein Einblick in die Lebensgemeinschaften der Mikroorganismen unerläßlich. Erst die qualitativen Untersuchungsmethoden geben uns einen Einblick in die an der Mineralisierung der organischen Stoffe des Bodens beteiligten Gruppen von Mikroorganismen.

KOFFMANN [4] hat hier eine Methode entwickelt, die einen Einblick in Lebensgemeinschaften der Mikroorganismen gestattet. Dabei ermöglicht diese qualitative Untersuchung auch eine quantitative Erfassung der ermittelten verschiedenen Arten. Diese in der Literatur als „Hohlschliff-Methode" eingeführte Untersuchungsform hat sich in der Praxis besonders für Reihenuntersuchungen nicht durchsetzen können. Der Arbeitsgang erfordert sehr viel Zeit, und die Ergebnisse erreichen kaum die Leistungen anderer Methoden. Erwähnenswert ist aber, daß die in den Objektträger eingeschliffene Bodenkammer sehr geeignet ist für mikrophotographische Aufnahmen und vor allem für attraktive Buntaufnahmen zu Demonstrationszwecken. – Mit der Erforschung der Lebensverhältnisse der Mikroorganismen im Boden hat sich besonders CHOLODNY [2] befaßt. Zusammen mit ROSSI hat er eine relativ einfache Methode entwickelt, alle Mikroorganismen des Bodens in ihrer ursprünglichen Lage zu erkennen. Da Bodenteilchen dem Objektträger anhaften, ist eine genaue räumliche Ausbreitung und genaue Verteilung der Organismen im Boden erkennbar.

Diese „Aufwuchsplattenmethode" bietet sehr viel Vorteile, wenn die Beziehungen zwischen höheren Pflanzen und Mikroorganismen des Bodens ermittelt werden sollen. Für die Bestimmung quantitativer Werte ist sie kaum geeignet. Das läßt sich schon damit erklären, daß die dem Objektträger anhaftenden Bodenschichten viel zu stark sind und einen Einblick in die dem Betrachter verborgene Phase an Bakterien nicht gestatten. Die erfaßbaren zahlenmäßigen Werte beruhen nur auf sehr groben Schätzungen. Sehr viel Mühe macht es auch, bestimmte gefundene Mikroorganismen zu isolieren, um sie als Reinkulturen weiter zu züchten. Die CHOLODNY-Methode ist besonders von DEMETER und MOSSEL eingehend geprüft worden. Sie erkannten, daß der Wert der Methode in qualitativer Hinsicht zu suchen ist. Zur Beobachtung der Mikroorganismen in situ ist das Verfahren besonders geeignet.

2. Die fluoreszenzmikroskopische Methode in der Bodenmikrobiologie

Während die physikalischen und chemischen Methoden der Agrikulturchemie sehr genaue Ergebnisse erzielen, ersehen wir aus den bisher geschilderten biologischen Methoden, daß sich größere Ungenauigkeiten in den Zählergebnissen nicht vermeiden lassen.

Da man mit den elektiven Erfassungsmethoden von vornherein mit einer Einschränkung der Zahlenwerte rechnen muß, bestehen seit einiger Zeit Bestrebungen, vor allen Dingen durch Verfeinerung der bestehenden direkten Methoden, genauere Ergebnisse zu erzielen. In den letzten Jahren ist deshalb auch begonnen worden, die von STRUGGER [11] entwickelte Methode der Fluorochromierung zur Bestimmung von Bakterien im Boden heranzuziehen.

Auf bodenkundlichem Gebiet hat BURRICHTER [1] erstmalig die Fluoreszenzmethode nach STRUGGER in die Bodenmikrobiologie eingeführt. BURRICHTER hat dabei die Methode nach STRUGGER verfeinert und versucht, sie bodenkundlichen Belangen anzupassen. In seiner Arbeit „Beiträge zur Beurteilung von Böden auf Grund fluoreszenzmikroskopischer Untersuchung ihrer Mikroflora" [1] schneidet er dabei die Frage nach der Höhe des Humusgehaltes bezüglich des Grades der Acridinverdünnung an und verweist auf den unterschiedlichen Besatz der Bodenfraktion mit Mikroorganismen. Für die Ausschaltung der Überstrahlung der Präparate durch zu starke Acridinsorption im Humusanteil schlägt BURRICHTER eine Arcidinorangekonzentration in verschiedenen Abstufungen vor. Für Ton- und Lehmböden genügen Konzentrationen von 1:500 bis 1:750, während für humusreiche Böden je nach Humusgehalt Verdünnungen von 1:600 bis 1:400000 angewendet werden können.

Die unterschiedliche Textur des Bodens bringt es mit sich, daß sich ohne Zerlegung der Probe in die einzelnen Fraktionen Schwierigkeiten bei der Erzielung einer geeigneten Präparatstärke auf dem Objektträger ergeben.

BURRICHTER versucht das Problem dadurch zu lösen, daß er die im Meßzylinder befindlichen Bodensuspensionen schüttelt und dann, nachdem sich die Suspension geklärt hat, die feinen Bestandteile des Bodens abpipettiert. Diesen Vorgang führt er so lange durch, bis die für die Keimzählung geeignete Trennung der Fraktionen erreicht ist. Die Frage der Auflösung der Bodenkrümel bleibt unbeachtet. Aus der Tatsache, daß eine vollkommene Dispergierung der Bodenkrümel nicht angestrebt wird, ergibt sich die Notwendigkeit, die in und unter den Bodenteilchen befindlichen Bakterien zu schätzen. Die den Bodenteilchen ansitzenden Zoogloen werden dabei besonders erfaßt und je Zoogloea mit 50 Bakterien bewertet. Es ist also erforderlich, bei jedem Präparat Zoogloen, aufsitzende und frei in der Suspension lebende Bakterien getrennt festzustellen und aufzuschreiben. Für wissenschaftliche Zwecke kann es zweifellos von größtem Wert sein, die erkannten Gruppen getrennt zu notieren. Bei einer Zählung von serienmäßigen Proben ist es aber ermüdend und überanstrengt Augen- und Kopfnerven des Mikroskopierenden in kurzer Zeit.

Die gleichen Ansichten vertreten LEHNER und NOWAK [6]. Sie versuchen durch Einführung eines Schätzungsrahmes in die Methode, dis praktische Auszählung der fluorochromierten Keime zu ermöglichen. Dabei muß sich der Betrachter vier typische Bakterienbilder genau einprägen, um dann beim Zählen der Präparate die richtigen und geeigneten Einstufungen des Bildes vornehmen zu können. Bei einem völlig heterogenen Material, wie es der Boden der Bodenbiologie gegenüber darstellt, dürften bei den außerordentlich unterschiedlichen Zählergebnissen vier Schätzungsstufen zu gering sein, um auch nur annähernd einem absoluten Ergebnis nahezukommen. Die Bildstufen müßten dann nach Bodenarten unterteilt werden, um brauchbare Näherungswerte zu erzielen. Das würde aber dazu führen, daß durch die Vielzahl der Schätzungsstufen in visueller Hinsicht eine Überbelastung des Betrachters eintritt und dabei die Unsicherheit bei der Eingruppierung in die einzelnen Bildstufen ansteigt. SIEGEL und DISSELKAMP [10] haben in ihrer Veröffentlichung versucht, die ermüdende Zählarbeit der Fluoreszenzmethode besonders bei Reihenuntersuchungen dadurch zu verbessern, daß nach erfolgter Fluorochromierung und Sichtbarmachung der Bakterien die Bilder zunächst photographisch festgehalten werden.

Im Rahmen der vorliegenden Arbeit gelangten Aufnahmen von fluorochromierten Präparaten sowohl mit Schwarz-Weiß- als auch mit Colorfilm in größerer Anzahl zur Herstellung. Die Auszählung des Filmes verursacht in den meisten Fällen weniger Mühe als die Musterung der Präparate unmittelbar unter dem Mikroskop. Für Reihenuntersuchungen halten wir aber die Methode weniger geeignet, weil zusätzliche photographische Arbeiten den Untersuchungsgang bis zur Erhaltung des Resultates insbesondere für umfangreiche Untersuchungen in landwirtschaftlichen Versuchsstationen sehr verlängern und verteuern.

Wir sind von dem Gedanken überzeugt, daß die fluoreszenzmikroskopische Keimzählung gegenüber anderen direkten Methoden wesentliche Vorteile bringt, und haben versucht, unter Anlehnung an schon bestehende Verbesserungen, die Fluoreszenzmethode durch weitere Verfeinerungen für bodenkundliche Zwecke noch geeigneter zu machen. Hierbei beachteten wir die von BURRICHTER [1] und SEYFERT [9] gesammelten Erfahrungen und haben auf dieser Grundlage begonnen, methodische Verbesserungen vorzunehmen.

3. Untersuchungen zur Abänderung der Fluoreszenzmethode nach STRUGGER

3.1. Auflösung der Bodenkrümel

Zur Frage der Stabilität der Bodenkrümel sind umfangreiche Untersuchungen durchgeführt worden. Sie ist nicht nur ein Problem des Humusgehaltes und des Kalkes, sondern im großen Maße abhängig von der Tätigkeit ungezählter Bakterien und Pilze, die durch Schleimabsonderung und Hyphenbildung die einzelnen Aggregate zu Krümeln verkitten. Indem die „Lebendverbauung" nach SEKERA [8] sich im Boden voll und ganz auswirkt, schließt sie auch gleichzeitig ungezählte Millionen Bakterien in die sich neu bildenden Krümel ein.

Bezüglich der Krümelbildung haben MARTIN und WAKSMAN [7] umfangreiche Untersuchungen angestellt. Sie züchteten Reinkulturen der im Boden häufig vorkommenden Mikroorganismen und impften damit Suspensionen, denen verschiedene zerriebene Tonminerale und organische Substanzen verschiedenster Rottegrade in gestaffelten Mengen zugegeben worden waren. Nach Ablauf vorher bestimmter Zeiten prüften sie die inzwischen eingetretene Krümelbildung.

Über das Ergebnis des ersten Teiles ihrer Veröffentlichung schreiben MARTIN und WAKSMAN: „The action of microorganisms was found to result in a marked binding and aggregation of the soil particles; the extent of the binding depended on the organisms concerned and the nature of the organic material added". MARTIN und WAKSMAN betonen die wichtige Rolle der Bakterien beim Aufbau der Aggregate und zeigen, daß die Stabilität der Krümel mit zunehmender Bakterienzahl ansteigt und daß eine hohe Anzahl Bakterien bei der Bildung der Bodenkrümel eingeschlossen werden.

Im Gegensatz zu diesen Untersuchungen, die die Grundlagen der Stabilität zu klären suchten, um Fragen der allgemeinen Krümelstruktur zu lösen, liefen unsere Untersuchungen darauf hinaus, die Krümel unter möglichst vollständiger Erhaltung des Lebens der Bakterien und Pilze aufzulösen. Die in den Krümeln eingeschlossene Bakterienmenge stellt einen nicht unerheblichen Teil der Gesamtbakterienmenge des Bodens dar, die aber in einer wässerigen Suspension mit keiner direkten Methode erfaßt wird.

Zur Lösung der oben aufgeführten Problematik wurden deshalb Versuche mit verschiedenen organischen Säuren angestellt, um eine geeignete Methode der Auflösung der Krümel und Freilegung der Bakterien zu finden.

Als Dispergierungsmittel kamen in den Versuchen vier Lösungsmittel zur Verwendung:

Ameisensäure	–	$HCOOH$
Essigsäure	–	CH_3COOH
Zitronensäure	–	$C_6H_8O_7 + H_2O$
Oxalsäure	–	$(COOH)_2$ und
Natrium-pyrophosphat	–	$Na_4P_2O_7$

20 g Boden wurden in 20 cm³ einer 5%igen Säurelösung aufgeschlämmt und anschließend bei 20 °C 15 min geschüttelt. Dabei zeigte sich eine gleichmäßige trübe Suspension, die sich nach kurzer Zeit zu klären begann. Die Suspension füllten wir in den KOPECKY-Apparat ein und schlämmten. Gezählt wurden die in der Fraktion „Abschlämmbare Teilchen" vorhandenen Mikroorganismen mit dem Phasenkontrastverfahren nach KNÖLL [5], wobei wir die Proben zu drei verschiedenen in Tabelle 1 angegebenen Zeiten entnahmen. Je günstiger die Auflösung war, um so höher stieg die ermittelte Keimzahl. Tabelle 1 zeigt, daß die Ameisensäure als Auflösungsmittel den höchsten Wirkungsgrad erzielte. Die Zerteilung der Krümel erreichte bei der Ameisensäure ihre höchste Wirkung mit 188,3% gegenüber der Versuchsreihe 0. Die Ergebnisse der übrigen organischen Säuren sind aus der Tabelle zu ersehen. Die Versuchsreihe mit Natriumpyrophosphat wurde nicht mit in die Tabelle aufgenommen, da Natriumpyrophosphat beim Mikroskopieren Eigenfluoreszenz besitzt und das Auszählen der Mikroorganismen sehr erschwert. Bezüglich der Auflösung der Krümel war es der Ameisensäure völlig ebenbürtig. Werden die Abnahmezeiten verglichen, so geht daraus hervor, daß die erste Abnahmezeit die höchste Zahl der Bakterien aufweist. Innerhalb dieser Abnahmezeit steigt die Bakterienzahl von Versuchsreihe 0 bis Versuchsreihe 4 stark an, eine Tatsache, die auch für die zweite Versuchsreihe gilt und nur in der dritten Abweichung aufweist.

In der Versuchsreihe 0 fanden wir in den Kniestücken des Apparates noch feste Bodenkrümel. Nach ihrer Auflösung beimpften wir damit Petrischalen, die mit normalem Fleischagar versehen waren. Nach 24stündiger Bebrütung zeigte sich starkes Wachstum. An Hand der in Tabelle 1 aufgezeigten Ergebnisse entschlossen

Abb. 2: Aufnahme eines fluorochromierten Bodenpräparates bei 1300facher Vergrößerung

Tabelle 1
Bakteriologische Durchschnittswerte in Millionen der einzelnen Bodenuntersuchungen bei Dispergierung mit organischen Säuren

Einwirkungsdauer des Lösungsmittels	Zeit der Abnahmen	ohne organische Säuren 0	Essigsäure 1	Zitronensäure 2	Oxalsäure 3	Ameisensäure 4
15 Minuten	$3^1/_3$ min	61,6	86,4	91,8	103,2	121,9
	$6^2/_3$ min	59,2	72,0	80,8	87,2	125,9
	10 min	64,0	62,2	68,0	83,2	101,6
	$\bar{x}$	61,6	73,5	80,2	91,2	116,6
	%	100,0	119,3	130,2	118,0	188,3

wir uns, die Ameisensäure als Dispergierungsmittel für die Fluoreszenzmethode zu verwenden.

Gleiche Erkenntnisse sammelte auch SEYFERT [9]. Er füllte die Mensur, in der sich die Bodenprobe befand, mit Leitungswasser, schüttelte und pipettierte die darüberstehende Flüssigkeitsmenge in einen anderen Zylinder um, indem er anschließend Wasser zugab. Diesen Vorgang wiederholte er so lange, bis die Flüssigkeit klar und durchsichtig blieb. Er entfernte damit zwar die gröberen Fraktionen und erreichte eine gute Verteilung der festen Bestandteile, verlor damit aber die genaue Bezugsgröße, die erforderlich ist, um die festgestellte Bakterienzahl auf eine bestimmte Bodenmenge zu beziehen.

3.2. Die Trennung der Korngrößenklassen

Zur Erzielung eines möglichst klaren Fluoreszenzpräparates unter dem Mikroskop und zur Vermeidung von Doppelzählungen der sich nach allen Richtungen bewegenden Bakterien waren wir bestrebt, den Abstand des Deckglases vom Objektträger so eng wie möglich zu gestalten. Das setzt voraus, daß neben den Bakterien nur Korngrößen mit einem bestimmten Durchmesser in der für die Zählkammer bestimmten Suspension vorhanden sein können. Da es gelang, die Zählkammertiefe auf 0,01 mm zu verringern, mußte versucht werden, alle Bodenteilchen über 10 μm aus der Suspension zu entfernen. Wir stellten Versuche mit dem Pipett-Apparat nach KÖHN und mit dem Schlämmapparat KOPECKY-KRAUSS an. Obwohl der Pipett-Apparat für Korngrößenbestimmungen wesentlich geeigneter ist, viel angewendet wird und die Fraktionen besser und genauer zu erhalten sind, mußten wir von seiner Verwendung für unsere Zwecke absehen. Der Vorgang der Pipettanalyse beruht auf der Grundlage des spezifischen Gewichtes der zu untersuchenden Substanzen. Da das spezifische Gewicht des Bodens sehr abweicht, entsteht auf der Grundlage des Fallgesetzes eine außerordentlich starke Verschiebung der Masse der Mikroorganismen zur Fraktion „Abschlämmbare Teilchen". Die ermittelten Keimzahlen werden zu ihrer Bewertung auf 1 g lufttrockenen Boden bezogen. In diesem Gramm Boden sind in einem bestimmten Verhältnis alle Fraktionen vereinigt, während zur Bewertung nur die Bakterien-

Tabelle 2

Zylinder I	Zylinder II	Zylinder III	$\bar{x}$	Abschlämmbare Teilchen nach t $3^1/_3'$	$6^2/_3'$	$10'$	$\bar{x}$
103,73	109,6	85,33	99,55	107,73	89,16	110,30	102,39

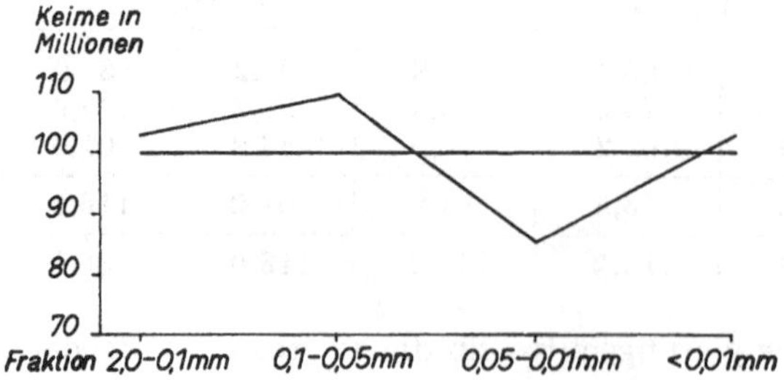

Abb. 1: Verteilung der Bakterien in Mill. auf die Fraktionen

werte der abschlämmbaren Teilchen zur Verfügung stehen, wobei die relativ zu hohen Keimzahlen des Pipett-Apparates nach KÖHN zugrunde gelegt werden. Wir würden dadurch zu hohe Werte erhalten, die den tatsächlichen Verhältnissen nicht entsprechen. Wir entschlossen uns deshalb weiterhin, die Versuche mit dem Schlämmapparat nach KOPECKY-KRAUSS auszuführen und kamen zu den in Tabelle 2 und Abbildung 1 aufgeführten Ergebnissen.

Als Versuchsmaterial dienten 20g lufttrockene Feinerde einer bestimmten Bodenart. Die Bodenmenge wurde in den Zylinder eingebracht und bei Zimmertemperatur gespült. Die Durchlaufgeschwindigkeit betrug 200 sec/l.

Die in Tabelle 2 angegebenen Untersuchungswerte sind mit verschiedenen Bodenarten gewonnen worden und weichen nur ganz gering voneinander ab.

Die in Tabelle 2 angegebenen drei Schlämmzylinder entsprechen den Fraktionen 2,0–0,1 mm, 0,1–0,05 mm und 0,05–0,01mm. Die Probeentnahmen aus diesen Zylindern erfolgten erst nach Beendigung des Schlämmvorganges, da sich während des Durchlaufes keine Proben entnehmen lassen. Aus dem letzten Zylinder (0,01 mm) wurden Proben zu den drei in der Tabelle angegebenen Zeiten entnommen. Die nach dem Phasenkontrastverfahren bestimmten Keimzählwerte schwankten zwischen 103,73 und 110,30 Mill. Bakterien. Für jeden Einzelwert wurden sechs Zählungen vorgenommen, so daß $\bar{x} = 99{,}55$ aus 18 Zählwerten besteht. Dasselbe gilt für $\bar{x} = 102{,}39$. Wir ersehen, daß sich durch die gestaffelte Probenahme aus der Fraktion „Abschlämmbare Teilchen“ keine nennenswerte Verschiebung der Bakterienmasse in Richtung Tonfraktion durch den Schlämmvorgang ergibt. Es ist wahrscheinlich, daß sich durch noch weiter gestaffelte Abnahme der Mittelwert der Keimzahl der Tonfraktion noch mehr dem gemeinsamen Mittelwert nähert.

3.3. Die Fluoreszenzzählkammer

Unter dem Gesichtspunkt, daß eine Überlagerung der Bakterien möglichst vermieden wird, wählten wir eine Kammertiefe von 0,01 mm. Praktisch reicht der Abstand von 0,01 mm immer noch aus, daß sich einige Schichten von Bakterien übereinander lagern.

Rein theoretisch betrachtet, können bei dem augenblicklichen Kammerabstand 10 Bakterien senkrecht übereinander liegen, wenn man einen Durchmesser von 0,001 mm für ein Bakterium zugrunde legt. Der Betrachter wird diesen Bakterien- oder Kokkenfaden als ein Individuum zählen. Technisch läßt sich diese Tatsache aber nicht vermeiden, da bei allen Versuchen im VEB Zeiss, Jena, noch einen geringeren Deckglasabstand zu erreichen, die Objektträger beim Schleifen zerbrachen. Die Zählfläche ist 1 mm^2 groß, hat die Form der Zählkammer nach THOMA und auch dieselbe Unterteilung. Sie ist aber mit einer fluoreszierenden Umrandung versehen worden, um beim Durchmustern des Flureszenzpräparates die seitliche Begrenzung genau zu erkennen. Wir verwendeten dazu den Fluoreszenzstoff Optikit LC 30. Er fluoresziert mattgrünorange, hebt sich farbmäßig gut von der Fluoreszenzwirkung der Acridinorange ab und zeigt sehr genau die Begrenzung der Zählfläche. Das Zählfeld ist in 400 Teile zu je $\frac{1}{400}$ mm^2 aufgeteilt. Zur besseren Zählung ist jede fünfte Längs- und Querreihe nochmals unterteilt, so daß 16 größere Zählfelder entstehen. In einem großen Zählfeld sollen möglichst 3 bis 4 Felder ausgezählt werden, um für jede Probe wenigstens 50 Zahlenwerte zu erhalten. Es ist wichtig, den Endwert aus einer möglichst großen Anzahl von Einzelwerten zu bestimmen, weil die Bakterien im Boden unregelmäßig verteilt sind. Da die Höhe der Zählkammer 0,01 mm beträgt, ist der Rauminhalt eines solchen Würfels $\frac{1}{40000}$ mm^3. Bei unseren Untersuchungen verdünnten wir den Boden mit Wasser im Verhältnis 1:500. Ein kleiner Würfel von $\frac{1}{40000}$ mm^3 Inhalt enthält somit eine Bodenmenge von $\frac{1}{20\,000\,000}$ g.

Um die Bakterienmenge für 1 g Boden zu bestimmen, ist aus den gefundenen 50 Zahlenwerten der Durchschnitt zu ermitteln und die errechnete Zahl mit 20000000 zu multiplizieren. Der erhaltene Wert bezieht sich auf Frischgewicht. Wenn das Trockengewicht als Bezug genommen wird, muß entsprechend mehr Boden eingewogen werden.

3.4. Die Fluorochromierung der Präparate

Die Fluorochromierung der durch den Schlämmvorgang erhaltenen Bodensuspension ist verhältnismäßig einfach und führt zu guten Präparaten, da durch die Auflösung der Bodenteilchen vor allem auch sehr viel Humusteilchen im Fraktionszylinder zurückbleiben. Eine Überstrahlung durch zu starke Sorption des Acridinorange durch organische Bestandteile wird dabei vermieden. Durch das Verhältnis von 1:500 der festen Bestandteile zur Flüssigkeit erreichten wir eine gute Verteilung der festen Bestandteile im Dispersionsmittel. Die drei Proben, die zu den bereits genannten Zeiten den abschlämmbaren Teilchen entnommen werden, werden in ein Reagenzglas gebracht und geschüttelt. Mit einer Öse wird ein Tropfen dieser Suspension auf dem Objektträger ausgestrichen und anschließend mit einer Acridinorange-Konzentration von 1:1000 fluorochromiert.

Das Acridinorange wird in Form von ein bis zwei Tröpfchen auf den Objektträger aufgebracht und mit der Suspension ganz leicht verrührt. Nach zwei bis drei Minuten Einwirkungszeit kann das Präparat im Mikroskop untersucht werden (Abb. 2 s. Kunstdrucktafel).

Abb. 3: Ansicht der Fluoreszenzkammer von oben. Die Begrenzungen rechts und links stellen die Auflagen für das Deckplättchen dar

3.5. Die neue Methodik

Es wird dem Boden eine Probe von 500 g entnommen und auf 2 mm abgesiebt. Aus der Feinerde wird eine Mittelprobe von 20 g abgewogen und in einen Kolben eingebracht. Der abgewogene Boden wird mit 20 cm³ einer 5%igen Ameisensäurelösung versetzt und bei einer Temperatur von 20 °C 15 Minuten lang geschüttelt. Anschließend wird die Suspension in dem KOPECKY-Apparat gespült und bei Zimmertemperatur geschlämmt. Die Durchlaufgeschwindigkeit beträgt 200 sec/l. Die ersten abfließenden 3000 cm³ der abschlämmbaren Teilchen werden einzeln in drei Standzylindern zu je 1000 cm³ während der ersten $3^1/_3$ Minuten, $6^2/_3$ Minuten und 10 Minuten aufgefangen. Diese zu verschiedenen Zeiten entnommenen Suspensionen werden zur Herstellung der fluoreszenzmikroskopischen Präparate benötigt. Jedem der drei Standzylinder wird eine gleiche Menge entnommen und in ein Reagenzglas umgefüllt. Nach kräftigem Schütteln wird mit einer Öse eine Fluoreszenzkammer gefüllt. Anschließend wird das Präparat mit einer Acridinorangelösung im Verhältnis 1:1000 angefärbt. Die Lösung soll 1 bis 2 Minuten einwirken.

3.6. Untersuchungsgeräte

3.6.1. Große Lumneszenzeinrichtung des VEB Carl Zeiss, Jena, mit Quecksilberdampflampe HBO 200 des Berliner Glühlampenwerkes und Spezialgehäuse der Firma Helios, Jena, nach eigenen Angaben

3.6.2. Sperrfilter für langwelliges Licht: Blaufilter BG 3/4 mm oder BG 3/2 mm
Okularsperrfilter GG9 und OG 1 in Aufsteckfassung

3.6.3. Mikroskop: Lu WdE
Objektive: Apo 10/0,3; Apo 20/0,65
für unbedeckte Präparate: Apo 40/0,95
Okular: K15
Küvettenfüllung: $CuSO_4$ 3%
Zur Zählung der gefundenen Werte:
Seitenlänge der Kammer: 1 mm
Tiefe der Kammer: 0,01 mm
Rauminhalt: 0,01 mm^3
Zählfläche unterteilt in: 400 Einzelfelder
Größe eines Teilfeldes: $\frac{1}{400\ mm^2}$
Volumen eines Teilwürfes: $\frac{1}{40000\ mm^3}$
Umrechnungsfaktor auf 1 cm^3: 40000000

Wir haben mit dieser Methode an zahlreichen Bodenproben quantitative Bestimmungen der Bakterien vorgenommen. Dabei konnten wir feststellten, daß mit zunehmendem Gehalt an organischen und anorganischen Bestandteilen in kolloider Form fluorochromatische Überstrahlungen im Präparat öfters auftreten. Die Überstrahlung läßt sich bedeutend einschränken, wenn Präparate mit einem relativ hohen Gehalt an kolloiden Bestandteilen äußerst dünn auf den Objektträger aufgetragen werden. Um die Überstrahlung gänzlich auszuschalten, laufen im Institut noch Versuche, die sich mit der Absättigung aller freien Valenzen kolloider Bestandteile des Präparates befassen. Über die Ergebnisse und die eventuelle Abänderung der vorgeschlagenen Methode wird zu gegebener Zeit berichtet werden.

Zusammenfassung

Es wurde versucht, eine geeignete Keimzählmethode auszuarbeiten, die die Vorteile des direkten Verfahrens in einem genauen Bezugsverhältnis zur Gewichtseinheit Boden vereinigt, wie es beim Plattenverfahren nach Koch der Fall ist. Da die meisten Anilinfarben neben den Bakterien auch die Bodenteilchen anfärben, entschlossen wir uns, die Fluoreszenzmethode nach Strugger zur Grundlage unserer Arbeiten zu machen.
Im VEB Carl Zeiß Jena wurde eine Zählkammer entwickelt mit einer Kammertiefe von 0,01 mm und einer Zählfläche von 1 mm^2. Die Unterteilung der Zählfläche ist so vorgenommen, daß der Flächeninhalt jedes kleinen Zählfeldes $\frac{1}{400}$ mm^2 beträgt. Bei einem Verdünnungsverhältnis der Suspension Boden : Wasser von 1:500 und einer verwendeten Bodenmenge von 1 g beträgt die Bodenmenge eines Würfels $\frac{1}{20000000}$ g.

Zur Auflösung der Bodenkrümel eignete sich am besten die Ameisensäure. Als Kriterium diente die nach der Dispergierung ermittelte Keimzahl bei gleicher Bodenprobe.

Gezählt wurden nur die Bakterien der Fraktion „Abschlämmbare Teilchen".

Die Trennung der Mikroorganismen von den Bodenteilchen erfolgte mit dem Schlämmapparat nach KOPECKY-KRAUSS. Das Ziel bestand darin, alle Korngrößen aus der Suspension zu entfernen, deren Durchmesser größer ist als der Abstand zwischen Deckglas und Objektträger. Wir erreichten damit ein relativ klares Fluoreszenzpräparat und schränkten Doppelzählungen auf ein Mindestmaß ein.

Mit Hilfe der beschriebenen Methode wurden zahlreiche Untersuchungen vornehmlich an Bodenprofilen ausgeführt. Die Untersuchungen brachten Ergebnisse, die rund 150fach höher lagen als die Zahlen, die mit der indirekten Methode erzielt wurden.

Резюме

Сделана попытка разработать пригодный способ подсчета количества микроорганизмов который обьединяет преимущества прямого способа с точны взаимоотношением к весовой единице почвы, как это имеет место при методе пластинок по КОХ-у.

Так как большинство анилиновых красок окрашивают не только бактерии, но и частицы почвы, мы решили положить в основу наших работ метод флуоресценции по ШТРУГГЕР-у.

В народном предприятии имени Карла Цейсса в Иене была разработана счетная камера глубиной в 0,01 мм и счетным полем в 1мм². Подразделение счетного поля сделано таким образом, что величина каждого маленького счетного поля равняется $\frac{1}{400}$ мм². При разбавлении почвы водой в отношении 1:500 и применении 1 г почвы кубик почвы весит $\frac{1}{20\,000\,000}$ г.

Для растворения почвенных комков наиболее эффективной оказалась муравьиная кислота. В качестве критерия служило число микроорганизмов, установленное после диспергирования того же почвенного образца.

Подсчитывались лишь микроорганизмы фракции „физическая глина".

Отделение микроорганизмов от почвенных частиц проводилось посредством аппарата для отмучивания по КОПЕКИ-КРАУС. Цель состояла в том, чтобы выделить из суспензии все фракции с более крупным диаметром, чем расстояние между покровным и предметным стеклами. Посредством этого мы получили сравнительно прозрачный флуоресцентный препарат и сократили до минимума двойной подсчет.

При помощи описанного способа проводились многочисленные исследования прежде всего на почвенных профилях. Исследования дали в 150 раз большие результаты, чем результаты, полученные посредством косвенного способа.

Summary

The attempt has been made to evolve a suitable methode for counting out bacteria which combines the advantages of the direct process in an exact reference relationship to the unit of weight of the soil as is the case in the slab process after Koch.
We decided to base our work on the fluorescence method after Strugger since most aniline colours tinge both the bacteria and the particles of the soil.
A counting chamber was developed at the nationally-owned Carl Zeiss works in Jena. The chamber has a depth of 0.01 mm and a counting surface covering 1 mm^2. The counting surface has been so subdivided that each separate counting field covers an area of **1/400** mm^2. If the soil: water suspension is diluted at a ratio of **1:500** and **1** gramme soil is used to make up the suspension, a single cube contains **1/20,000,000** gramme of soil.
Formic acid is best suited for dissolving the crumbs of soil. The bacterial count taken in the same soil sample after dispersal was used as the criterion.
Bacteria were only counted in the „elutriateable particles", fraction.
Microorganisms were separated from the particles of soil with the help of the elutriator after Kopecky-Krauss. The aim was to wash all grain sizes out of the suspension the diameter of which was greater than the distance between a cover glass and a slide. We thus obtained a relatively clear fluorescence preparation and restricted double counts to a minimum.
The above method was used to investigate numerous soil profiles. We obtained results in the course of these investigations that were about **150** times as high as the counts achieved through the indirect method.

Literaturverzeichnis

[1] Burrichter, E.: Beiträge zur Beurteilung von Böden auf Grund fluoreszenzmikroskopischer Untersuchungen ihrer Mikroflora. Z. Pflanzenernähr. Düng., Bodenkde. **1953**, **63**, **154—171**

[2] Cholodyn, N. G.: Bodenstaubkulturen und die Mikroflora des Bodens. Arch. Mikrobiol. **1936**, **7**, **286—296**

[3] Esmarch, E.: Über eine Modifikation des Koch'schen Plattenverfahrens zur Isolierung und zum quantitativen Nachweis von Mikroorganismen. Z. Hygiene **1886**, **1**, **293**

[4] Koffmann, M.: Eine Methode zur direkten Untersuchung der Mikrofauna und der Mikroflora des Bodens. Zbl. Bakteriol., Parasitenkde., Infektionskrankh. u. Hygiene, Abt. II **1928**, **75**, **28—44**

[5] Knöll, H.: Zur Anwendung der Phasenkontrastmikroskopie in der Bakteriologie. Zeißnachrichten **1944**, **5**, H. **2**, **38—53**

[6] Lehner, A., und W. Nowak: Eine Schnellmethode zur praktischen Feststellung der Kleinlebewelt des Bodens. Prakt. Bl. Pflanzenbau u. Pflanzenschutz **1958**, **4**,

[7] MARTIN, I. R., und S. A. WACHSMAN: Influence of microorganisms on soil aggregation and erosion. Soil Sci. 1941, 52, 381–384

[8] SEKERA, F.: Gesunder und kranker Boden. 1951, Berlin, Verl. Paul Paray

[9] SEYFERT, J.: Die Anwendung der Fluoreszenzmikroskopie in der Mikrobiologie des Bodens. Pocvenedenie 1958, H. 2, 50–54

[10] SIEGEL, O., und CH. DISSELKAMP: Untersuchungen über Wirkung und Bedeutung der Bodenbakterien. Teil 1: Beitrag zur Verbesserung der fluoreszenzmikroskopischen Technik. Landwirtsch. Forsch. 1958, 11, 128–133

[11] STRUGGER, S.: Fluoreszenzmikroskopie und Mikrobiologie. 1949, Hannover, Verl. M. u. H. Schaper

Aus dem Institut fur Bodenkunde und Mikrobiologie
der Karl-Marx-Universitat Leipzig
(Direktor: Prof. Dr. agr. habil. GEORG MULLER)

GEORG MÜLLER und INGRID FÖRSTER

Ein Beitrag zur Dynamik der Nährstofffreisetzung aus primären Mineralien durch mikroskopische Bodenpilze

Eingegangen: 5. 10. 1963

0. Einleitung

Viele Erscheinungen und Vorgänge der bodenbiologischen Dynamik sind empirisch bekannt und gehören zum Erfahrungsschatz der Landwirtschaft, sind jedoch häufig wissenschaftlich noch nicht ausreichend erforscht und fundiert. Auf Grund dessen kann sie auch der Mensch noch nicht zielbewußt beeinflussen. So ist beispielsweise die Zufuhr organischer Substanz zum Boden üblich und wird auch von der Praxis als wirksames Mittel zur Hebung der Bodenfruchtbarkeit angewendet. Die positive Wirkung einer organischen Düngung hat jedoch vielfältige Ursachen, welche heute erst in einigen Fällen einzuschätzen sein dürften.

Ein Teil der dem Boden zugeführten organischen Substanz ist mikrobiell leicht angreifbar. Aus den jeweils spezifischen produktionsbiologischen Leistungen der Mikroorganismen in diesem Abbaugeschehen resultiert eine vielfältige Einflußnahme auf den Boden. So werden einerseits im Zuge des Abbaus der organischen Substanz die in ihr enthaltenen Nährstoffe wieder pflanzenverfügbar. Sie erscheinen in Ionenform in der Bodenlösung und stehen somit wiederum höheren oder niederen Pflanzen zur Verfügung. Der Abbau organischer Verbindungen, vor allem der Kohlenhydrate, läßt jedoch auch Zwischenprodukte entstehen, welche sich im Boden nicht indifferent verhalten, sondern von welchen fruchtbarkeitsbestimmende Wirkungen ausgehen. So ist z. B. unter den mikroskopischen Bodenpilzen die Eigenschaft verbreitet, aus Kohlenhydraten organische Säuren zu bilden. In diesem Zusammenhang haben sie einen wesentlichen Anteil an der Verwitterung bodenbildender Mineralien und an der Bereitstellung für die Ernährung der Pflanze wichtiger Kationen und Anionen [1].

Am komplexen Vorgang der Gesteinsverwitterung sind physikalische und chemische Einflüsse beteiligt, wovon letztere auch biologisch gesteuert sein können. Im einzelnen handelt es sich um Oxydations- und hydrolytische Vorgänge, wobei letzteren jedoch, vor allem bei den Silikaten, vorrangige Bedeutung zuzumessen sein dürfte. Es werden hierbei Kristallbausteine gegen Wasserstoffionen aus der umgebenden Lösung ausgetauscht. Diese Wasserstoffionen entstammen zu einem bedeutenden Teil mikrobiellen Umsetzungsprozessen: Sie werden bei der Kationenaufnahme ausgeschieden oder sind Bausteine gebildeter organischer Säuren. Um diesen biologisch induzierten Vorgang in seiner Bedeutung für die Nährstoffdynamik des Bodens besser einschätzen zu können, wurden mit elf einheimischen Bodenpilzen Verwitterungsversuche an den Silikaten Orthoklas, Oligoklas, Albit und Hornblende durchgeführt [1,2,3]. Diese Modellversuche, welchen eine der *Aspergillus-niger*-Methode ähnliche zugrunde lag, zeigten zunächst eine Abhängigkeit der Nährstofffreisetzung von der Fraktionierung der Silikate. Vor allem in der feinsten Mineralfraktion bestätigten sich aber noch weitere Beziehungen. Die Nährstofffreisetzung gestaltete sich einmal abhängig vom Säurebildungsvermögen der mikroskopischen Bodenpilze, zum anderen von der Verwitterungsstabilität der Minerale. Besonders gute Säurebildner waren die geprüften Penicillien (*P. frequentans, P. jenseni, P. lilacinum, P. nigricans, P. martensii*). Sie konnten 3 bis 4mal mehr Kalium lösen als die geprüften Mucoraceen (*Actinomucor, Mucor racemosus, Absidia orchidis, Rhizopus nigricans, Zygorhynchus* spec.). Der papierchromatographisch geführte qualitative Nachweis der Säurebildung erbrachte eine Bestätigung dieses Verhaltens insofern, als sich die Penicillien als sehr anpassungsfähig an unterschiedliche Versuchsbedingungen (unterschiedliche Mineralzugabe) erwiesen. Im Zuge des Glukoseabbaues wurden substratabhängig verschiedene Säuren gebildet. Die Mucoraceen dagegen waren weniger anpassungsfähig. In diesen Varianten ließ sich überwiegend nur eine Säure nachweisen. – Die Verwitterungsstabilität der Mineralien nahm ebenfalls Einfluß auf das Lösungsgeschehen. So wurde aus dem siliziumärmeren, weniger stabilen Oligoklas (60,0% SiO_2, 1,7% K_2O) ein prozentual höherer Anteil des Gesamtkaliums gelöst als aus Albit (68,8% SiO_2, 3,7% K_2O).

Den soeben erwähnten Untersuchungen lag eine fünftägige Inkubationszeit zugrunde. Nach dieser Zeit erfolgte unter anderem die Feststellung des aus den Mineralien gelösten Kaliums, der Säurebildung usw. Einen Teil dieses Kaliums nahm das Myzel auf. Dadurch wurde bei geringem Lösungsvermögen fast die insgesamt gelöste Kaliummenge aufgebraucht (z. B. bei den Mucoraceen), bei höherer Lösungsleistung dagegen verblieben noch erhebliche Mengen in der Nährlösung. Wir setzten die Untersuchungen in der Weise fort, daß – bei Beschränkung auf ein Mineral (Orthoklas) und eine Fraktion ($< 0,2$ mm) und drei mikroskopische Bodenpilze (*A. niger, P. nigricans, Mucor racemosus*) – die Nährstofffreisetzung während der bisher üblichen fünf Inkubationstage im Abstand von 24 Stunden 5mal geprüft wurde, und zwar die Freisetzung von Kalium, Natrium und Calcium unter Berücksichtigung der Säurebildung und Myzelproduktion.

1. Methodik

Das Mineral, die mikroskopischen Pilze und die Methodik entsprachen den vorangegangenen Untersuchungen [2, S. 374]. Der Nachweis der organischen Säuren erfolgte mit Hilfe der Rundfilterchromatographie (Papier: Schleicher-Schüll Nr. 2045b, Laufmittel: Äthanol: Ammoniak: Wasser = 80:4:16, Entwickler: Bromkresolgrün).

Im einzelnen wurden folgende Varianten geprüft:

a) Orthoklas + Nährlösung + mikroskop. Pilz
b) Orthoklas + Nährlösung ohne mikroskop. Pilz
c) Nährlösung + mikroskop. Pilz

Dabei kamen in den genannten Zeitabständen zur Auswertung:

pH-Wert
Myzelgewicht
Kalium-, Natrium- und Calciumgehalt
Säurebildung

2. Ergebnisse

Wie aus der Veränderung des pH-Wertes ersichtlich ist (Abb. 1), hat in der Versuchsvariante mit *A. niger* bereits in den ersten 24 Stunden der Inkubation Säurebildung eingesetzt. Der niedrigste pH-Wert wird am 2. Tag erreicht und dann bis zum 5. Tag beibehalten. Es zeigt sich, daß das junge Myzel (nach 24 Stunden war zwar eine gewisse Myzelbildung erkennbar, doch eine quantitative

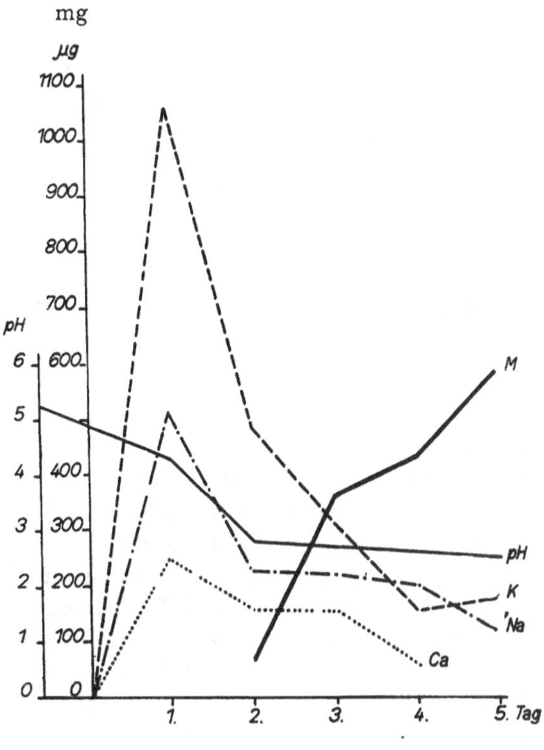

Abb. 1:
Aspergillus niger — Orthoklas
Variante:
Mineral und Pilz Nährlösung

Erfassung noch nicht möglich) recht intensiv Glukose abbaute. Kalium, Natrium und Calcium erscheinen nach 24 Stunden in der Nährlösung und ermöglichen in den weiteren 24 Stunden bereits eine erfaßbare Myzelproduktion. Diese Myzelbildung erschöpft jedoch die Nährlösung an Kalium und Natrium ganz offensichtlich. Calcium dagegen wird anscheinend in wesentlich geringeren Mengen benötigt. Somit ergibt sich in der Nährlösung ein abnehmender Gehalt an den geprüften Nährstoffen (Abb. 1), da für den Myzelaufbau steigende Nährstoffmengen benötigt werden (Abb. 2). Hoch ist der Kaliumbedarf, wie auch der Rück-

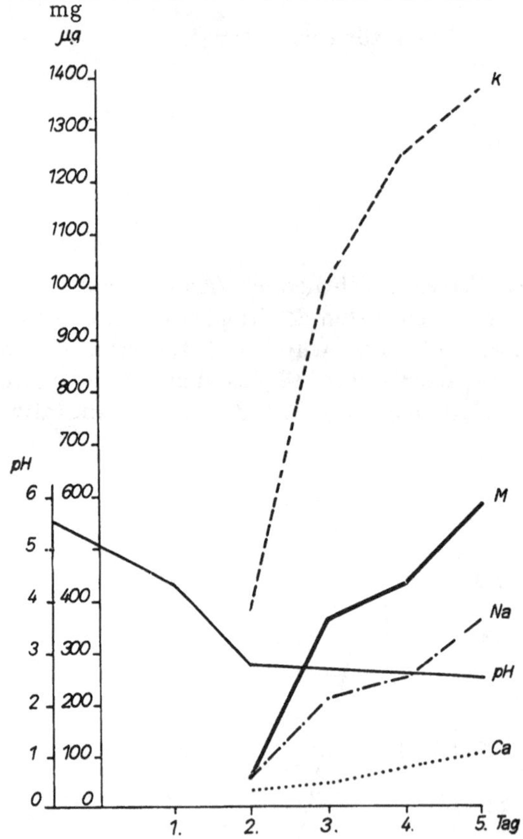

Abb. 2:
Aspergillus niger – Orthoklas
Variante: Mineral und Pilz
Myzel

gang des Gehaltes der Nährlösung vom 2. bis zum 4. Tag hin erkennen läßt (Abb. 1). Auch Natrium wird aufgenommen, wenn auch in geringeren Mengen. Einen Überblick über die Lösungsleistung der geprüften Pilze ergibt die Summierung von Nährstoffgehalt der Nährlösung und Nährstoffgehalt des Myzels (z. B. $K_{Nährlösung} + K_{Myzel}$). Insgesamt wurden an Kalium in den ersten 24 Stunden 1100 µg K (1,1 mg) gelöst, am 5. Tag hingegen konnten knapp 1600 µg K (1,6 mg) nachgewiesen werden. Die pilzlichen Stoffwechselprodukte (Säuren) konnten somit zusätzlich 0,5 mg K in Lösung bringen. – Bei Natrium hingegen kann im Vergleich mit der entsprechenden unbeimpften Variante eine mikrobiell induzierte Löslichmachung nicht nachgewiesen werden, obwohl, wie Abbildung 1 verdeutlicht, erhebliche Mengen an Natrium für den Myzelaufbau benötigt werden, welche auch zum 5. Tag hin noch zunehmen (Abb. 2). Ein ähnliches Verhalten zeigt auch das Calcium. Hier ist sogar ein gewisser Rückgang zu verzeichnen.

Das Verhalten von *P. nigricans* ist grundsätzlich ähnlich. Die Säuerungsleistung ist, wie bisher stets nachgewiesen werden konnte, recht beachtlich. Es wird ein Tiefstwert von pH 2 erreicht (Abb. 3). Von den Nährstoffen verbleibt am 2. und 3. Tag etwas mehr Kalium in der Nährlösung. Calcium ist im Gegensatz zu der *Aspergillus*-Variante auch am 5. Tag nachweisbar. Ein völlig unerwartetes Ver-

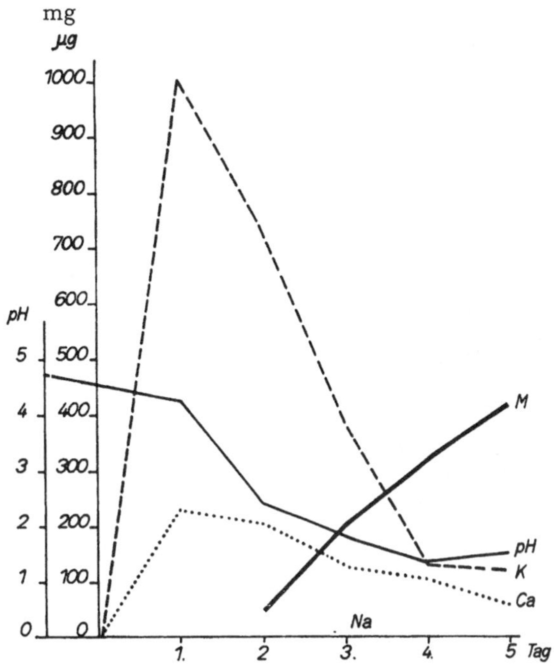

Abb. 3: *Penicillium nigricans* — Orthoklas
Variante: Mineral und Pilz Nährlösung

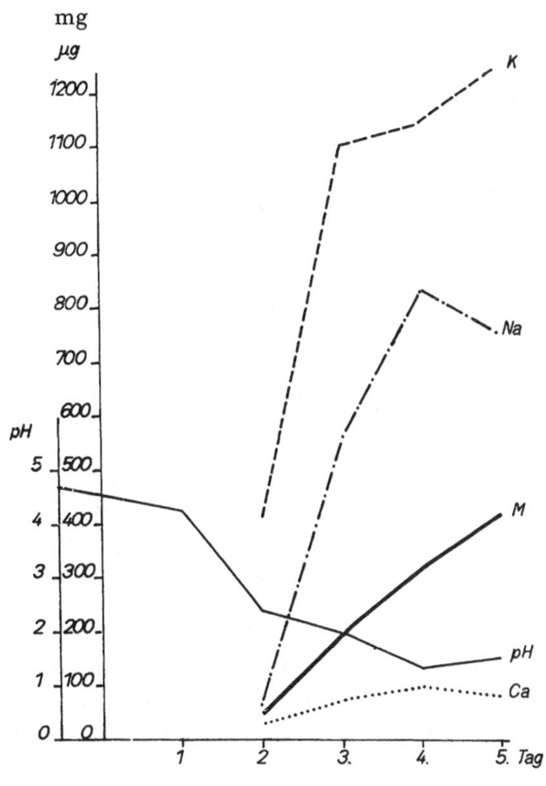

Abb. 4: *Penicillium nigricans* — Orthoklas
Variante: Mineral und Pilz Myzel

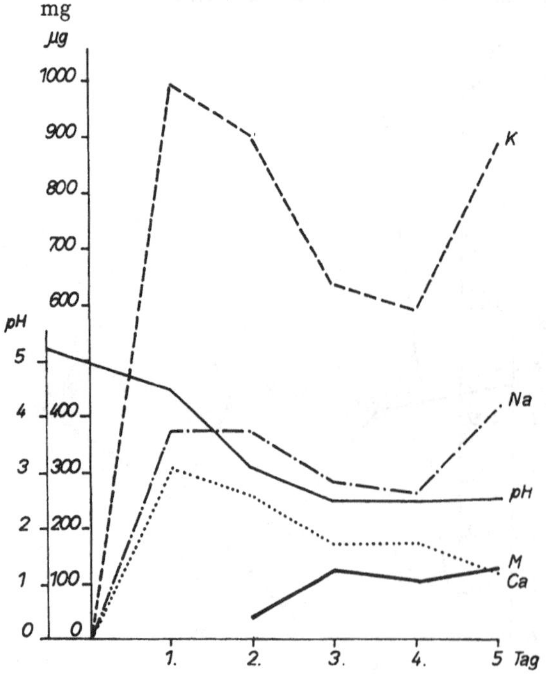

Abb. 5: *Mucor racemosus* – Orthoklas
Variante: Mineral und Pilz Nährlösung

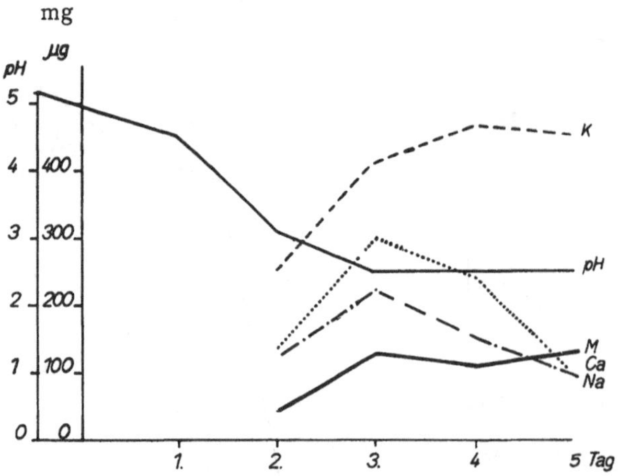

Abb. 6: *Mucor racemosus* – Orthoklas
Variante: Mineral und Pilz Myzel

halten zeigt das Natrium. Es erscheint in der Nährlösung in geringer Menge lediglich am 3. Inkubationstag. Dies dürfte in engem Zusammenhang mit der höheren Natriumaufnahme von *P. nigricans* stehen (Abb. 4). Obwohl vom 4. bis zum 5. Tag noch ein beachtliches Myzelwachstum stattfindet, wird etwas Natrium abgegeben und durch Kalium ersetzt (Abb. 4), allerdings erscheint diese Menge nicht in der Nährlösung (Abb. 3). Das gesamte Lösungsgeschehen wird in dieser Variante vorwiegend durch Kalium und Natrium bestimmt.

Im Gegensatz zu den erwähnten mikroskopischen Pilzen zeigt *Mucor racemosus* ein etwas anderes Verhalten. Da die Myzelbildung gering bleibt, wird die Nähr-

lösung weniger erschöpft (Abb. 5), vor allem weniger an Kalium, welches zum 5. Tag hin sogar noch eine beachtliche Anreicherung erfährt, dem keine entsprechende Abnahme im Myzel-Kalium gegenübersteht (Abb. 6). Diese Tendenz ist auch bei Natrium vorhanden, doch verbindet sich damit hier ein Rückgang im Na-Gehalt des Myzels, wodurch diese Anreicherung erklärlich wird. Etwas höher ist der Calciumgehalt der Nährlösung und auch des Myzels am 3. und 4. Inkubationstag, zum 5. Tag hin erfolgt jedoch auch hier ein beachtlicher Abfall. Auch *Mucor racemosus* konnte eine Herauslösung von Nährstoffen aus Orthoklas bewirken. Neben Kalium sind durch ihn auch Calcium und Natrium in Mengen gelöst worden, wie sie von den anderen Pilzen nicht erreicht wurden.
Maßgeblich beteiligt an der genannten Lösungsleistung dürften die in Tabelle 1 aufgeführten organischen Säuren sein [4]. Von *A. niger* und *P. nigricans* wurden über-

Tabelle 1
Säurebildung bei *Aspergillus niger*, *Penicillium nigricans* und *Mucor racemosus* unter Verwendung von Orthoklas

Pilz	Variante	1. Entn.	2. Entn.	3. Entn.	4. Entn.	5. Entn.
A. niger	M+NL+P	Ox, Be	Be, We	We	We	We, Zi
	M+NL−P	n. n.	(We)	(We)	(We)	(We)
	NL+P	(Ox)	Ox, Be	Be	We	Zi
P. nigr.	M+NL+P	n. n.	Ox	Ox, We	Be, We	We, Zi
	M+NL−P	n. n.	((We))	Ox	Be	We
	NL+P	We	We	We	We	We, Zi
Muc. rac.	M+NL+P	Ox	Ox	Ox	Ox	Ox, We
	M+NL−P	n. n.	n. n.	(Ox)	(Ox)	(We)
	NL+P	n. n.	(Ox)	(Ox)	(Ox)	(Ox, We)

M = Mineral
NL = Nährlösung
P = mikroskopischer Pilz
Be = Bernsteinsäure
Ox = Oxalsäure
We = Weinsäure
Zi = Zitronensäure
n. n. = nicht nachweisbar
( ) = schwache Säurebildung
(( )) = ganz schwache Säurebildung

wiegend Bernsteinsäure und Weinsäure gebildet, während *Mucor racemosus* Oxalsäure produzierte. Diese war am intensivsten in der beimpften Variante mit Mineralzusatz, in den übrigen Varianten ließ sie sich nur schwach bzw. gar nicht nachweisen. Am letzten Entnahmetag trat noch die Weinsäure hinzu. Auch Bernsteinsäure konnte am 5. Bebrütungstag bei *Mucor racemosus* identifiziert werden. In der unbeimpften Variante ließ sich ebenfalls eine geringe Säurebildung feststellen, da bei dieser Methodik keine völlige Sterilität möglich ist. Sie dürfte sich jedoch auf die Nährstofffreisetzung kaum ausgewirkt haben, da einmal die pH-Werte fast unverändert blieben und zum anderen im Laufe der Bebrütungszeit die K-, Na- und Ca-Gehalte der Nährlösung etwa beibehalten wurden. – Im Gegensatz zu den vorangegangenen Untersuchungen (2) konnten überwiegend zwei der häufig von mikroskopischen Pilzen gebildeten Säuren nachgewiesen werden. Dabei ist bei *A. niger* und *P. nigricans* eine deutliche Verschiebung während der Inkubationszeit festzustellen. So erscheint bei *A. niger* in der ersten Variante zunächst Oxalsäure + Bernsteinsäure, dann Bernsteinsäure + Weinsäure und schließlich Weinsäure + Zitronensäure.

3. Diskussion

Die vorliegenden Untersuchungen sollten das Verhalten der wichtigsten Alkali-Ionen im Anfangsstadium einer biologisch-induzierten Verwitterung prüfen. Vorangegangene Untersuchungen hatten den Nachweis einer Herauslösung von Kalium aus dem Kristallgitter verschiedener Silikate erbracht. Aus einer Hornblende wurde auch die Calciumfreisetzung, welche sehr beachtlich war, geprüft. Diese Untersuchungen erlaubten jedoch keine tiefere Einsichtnahme in den Lösungsprozeß. Zweifellos würde eine restlose Erfassung aller im Laufe der Verwitterung frei werdenden Ionen den besten Einblick gestatten. Wir beschränkten uns jedoch zunächst auf die mengenmäßig wichtigsten Alkalien. Auch hier bestätigte sich die Vermutung, daß es Beziehungen zwischen den spezifischen Stoffwechselleistungen der mikroskopischen Pilze und dem Mineral gibt, welche die Lösungsleistung beeinflussen. So ist selbstverständlich zunächst eine Abhängigkeit der gelösten Nährstoffmenge vom Gehalt gegeben. Nachweisbare Unterschiede ergaben sich jedoch auf Grund des unterschiedlichen Bedarfes seitens der Pilze. Dies zeigt sich weniger beim Kalium, deutlicher beim Natrium und Calcium. Natrium wird offensichtlich von *A. niger* in geringerem Umfange benötigt als von *P. nigricans*, welcher die Nährlösung restlos erschöpfte. Dies dürfte die Freisetzung von Natrium aus dem Mineral – eingedenk der Prinzipien des Konzentrationsausgleiches zwischen Innen- und Außenlösung von Kolloiden – durchaus gefördert haben. In der *Mucor-racemosus*-Variante steht das Calcium im Vordergrund. Da schon nach 24 Stunden Inkubationszeit mehr als in den anderen beiden Pilz-Varianten in Lösung ging, dürften spezifische Stoffwechselprodukte des Pilzes *Mucor racemosus* daran beteiligt sein, unter denen zunächst die Oxalsäure hervorzuheben ist. Doch drängt dieses Ergebnis die Frage nach weiteren Substanzen, welche hier Einfluß nehmen könnten, auf, wie z. B. chelatartigen Verbindungen.

Das Calcium zeigt in vielen Fällen noch in anderer Beziehung ein beachtenswertes Verhalten insofern, als der Gehalt der Nährlösung vom 4. bis 5. Inkubationstag zurückgeht, dem keine verstärkte Aufnahme in das Myzel gegenübersteht. Diesem Verhalten wurde experimentell nachgegangen [5]. Es bestätigte sich die Vermutung, daß Rückwanderungen an das Mineral möglich sind, vorzugsweise von Calcium als eintauschintensivstem Ion, weniger bei Kalium- und Natrium-Ionen. Diese Rückwanderung dürfte dadurch erleichtert werden, daß am 5. Tag der Höhepunkt der Stoffwechselintensität und damit der Lösungsleistung überschritten ist. Das Lösungsgeschehen wird nicht mehr durch die Aktivität des Pilzes bestimmt.

Unter Zusammenfassung der gelösten Mengen an Kalium, Natrium und Calcium ergibt sich – im Vergleich mit der unbeimpften Variante – die Möglichkeit einer gewissen Bilanzierung. Tabelle 2 widerspiegelt die Lösungsleistung der geprüften mikroskopischen Pilze während der Inkubationszeit.

Tabelle 2
Lösungsleistung in γ-val

Pilz	Inkubationstage				
	1.	2.	3.	4.	5.
A. niger	(–)	– 7,10	+ 4,30	+ 9,00	+ 12,70
P. nigr.	– 11,60	– 9,96	+ 15,21	+ 25,95	+ 20,25
Muc. rac	+ 7,36	+ 16,79	+ 14,46	+ 15,16	+ 14,26

Bei *A. niger* und *P. nigricans* zeigen sich in den ersten Tagen negative Werte. Dies kommt zunächst dadurch zustande, daß die Myzele am ersten Tage noch nicht erfaßt werden konnten. Aber auch noch weitere Faktoren, welche hier nicht geprüft wurden, dürften dazu beigetragen haben. *Mucor racemosus* zeigt sofort eine positive Lösungsleistung, welche u. a. mit der besonders anfänglich geringen Kationenaufnahme in das Myzel in Beziehung steht. In den nächsten Tagen zeigt sich dann die Überlegenheit der beimpften Varianten. *P. nigricans* und *Mucor racemosus* erreichen den Höchstwert am 4. Tag, *A. niger* zeigt noch am 5. Tag eine Steigerung der Lösungsleistung.
Es konnte bewiesen werden, daß bei den hier geprüften Pilzen etwa am 3. Tag ein aktives Eingreifen in die Nährstofffreisetzung aus primären Mineralien gegeben ist. Diese Mikroorganismen erwiesen sich damit als Faktoren, welche in der Nährstoffdynamik des Bodens zu berücksichtigen sind.

Zusammenfassung

Vorangegangene Untersuchungen erbrachten den Beweis, daß zur Säurebildung befähigte Mikroorganismen des Bodens die Auflösung mineralischer Bodenteilchen unterstützen, d. h. die biologische Verwitterung fördern. Dabei ergaben sich Beziehungen zwischen Säurebildungsvermögen der Mikroorganismen und Lösungsvermögen sowie Verwitterungsstabilität der Mineralien und Ionenabgabe.
In den vorliegenden Untersuchungen wurde der Versuch unternommen, die festgestellte Lösungsleistung der Mikroorganismen in ihrem Anfangsstadium zu verfolgen und zu bilanzieren. Zu diesem Zwecke wurden während der ersten 5 Bebrütungstage in Gegenwart von Orthoklas das Wachtum dreier mikroskopischer Bodenpilze sowie die Nährstofffreisetzung täglich geprüft.
Bereits nach 24 Stunden wurden z. T. erhebliche Mengen an Natrium-, Kalium- und Calciumionen gelöst, welche zunächst in der Nährlösung erschienen, dann aber vom aufwachsenden Pilzmyzel aufgenommen wurden.
Die Lösung erfolgt überwiegend auf hydrolytischem Wege, wobei die Aufnahme in das Myzel die Kationenkonzentration der Nährlösung verringert. Infolgedessen und auch auf Grund der vom Myzel laufend abgegebenen Wasserstoffionen dürfte der Vorgang der Herauslösung von Ionen aus dem Mineralgitter gefördert worden sein, so daß etwa ab 2.–3. Bebrütungstag in der Variante „Mineral + Nährlösung + Pilz" gegenüber der Variante „Mineral + Nährlösung ohne Pilz" eine zusätzliche biologisch induzierte Lösungsleistung zu verzeichnen ist, welche in γ-val (Gamma-Äquivalenten) ausgedrückt wird. Im allgemeinen nimmt diese bis zum 4. Bebrütungstag hin zu. Am 5. Tag ist ein gewisses

Zurückgehen zu verzeichnen. Dies dürfte mit dem Entwicklungsrhythmus des Pilzmyzels in Verbindung stehen. Unter den gegebenen Bedingungen geht wahrscheinlich die Stoffwechselaktivität bereits am 5. Tag zurück und damit auch die Bereicherung der Nährlösung an H^+-Ionen. Dies erleichtert eine gewisse Rückwanderung von Metallkationen an das Mineral.

Резюме

Предварительные исследования показали, что кислотообразующие микроорганизмы почвы способствуют растворению минеральных почвенных частиц, т. е. ускоряют биологическое выветривание. При этом были найдены взаимосвязи между способностью микроорганизмов к кислотообразованию, способностью минералов растворяться, их устойчивостью к выветриванию и способностью минералов к ионоотдаче.
В проведенных опытах была сделана попытка проследить за начальными стадиями установленной микроорганизмов способности разлагать минералы и сбалансировать это разложение. С этой целью в течение первых пяти дней при наличии ортоклаза ежедневно проверялся рост трех почвенных грибов, а также бысвобождение питательных веществ.
Уже через сутки выделились отчасти значительные количества ионов натрия, калия и кальция, которые сперва находились в питательном растворе, а затем были поглощены развивающимся мицелием грибов.
Растворение происходит преимущественно гидролитическим путем, причем в результате поглощения мицелием веществ концентрация катионов в питательном растворе уменьшается. Вследствии этого, а также в результате того, что мицелием постоянно выделяются ионы водорода можно предполагать, что процесс выделения ионов из кристаллической решетки ускоряется. Таким образом со 2-го — 3-го дня в варианте „минерал + питательный раствор + гриб“ наблюдается дополнительная по сравнению с вариантом „минерал + питательный раствор“, биологически индуцированная растворяющая способность, которую выражают в γ-экв. (гаммаэквивалентах). В основном эта способность увеличивается до 4-го дня. На пятый день отмечается некоторое ослабление растворяющей способности. Это, вероятно, находится в связи со скоростью развития мицелия гриба. При данных условиях активность обмена веществ, очевидно, снижается уже на 5-ый день и тем самым снижается обогащение питательного раствора H^+—ионами. Это облегчает некоторый возврат металлических катионов к минералам.

Summary

Previous investigations proved that soil-borne acid-former microorganisms encourage the dissolution of minaral particles of the soil, i. e., promote biological weathering. Relations emerged thereby between the acid-forming capacity of the microorganisms and the dissolving power and weathering stability of the minerals and the giving off of ions.

An attempt is made in the investigations described to follow up and balance the ascertained dissolving capacity of the microorganisms in its initial stage. To this end, the growth of three microscopic soil-borne fungi and the amount of liberated nutrients were checked in the presence of orthoclase every day. These checks took place during the first five days of incubation.
Substantial quantities of sodium, potassium, and calcium ions had, in some cases, already been dissolved after 24 hours. They first appeared in the nutrient solution and were then absorbed by the growing mycelium of the fungus.
Dissolution is primarily brought about through hydrolysis. The cation concentration of the nutrient solution is reduced by the fact that the mycelium absorbs the ions. This and the fact that the mycelium constantly gives off hydrogen ions probably promotes the process of freeing ions from the mineral lattice. An additional, biologically induced capacity of dissolution is therefore in found in the „mineral + nutrient solution + fungus" variant from the second to third day of incubation onward. This capacity does not exist in the „mineral + nutrient solution without fungus" variant. It is expressed in γ-val (Gamma equivalents). This capacity generally increases up to the fourth day of incubation, and is slightly reduced on the fifth day. This phenomenon is probably connected with the rhythm of development of the fungal mycelium. Under the given conditions metabolic activity probably already declines on the fifth day and with it also the increase of H^+ ions in the nutritive solution. This makes it easier for the metal cations to return to the mineral.

Literaturverzeichnis

[1] Müller, G., und I. Förster: Einige methodische Versuche zum Problem der Nährstofffreisetzung aus Mineralien durch Bodenpilze. Zbl. Bakteriol. II, 1961 **114**

[2] Müller, G., und I. Förster: Der Einfluß mikroskopischer Bodenpilze auf die Nährstofffreisetzung aus primären Mineralien, als Beitrag zur biologischen Verwitterung. Zbl. Bakteriol. II, 1963, **116**

[3] Abschlußbericht zur Forschungsarbeit 2154 17/2—11/10: Bodenmikrobiologische Untersuchungen über die Verwitterung von gesteinsbildenden Mineralien an Hand der Freisetzung pflanzenaufnehmbarer Ionen. Bearbeiter Prof. Dr. G. Müller, Dr. I. Förster

[4] König, E.: Untersuchungen über den Chemotropismus einiger Pilze gegenüber schwer löslichen Phosphaten. Arch. Mikrobiol. 1961, **40**, 395—402

[5] Müller, G., und I. Förster: unveröffentlicht (1963)

Aus dem Institut für Bodenkunde und Mikrobiologie
der Karl-Marx-Universitat Leipzig
(Direktor: Prof. Dr. agr. habil. G. MULLER)

GEORG MÜLLER und HARRY WINKLER

Die Wirkung von mikroskopischen Bodenpilzen auf den Trockensubstanzertrag von Hafer im Jugendwachstum

Eingegangen: 5. 10. 1963

0. Einleitung

Wegen der Vielzahl der Faktoren, die bei den zwischen Mikroorganismen und höheren Pflanzen bestehenden Wechselbeziehungen im natürlichen Boden eine Rolle spielen, ist die Feststellung des Wirkungsanteiles der niederen Organismen unter natürlichen Verhältnissen kaum möglich. Zum Studium dieser Verhältnisse ist es notwendig, Modellversuche anzulegen, in denen nach Möglichkeit sowohl die Entwicklung der Mikroorganismen als auch das Wachstum der Pflanzen weitgehend kontrolliert werden kann.

Die bisher zu diesen Problemen bekannt gewordenen Beobachtungen gründen sich meist auf Versuche, die in Flüssigkeitskulturen durchgeführt wurden (MANNOZZI, 1932, VOSNJAKOVSKAJA und ŽILCOVA, 1960, WELTE und TROLLDENIER, 1962). Andere Autoren stützen sich auf Ergebnisse, die entweder in Sand- oder auch Agarkulturen gewonnen wurden (KRASILNIKOV, 1939, BUKATSCH und HEIZER, 1952). Häufig wurden mehr oder weniger definierte Stoffwechselprodukte von Mikroorganismen geprüft und auf eine gemeinsame Kultur von Mikroorganismus und Pflanze verzichtet (MANNOZZI, 1932, KRASILNIKOV, 1939, TOLLE und RIPPEL-BALDES, 1958).

Weit seltener wurden Mikroorganismen und Pflanzen gemeinsam in ihrem natürlichen Substrat, dem Boden, kultiviert.

Ziel unserer Untersuchungen war es, Mikroorganismen und Pflanzen unter Bedingungen zu kultivieren, die einerseits garantierten, daß der zu prüfende Organismus zu einer dominierenden Rolle im Boden gelangt und andererseits der Pflanze Gelegenheit geben, sich in einem noch weitgehend natürlichen Substrat zu entwickeln.

1. Material und Methodik

Als Testpflanze wurde Hafer ausgewählt. Bei den geprüften Mikroorganismen handelt es sich um Reinkulturen mikroskopischer Pilze, die sämtlich aus verschiedenen Böden isoliert wurden.

Die Versuche wurden mit beiderseits offenen Glasröhrchen von etwa 20 cm Länge und 2 cm Durchmesser ausgeführt (Abb. 1 a). In die an der einen Seite

a b c

Abb. 1: Versuchsröhrchen

mit einem Zellstoffstopfen verschlossenen Röhrchen (Abb. 1 b) kamen 20 g eines auf eine Korngröße zwischen 1 und 2 mm gesiebten sandigen Bodens. Die noch offene Seite des Röhrchens wurde im Anschluß an das Einfüllen mit einem Wattestopfen verschlossen, nachdem dem Boden so viel Wasser zugefügt worden war, daß die Sättigung 50 % der WK erreichte. Anschließend kamen die Röhrchen zur Sterilisation in den Autoklaven, wo sie 2 Stunden bei 1,2 atü verblieben. Nach dem Autoklavieren wurde der auf Sterilität geprüfte Boden unter Verwendung einer Injektionsspritze mit 1 ml einer Sporensuspension des jeweiligen Pilzes geimpft und die Impfstelle mit einem zweiten sterilen Wattestopfen verschlossen (Abb. 1 c). Die Bereitung der Sporensuspension geschah durch Abschwemmen 2 Tage alter Schrägröhrchenkulturen mit 10 ml Wasser. An die Beimpfung schloß sich eine 7tägige Bebrütung bei 27 °C an. Die Entwicklung der Pilze wurde mikroskopisch kontrolliert.

Nach der Bebrütung wurde der im Röhrchen befindliche Boden durch Entfernung der beiden Wattestopfen freigelegt und je Röhrchen 2 ungebeizte,

vorgekeimte und sorgfältig ausgewählte Haferkörner ausgepflanzt. Sofort danach kamen die Röhrchen mit dem in ihnen verbliebenen Zellstoffstopfen nach unten in 200-ml-Erlenmeyerkolben, die mit so viel aqua dest. gefüllt wurden, daß dieses etwa 1,5–2 cm unter der Bodensäule stand (Abb. 2). Damit wurde eine gleichmäßige Versorgung der Pflanzen jedes Röhrchens mit Wasser während des gesamten Versuches gewährleistet.
Nach 21tägigem Wachstum im Gewächshaus wurde die Ernte der Pflanzen vorgenommen, bei der das Trockensubstanzgewicht der oberirdischen Pflanzenteile

Abb. 2: Versuchsanordnung nach dem Auspflanzen

bestimmt wurde. Die Wirkung der Beimpfung wurde an einer Variante gemessen, die auf sterilisiertem, aber nicht beimpften Boden herangewachsen war.
Somit gliedert sich jeder Versuch in eine sterile Phase, während der sich der Pilz ungestört im Boden entwickeln und diesen mit seinen Stoffwechselprodukten anreichern kann. Die bis zur Ernte andauernde unsterile Phase beginnt mit dem Einbringen der Testpflanze in den Boden. In diesem Abschnitt muß sich die Pflanze in einem Substrat entwickeln, das die Stoffwechselprodukte der zu prüfenden Pilze enthält, deren Wirkung festgestellt werden soll.

2. Ergebnisse

Zunächst wurde das Ziel verfolgt, Bodenpilze zu finden, die in der Lage sind, den Hafterertrag möglichst im positiven Sinne zu beeinflussen. Bei den Pilzen, die im Rahmen dieser Versuche eingesetzt wurden, konnte daher auf die taxonomische Einordnung der Mehrzahl der geprüften Stämme verzichtet werden.

Insgesamt kamen in 16 biostatistisch ausgewerteten Versuchen **83** verschiedene Stämme zur Untersuchung. Unter den bis zur Gattung bestimmten Stämmen überwogen Vertreter der Gattungen *Penicillium*, *Aspergillus* und *Fusarium*.

Tabelle 1
Wirkung verschiedener aus dem Boden isolierter Pilze auf den Trockensubstanzertrag von Hafer

Stamm Nr.	Trockensubstanzertrag in % zur Kontrolle	Sicher.
M 1	79,37	○
M 2	103,49	—
M 4	52,89	○○○
M 7	53,65	○○○
M 13a	66,50	○○○
M 17	110,00	—
M 19	66,16	○○○
M 28	76,26	○
M 33	93,39	—
M 34	68,66	○○
M 38	97,68	—
M 42	58,33	○○○
M 55	74,36	○○
M 57	61,44	○○
M 59	67,80	○○○
M 63	59,69	○○○
M 66	76,22	○
M 76	83,78	—
M 78	67,74	○○○
M 84	110,78	—
M 92	53,78	○○○
M 93	73,81	○○○
M 94	90,17	—
M 95	120,00	—
M 101a	86,77	○
M 102	73,37	○○
M 109	78,19	○
M 110	71,79	○○○
M 123	71,41	○○
M 127	78,60	○
M 128	77,35	○○
M 139	64,26	○○○
M 145c	69,65	○○○
M 152	96,74	○
M 155	80,98	○
M 159	75,18	○○○
M 160	93,66	—

(Fortsetzung von Tabelle 1)

Stamm Nr.	Trockensubstanzertrag in % zur Kontrolle	Sicher.
M 168	72,58	○○
M 169	39,92	○○○
M 173	75,72	○○
M 170	52,87	○○○
L 1	90,97	–
L 2	109,03	–
L 3	91,18	–
L 4	92,65	–
L 5	128,82	–
L 6	157,64	++
L 7	135,07	–
L 8	147,92	+
L 9	132,29	–
L 10	110,07	–
L 11	102,51	–
L 12	84,41	–
L 13	114,17	–
L 14	116,19	–
L 15	102,43	–
L 16	103,77	–
L 17	90,38	–
L 20	92,05	–
L 21	103,35	–
L 22	82,01	–
L 23	90,79	–
L 26	95,29	–
L 27	122,59	+
L 28	116,60	–
L 29	106,88	–
L 30	117,85	–
L 31	114,81	–
L 32	112,46	–
L 33	126,26	+
L 34	120,88	+
L 35	95,96	–
L 36	107,41	–
L 37	88,89	–
L 38	100,42	–
L 39	100,25	–
L 40	93,70	○○
L 41	91,94	○○○
L 42	94,33	○○
L 43	103,53	–
L 44	97,32	–
L 45	112,59	+++
L 46	109,19	+++

Im Vergleich zur nicht beimpften Variante traten in jedem der durchgeführten Versuche statistisch gesicherte Ertragsdifferenzen auf, wobei die beimpften Varianten unter den gegebenen Versuchsbedingungen im Ertrag meist hinter dem der nicht beimpften Kontrollen zurückblieben (Tab. 1).

Von den 83 geprüften Isolaten verhielten sich 42 (50,6%) indifferent, 34 (41,0%) zeigten einen signifikant negativen und 7 (8,4%) einen signifikant positiven Einfluß auf die Substanzproduktion. Die im positiven Sinne wirksamen Isolate zählten zu verschiedenen Genera: *Penicillium* spec. (L 6 und L 8), *Hormiscium* spec. (L 27), *Monilia sitophila* (L 33), *Acrostalagmus* spec. (L 34) und *Mucor* spec. (L 45 und L 46).

Vertreter einer Gattung beeinflußten den Ertrag nicht immer gleichsinnig. Diese Feststellung trifft zumindest für die Penicillien zu, da bei diesem Genus Vertreter gefunden wurden, die die Trockensubstanzproduktion sowohl nicht signifikant als auch statistisch gesichert positiv bzw. negativ beeinflußten. Bei dem Genus *Aspergillus* waren ebenfalls Stämme vorhanden, von denen die einen auf den Ertrag nicht signifikant und die anderen gesichert negativ wirkten. Zwei in diese Versuche mit einbezogene, als phytopathogen bekannte Stämme (*Fusarium solani* (L 21) und *Fusarium oxysporum* (L 36)) riefen keine Depression der Substanzproduktion hervor.

Bei weiteren Beobachtungen stellte sich jedoch heraus, daß die o. a. Versuchsergebnisse schlecht reproduzierbar waren. Es traten Fälle ein, in denen sich trotz gleicher Versuchsbedingungen eine einmal festgestellt positive Wirkung nicht in jedem Falle erneut nachweisen ließ. Teilweise war eine Umkehrung des positiven Einflusses in einen negativen zu beobachten.

Zur näheren Betrachtung dieser Erscheinungen wurden aus dem vorliegenden Sortiment an Pilzen zehn Stämme ausgewählt. Nach der bereits beschriebenen Methodik wurde die Wirkung dieser Stämme auf den Ertrag an Trockensubstanz im Verlaufe eines Jahres monatlich untersucht. In diese Prüfung einbezogen waren zwei Stämme von *Gibberella fujikuroi*, von denen anzunehmen war, daß sie durch die von ihnen erzeugten Gibberelline den Ertrag günstig beeinflussen. Die Versuche wurden mit 5 Parallelen angelegt und insgesamt 14mal durchgeführt. Folgende Stämme wurden geprüft: *Stachybotrys* spec. (L 5), *Penicillium* spec. (L 6), *Gibberella fujikuroi* (L 7 und L 9), *Penicillium glaucum* (L 8), *Aspergillus* spec. (L 12), *Cephalosporium* spec. (L 26), *Hormiscium* spec. (L 27), *Monilia sitophila* und *Acrostalagmus* spec. (L 34). Zum Vergleich wurde eine nicht beimpfte sterile Variante herangezogen.

Im Durchschnitt aller durchgeführten Versuche ergibt sich ein Bild, das aus der Tabelle 2 hervorgeht.

Von den ausgewählten Stämmen, die sämtlich von dieser Prüfung in einem Falle eine sehr starke Erhöhung des Trockensubstanzertrages hervorgerufen hatten, brachten im Durchschnitt von 14 Versuchen nur zwei statistisch gesicherte bzw. gut gesicherte höhere Erträge. Die anderen Stämme zeigten, bis auf eine Ausnahme, lediglich eine Tendenz zur Erhöhung des Trockensubstanzertrages an. Unterschiedlich war, was besonders zu betonen ist, auch die Wirkung der

Tabelle 2

Einfluß verschiedener Pilzstämme auf die Trockensubstanzerzeugung von Hafer im Durchschnitt von 14 Versuchen

Stamm Nr.	Durchschnittlicher Trockensubstanzertrag		
	mg	rel.	Sicher.
L 5	61,5	101,7	–
L 6	62,5	103,5	–
L 7	59,6	98,5	–
L 8	61,6	101,8	–
L 9	69,1	114,2	+
L 12	66,3	109,6	–
L 26	71,6	118,4	++
L 27	65,5	108,3	–
L 33	65,7	108,6	–
L 34	66,7	110,3	–
nicht beimpft	60,5	100,0	(V)

$GD_{5\%} = 11{,}5\%$
$GD_{1\%} = 15{,}1\%$

beiden Stämme von *Gibberella fujikuroi*, von denen der eine den Ertrag nicht und der andere signifikant positiv beeinflußte.

Die Wirkung der verschiedenen Pilzstämme in jedem einzelnen der 14 Versuche auf den Ertrag war jedoch sehr unterschiedlich. Die Abbildungen 3 a–d sollen dieses am Beispiel von 4 Stämmen zeigen. Aus diesen Darstellungen geht hervor, daß auch bei einem Pilz, der im Durchschnitt aller 14 Versuche einen statistisch gesichert höheren Ertrag bewirkte (z. B. Stamm L 26) in drei Fällen (April, Juli, November) keine bzw. sogar eine geringfügig negative Wirkung festzustellen war. Diese negative Wirkung trat bei Stamm L 8 viel öfter, nämlich in der Hälfte aller Versuche, ein. Das häufige Auftreten der ungünstigen Wirkung schließt jedoch das Erscheinen eines positiven Effektes in Einzelfällen nicht aus, wie es aus den Ergebnissen des Februar-Versuches (L 8) ersichtlich ist. Die anderen, hier nicht aufgenommenen Stämme, zeigten ein ähnliches Verhalten.

Zunächst lag es nahe, diese Erscheinungen mit einem jahreszeitlich bedingten Rhythmus in Verbindung zu bringen. Weiter schien es von Wichtigkeit, festzustellen, ob derartige Schwankungen in der Wirkung nur auftreten, wenn zwischen der Durchführung der einzelnen Versuche größere Zeitspannen liegen.

Aus diesem Grunde wurden weitere Experimente mit den gleichen Pilzstämmen durchgeführt, in denen die Beimpfung des Bodens in einem 3- bzw. 5tägigen Abstand geschah (Tab. 3).

Auch hier zeigte sich, daß sich alle Stämme, trotz der dichten Folge der Versuche, im Vergleich zur unbeimpften Variante sehr unterschiedlich verhielten. Besonders deutlich trat dieses beim Stamm L 26 hervor, der nur in einem der 4 Versuche eine sehr gut gesicherte Ertragserhöhung hervorrief oder am Stamm L 9, wo dies nur in 2 Versuchen eintrat. Die anderen Stämme reagierten ähnlich.

Tabelle 3

Wirkung der Beimpfung des Bodens mit den verschiedenen Pilzstämmen auf den Trockensubstanzertrag der Versuchspflanze bei enger zeitlicher Folge der Versuche

Stamm Nr.	Durchschnittlicher Trockensubstanzertrag 6. 4. 1962 mg	rel.	Sich.	9. 4. 1962 mg	rel.	Sich.	11. 4. 1962 mg	rel.	Sich.	16. 4. 1962 mg	rel.	Sich.
L 5	39,5	67,9	○○	49,6	80,0	○	65,8	81,0	○	55,9	102,0	–
L 6	42,3	72,7	○	49,5	79,8	○	70,5	86,8	–	63,7	116,2	–
L 7	45,7	78,5	○	67,6	109,0	○	76,2	93,8	–	56,3	102,7	–
L 8	57,2	98,3	–	60,5	97,6	–	76,9	94,7	–	63,7	116,2	–
L 9	60,5	104,0	–	80,2	129,4	++	94,3	116,1	+	57,6	105,1	–
L 12	58,3	100,2	–	64,0	103,2	–	55,3	68,1	○○○	64,2	117,2	–
L 26	93,3	160,3	+++	70,3	113,4	–	79,0	97,3	–	62,5	114,1	–
L 27	56,8	97,6	–	77,8	125,5	+	82,1	101,1	–	58,5	106,8	–
L 33	58,0	99,7	–	61,4	99,0	–	77,9	95,9	– –	64,7	118,1	–
L 34	63,4	108,9	–	73,5	118,6	–	64,0	78,8	○○	82,8	151,1	+++
nicht beimpft	58,2	100,0	(V)	62,0	100,0	(V)	81,2	100,0	(V)	54,8	100,0	(V)

Werte: Mittelwert von 6 Parallelen

6. 4. 1962	9. 4. 1962	11. 4. 1962	16. 4. 1962
GD_5 % = 21,1%	GD_5 % = 19,8%	GD_5 % = 15,1%	GD_5 % = 22,4%
GD_1 % = 27,9%	GD_1 % = 26,2%	GD_1 % = 20,0%	GD_1 % = 29,6%
$GD_{0,1}$ % = 35,9%	$GD_{0,1}$ % = 33,7%	$GD_{0,1}$ % = 25,7%	$GD_{0,1}$ % = 38,2%

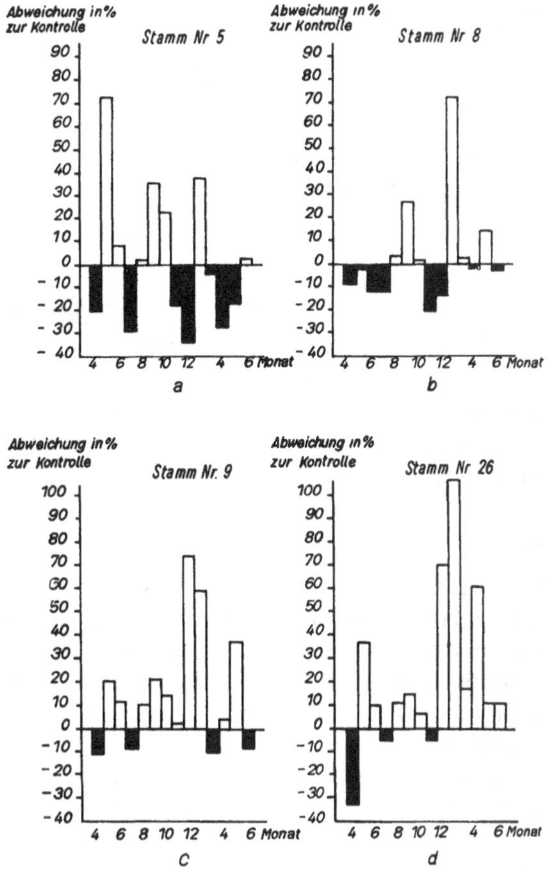

Abb. 3: Ertragsdifferenzen zur nicht beimpften Variante von 4 in 14 Versuchen geprüften Pilzstämmen
1, 2 · · · 12 = Januar, Februar · · · Dezember

Als Ursache für die festgestellten Unregelmäßigkeiten kann möglicherweise die Wachstumtemperatur, der der Hafer im Gewächshaus ausgesetzt war, in Betracht kommen. Um diese Frage zu prüfen, wurde die Temperatur während der Versuche, die in der Zeit vom Dezember – Mai stattfanden, gemessen.
In die Abbildung 4 sind der Temperaturverlauf und die Erträge der unbeimpften Varianten sowie die der Stämme L 5 bzw. L 26 aufgenommen. Bei sonst gleichen Umweltbedingungen folgt der Ertrag gewöhnlich den Temperatureinflüssen. Dies ist aus Abbildung 4 deutlich zu erkennen, wenn man Temperatur und Trockensubstanzertrag der unbeimpften Varianten während der in die Abbildung aufgenommenen Versuche gegenüberstellt. Der im Vergleich zum Temperaturverlauf erhebliche Ertragsanstieg in den Monaten April und Mai darf wohl dem Wachstumsfaktor Licht zugeschrieben werden. Die Beziehung zwischen Trockensubstanzertrag und Temperaturverlauf ist nicht oder nur in erheblich abgeschwächtem Maße bei den beimpften Varianten zu erkennen. Dies zeigen die Trockensubstanzkurven der Stämme L 26 und L5 in der Abbildung 4 an. Im Gegensatz zur nicht beimpften Variante können bei beiden Stämmen trotz

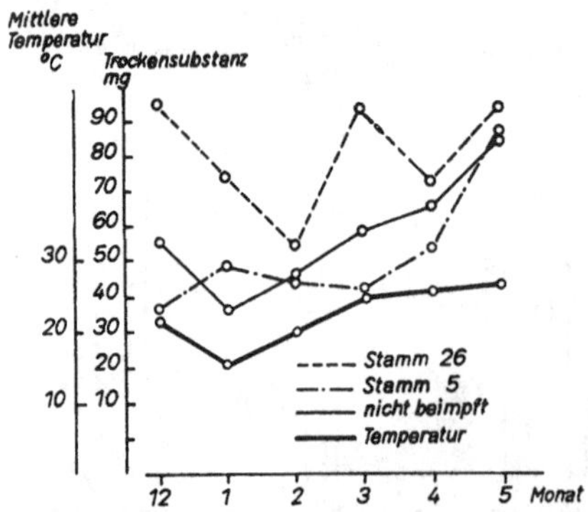

Abb. 4: Trockensubstanzertrag und Temperaturverlauf in 6 Versuchen
1, 2···12 = Januar, Februar···Dezember

Temperaturanstiegs Ertragsminderungen und umgekehrt bei Sinken der Temperatur ein Ertragsanstieg abgelesen werden. Die anderen beimpften Varianten reagieren sinngemäß.

3. Diskussion

Von einer größeren Anzahl von Autoren wurde wiederholt nachgewiesen, daß eine größere Zahl von Bodenmikroorganismen zur Synthese von Stoffen fähig ist, die auf das Pflanzenwachstum einwirken können (Lochhead, 1958, Smali, 1958, Burger und Bukatsch, 1958, Bekker, 1959, Vancura und Macura, 1960, Vancura, 1961). Des weiteren wurde der Nachweis geführt, daß Pflanzen organische Verbindungen aufnehmen können, auch wenn diese ein höheres Molekulargewicht aufweisen (Winter und Rings-Willecke, 1959, Winter und Schönbeck, 1959). Diese Beobachtungen lassen die Schlußfolgerung zu, daß die festgestellten Reaktionen der Testpflanzen auf die Beimpfung des Bodens auf Stoffwechselprodukte der Pilze zurückzuführen sind, die Wirkstoffcharakter tragen.

Besonders auf der Grundlage der Ergebnisse der ersten Versuchsserie, in der sowohl positive als auch negative oder auch keine Ertragsbeeinflussungen durch die geprüften Pilze auftraten, kann man zu der Auffassung gelangen, daß von den untersuchten Pilzstämmen Stoffe erzeugt wurden, die den Ertrag im negativen oder positiven Sinne beeinflussen können. Des weiteren müßte man einem Teil der geprüften Organismen die Fähigkeit absprechen, stoffwechselwirksame Substanzen zu synthetisieren. Diese Annahmen erklären die Versuchsergebnisse jedoch ungenügend.

Es darf vorausgesetzt werden, daß die von den Mikroorganismen gebildeten wirksamen Substanzen im Rahmen ihres Stoffwechsels anfallen. Sieht man von den zweifellos vorhandenen Unterschieden in der chemischen Zusammensetzung der Stoffwechselprodukte verschiedener Mikroorganismen ab, so ist die Menge an biologisch aktivem Material, die sie unter konstanten äußeren Bedingungen produzieren können, abhängig von der Intensität ihres Stoffwechsels und von der Zeit, die ihnen für das Wachstum zur Verfügung steht.

In unseren Versuchen wurde die Wachstumszeit konstant gehalten, so daß die Erzeugung wirksamer Substanzen weitgehend von der Intensität des Stoffwechsels abhing. Diese ist aber bei den verschiedenen Organismen unterschiedlich. Folglich ist es möglich, daß die verschiedenen geprüften Stämme lediglich unterschiedliche Mengen wirksamer Stoffe an den Boden abgaben. Da jedoch bekannt ist, daß die Wirkung biologisch aktiver Substanzen in starkem Maße von ihrer Konzentration abhängig ist (KANDLER, 1951, NORMAN, 1959, LEH, 1960), muß dieser Tatsache bei der Beurteilung der Ergebnisse mit Rechnung getragen werden. Es ist daher durchaus möglich, daß das Fehlen einer Ertragsbeeinflussung nicht durch die Abwesenheit aktiver Stoffe auftritt, sondern dadurch, daß diese Stoffe in Konzentrationen vorliegen, die unter der Wirkungsschwelle liegen. Das Auftreten der negativen Wirkungen kann durch Konzentrationen bedingt sein, die das Wirkungsoptimum überschreiten.

Für diese Überlegungen sprechen auch die Ergebnisse der weiteren Versuche, bei denen beobachtet werden konnte, daß ein und derselbe Pilz den Ertrag sowohl günstig als auch ungünstig beeinflussen kann. Wollte man die negativen Ertragsbeeinflussungen in diesen Versuchen allein aus der Erzeugung von hemmend wirksamen Substanzen erklären, so müßte von Versuch zu Versuch eine starke Umstellung im Stoffwechselgeschehen erfolgen. Wahrscheinlicher ist in diesen Experimenten eine unterschiedliche Intensität des Stoffwechsels der untersuchten Pilze und eine dadurch bedingte unterschiedlich starke Akkumulation der aktiven Substanzen im Boden.

Eine Erklärung für diese von Versuch zu Versuch auftretenden Schwankungen in der Wirkung der Pilze ist schwer zu finden. Die Schwankungen traten auf, obwohl die Bedingungen in jedem Versuch konstant blieben und waren nicht an eine bestimmte Pilzgattung gebunden. Sie traten auch bei den zwei geprüften Stämmen von *Gibberella fujikuroi* hervor, die bereits als Wirkstoffproduzenten bekannt sind.

Derartige Erscheinungen wurden bei gleichgelagerten Versuchen schon beobachtet. So fanden NISIKADO und Mitarb. (zit. nach STOWE und YAMAKI, 1957), daß die Wirkung verschiedener Stämme von *G. fujikuroi* auf das Pflanzenwachstum von Versuch zu Versuch signifikant verschieden war. WELTE und TROLLDENIER (1962) prüften unter sterilen Bedingungen die Wirkung von Bodenfiltraten, die Mikroorganismen enthielten, auf das Wachstum von Sonnenblumen und Rotklee. Sie beobachteten ebenfalls in einigen Versuchen das Ausbleiben der positiven Wirkungen. Zur Erklärung führen sie an, daß die Ursache für deren Verschwinden in einer unterschiedlichen Zusammensetzung der Mikroorganismenpopulation der in den einzelnen Versuchen angewendeten Bodenfiltrate zu suchen ist.

In unseren Versuchen sind möglicherweise innere Ursachen, die noch weiterer Untersuchungen bedürfen, für die festgestellten Erscheinungen maßgeblich. Daneben kann von Bedeutung sein, daß sich in der unsterilen Versuchsphase im Boden Mikroorganismenpopulationen von unterschiedlicher Zusammensetzung einstellten, die die Wirkung der ursprünglich vorhandenen Reinkultur abschwächten.

Zusammenfassung

In Glasröhrchen befindlicher, sterilisierter Boden wurde mit Sporensuspensionen verschiedener Bodenpilze geimpft. Nach der Impfung wurde den geprüften

Pilzen die Möglichkeit gegeben, sich für eine bestimmte Zeit im Boden zu entwickeln und diesen mit ihren Stoffwechselprodukten anzureichern.
In den so präparierten Boden wurden zwei vorgekeimte Haferkörner eingebracht. Nach 21 Tagen Wachstumszeit erfolgte die Ernte der Haferpflanzen, deren Trockensubstanzgewicht ermittelt wurde.
Im Vergleich zu einer sterilisierten, aber nicht beimpften Variante beeinflußten unter den gegebenen Bedingungen von 83 geprüften Pilzstämmen 50,6% den Ertrag nicht signifikant, während 41,0% eine biostatistisch gesichert negative und 8,4% eine statistisch gesichert positive Wirkung zeigten.
Aus dem vorliegenden Sortiment an Pilzen wurden 10 Stämme ausgewählt, um in monatlichen Abständen ihre Fähigkeit, den Ertrag der Testpflanze zu beeinflussen, zu kontrollieren. Im Resultat dieser Untersuchungen konnte festgestellt werden, daß verschiedene Pilzstämme den Ertrag unterschiedlich beeinflussen. Zugleich ergab sich, daß die Intensität der Wirkung ein und desselben Pilzes auf die Trockensubstanzproduktion von Versuch zu Versuch schwankte.
Die beobachteten Reaktionen der Testpflanzen auf die Impfung des sterilisierten Bodens mit Sporensuspensionen von Bodenpilzen werden auf Stoffwechselprodukte dieser Organismen zurückgeführt, die Wirkstoffcharakter besitzen.
Die Unterschiede im Verhalten der Pflanzen, sowohl gegenüber den verschiedenen Pilzen als auch in den einzelnen Versuchen gegenüber ein und demselben Pilz, können nur teilweise aus Unterschieden in der Wachstumsintensität der Pilze und der damit verbundenen Erzeugung von Stoffwechselprodukten erklärt werden.

Резюме

Помещенную в стеклянные пробирки стерилизованную почву засевали суспензией спор различных почвенных грибов. После засева почвы проверяемым грибам дали возможность определенное время развиваться в почве и обогащать ее своими продуктами обмена веществ. В подготовленную таким образом почву засевали два пророщенных зерна овса. Через 21 день растения были собраны, и определен вес сухого их вещества. При сравнении с вариантом со стерилизованной, но не засеянной грибами почвой, оказалось, что в данных условиях из 83 проверявшихся штаммов 50,6% влияли на урожай не достоверно, 41,0% штаммов оказали биостатистически достоверное отрицательное влияние, а 8,4% — положительное влияние.
Из имевшегося сортимента грибов были выбраны 10 штаммов, для того, чтобы ежемесячно проверять их способность оказывать влияние на урожай опытных растений. В результате этих исследований было установлено, что различные штаммы грибов оказывают различное влияние на урожай. В тоже время было установлено, что интенсивность влияния одних и тех же штаммов на образование сухого вещества колеблется в различных опытах.
Реакции опытных растений на засев стерилизованной почвы суспензиями спор почвенных грибов объясняют влиянием продуктов обмена

веществ этих организмов, которые имеют характер физиологически активных веществ.
Различия отношений растений как к разным грибам, так и в отдельных опытах к одному и тому же грибу, можно лишь частично объяснить различиями в интенсивности роста грибов и, связанным с этим возникновением продуктов обмена веществ.

Summary

Sterilized soil was placed in small glass tubes and inoculated with sporular suspensions of various soil-borne fungi. After inoculation the tested fungi were allowed to develop for a certain time in the soil and to enrich it with their metabolic products.
Two sprouted grains of oats were put into the soil thus prepared. The plants were harvested after 21 days of growth and their production of dry matter was determined.
The above variants were compared with a sterilized, but not inoculated variant. Under the given conditions 50.6 per cent of the 83 fungal strains tested did not show a significant influence on the yield, whereas 41 per cent had a biostatistically significant negative effect and 8.4 per cent a statistically significant positive one.
Ten strains were selected from the presented assortment of fungi and their ability to influence the yields of the test plants investigated once a month. We found that the various fungal strains had different influences on the yields. We also found that intensity of the effect brought about by one and the same fungus on the production of dry matter varied from one experiment to the next.
The reactions of the test plants to the inoculation of sterilized soil with sporular suspensions from soil-borne fungi are due to metabolic products which have the nature of growth-substances and are produced by these organisms.
The varying intensity of growth of the fungi and the production of metabolic products connected therewith can only partially explain the different reactions shown by the plants to both different fungi and to one and the same fungus in the single experiments we carried out.

Literaturverzeichnis

[1] Bekker, S. E.: Bodenhumus und Pilze als Produzenten von Antibiotica. Izvest. Akad. Nauk SSSR, Ser. Biologiceskaja 1959, **24**, 131—138 (russ.)
[2] Bukatsch, F., und J. Heizer: Beiträge zur Kenntnis der Physiologie von Azotobacter. I. Mitt. Arch. Mikrobiol. 1952, **17**, 79—96
[3] Burger, K., und F. Bukatsch: Über die Wuchsstoffsynthese im Boden frei lebender, stickstoffbindender Bakterien. Zbl. Bakteriol. II 1958, **111**, 1—28
[4] Kandler, O.: Über den Einfluß von Bodenbakterien und deren Filtraten auf das Wachstum in vitro kultivierter Wurzeln. Arch. Mikrobiol. 1950/51, **15**, 430—438
[5] Krasil'nikov, N. A.: Der Einfluß von Bodenbakterien auf das Wachstum von Weizen. Mikrobiologija 1939, **8**, 523—532 (russ.)
[6] Leh, H.-O.: Die Wirkung von Streptomycin auf das Wachstum einiger Kulturpflanzen. Z. Pflanzenernähr., Düng., Bodenkde. 1960, **88** (**133**), 129—147

[7] LOCHHAED, A. G.: Soil bacteria and growth – promoting substances. Bacteriol. Rev. 1958, **22**, 145–153
[8] MANNOZZI, T. L.: Influence des produits d'excrétion des champignons du sol sur le développement du blé. Societá Internationale di Mikrobiologia, Bolletinc della Sezione Italiana 1932, **4**, 244–248
[9] NORMAN, A. G.: Inhibition of root growth and cation uptake by antibiotics. Proc. Soil Sci. Soc. America 1959, **23**, 368–370
[10] SMALI, T.: Bildung von Heteroauxin durch Bakterien der Weizenrhizosphäre. Mikrobiol. Žurnal 1958, **20**, 5–8 (russ.)
[11] STOWE, B. B., and T. YAMAKI: The history and physiological action of the gibberellins. An. Rev. Plant Physiol. 1957, **8**, 181–216
[12] TOLLE, ROSEL, und A. RIPPEL-BALDES: Untersuchungen über die Rhizosphäre von Gramineen. Zbl. Bakteriol. II. 1958, **111**, 204–217
[13] VANCURA, V.: Detection of Gibberellic Acid in Azotobacter Cultures. Nature 1961, **192**, 88–89
[14] VANCURA, V., and J. MACURA: Indole Derivatives in Azotobacter Cultures. Folia Microbiologica 1960, **5**, 294–297
[15] VOSNJAKOVSKAJA, JU. M., und G. K. ŽIL'COVA: Mikroorganismen als Stimulatoren des Wurzelwachstums. Agrobiologija 1960, 205–209 (russ.)
[16] WELTE, E., und G. TROLLDENIER: Der Einfluß der Bodenmikroorganismen auf Trockensubstanzbildung und Aschegehalt in Nährlösung wachsender Pflanzen. Arch. Mikrobiol. 1962, **43**, 138–147
[17] WINTER, A. G., und F. SCHÖNBECK: Untersuchungen über die Aufnahme organischer Substanzen durch die Wurzeln höherer Pflanzen. II. Phenol. Naturwiss. 1959, **46**, 537
[18] WINTER, A. G., und LISEL RINGS-WILLECKE: Untersuchungen über die Aufnahme organischer Substanzen durch die Wurzeln höherer Pflanzen. Naturwiss. 1959, **46**, 656–657

Aus dem Institut fur Acker- und Pflanzenbau Muncheberg
der Deutschen Akademie der Landwirtschaftswissenschaften zu Berlin
(Direktor: Prof. Dr. agr. habil. E. RUBENSAM)

KARL STEINBRENNER und DIETRICH GRABERT

Zur Dynamik und Intensität des Abbaues einiger organischer Stoffe

Eingegangen: 25. 9. 1963

Die Zersetzung der aus den Pflanzenresten und der organischen Düngung stammenden organischen Stoffe ist eine der wichtigsten Aufgaben der Bodenorganismen, wodurch in der Natur der Kohlenstoff-, Stickstoff-, Phosphorsäure- und Schwefelkreislauf aufrecht erhalten wird. Die Intensität der Zersetzung hängt bei gleichen Temperaturen und Feuchtigkeitsbedingungen vorwiegend von der Natur der organischen Stoffe und der Bodenart ab.

Untersuchungen über den Abbau organischer Stoffe sind in großer Zahl durchgeführt worden. Als Beispiel seien nur einige wenige angeführt: WAKSMAN und STARKEY (1924a, 1924b), JENSEN (1936), KRASILNIKOW und NIKITINA (1945), KOEPF (1956), KONONOWA (1958), RYBALKINA und KONONENKO (1959), DROBNIK (1958, 1960), FREYTAG (1962), STOTZKY und NORMAN (1961). In der Regel wurde dabei die freigesetzte CO_2-Menge bzw. der O_2-Verbrauch als Maß der Zersetzungsintensität benutzt. Gleichzeitige quantitative und qualitative Bestimmungen der an der Zersetzung beteiligten Organismen ergaben eine mangelnde Übereinstimmung mit der Bodenatmung (VANDECAVEY und BAKER, 1938, VANDECAVEY und KATZNELSON, 1938, und STOTZKY und NORMAN, 1961).

Mit vorliegenden Untersuchungen sollte ein Einblick in den Abbauverlauf einiger häufiger, aber in der chemischen Zusammensetzung recht unterschiedlicher Pflanzenreste gewonnen werden. Dazu sollten einerseits die den Abbau vollziehenden Mikroorganismengruppen und ihre Leistungen erfaßt und andererseits die durch sie bewirkten Veränderungen in der Zusammensetzung der organischen Substanz bestimmt werden. Hier wird über einige biologische Vorgänge bei der Zersetzung berichtet, während die stoffliche Veränderung durch KULLMANN und MÖRNER gesondert dargestellt werden wird.

1. Methodik

Die Untersuchungen wurden in 2 Modellversuchen vorgenommen.

Abbauversuch 1: Zu mit HCl gewaschenem und geglühtem Kies der Fraktion von 0,25–3 mm wurden 10% (bei Abb. 1–6 fälschlich 5% angegeben) bei 50 °C getrocknete und auf 2–4 mm geschrotete Luzerne- bzw. Maiswurzeln zugesetzt. Der Ansatz erfolgte in 40 cm hohen Emaillegefäßen von 50 cm Durchmesser. In den unteren Teil der Gefäße wurde eine Schicht groben Kieses gefüllt und darauf in einer Stärke von 20 cm das Kies-Wurzel-Gemisch. Der Kohlenstoff- und Stickstoffgehalt bzw. das C/N-Verhältnis der verwendeten Wurzelsubstanzen ist aus folgenden Zahlen ersichtlich:

	C	N	C/N
Luzernewurzeln	45,9	2,77	16,6
Maiswurzeln	46,5	0,92	50,4

Um den Abbauprozeß schneller in Gang zu bringen, wurde jedes Gefäß mit 2 Liter einer Komposterde-Suspension von 1:100 gleichmäßig beimpft. Die Differenz zu 60% der WK ist als dest. und steril. Wasser hinzugegeben worden. 1 g der für die Beimpfung verwendeten Komposterde enthielt 42,5 Mill. Bakterien und 9200 Pilze. Zur Vermeidung von Gärungsprozessen wurde während der Versuchsdauer von unten Luft (150 l/h) durch die Gefäße hindurchgedrückt. Die Bebrütung der Gefäße erfolgte bei 25 °C. Die Proben wurden in der ersten Woche täglich, in der 2. und 3. Woche 2täglich und dann in allmählich zunehmenden Intervallen entnommen. Die an 4 Stellen je Gefäß aus 3–10 cm Tiefe entnommenen Proben wurden zu einer Mischprobe vereinigt und danach der mikrobiologischen bzw. chemischen Analyse zugeführt.

Abbauversuch 2: Der Versuch wurde im Freiland auf einem Sandboden mit folgenden Varianten angelegt:

1. Boden ohne Zusatz organischer Stoffe (O-Variante)
2. Zusatz von 1% Trockensubstanz in Form von frischer Luzerne
3. Zusatz von 1% Trockensubstanz in Form von Stroh.

Die organischen Stoffe wurden auf 2 cm Länge gehäckselt und bis 20 cm Tiefe gleichmäßig eingemischt. Zu diesem Zweck ist der Boden bis 20 cm Tiefe ausgehoben, gewogen und nach erfolgter Einmischung der organischen Stoffe wieder in die durch Zementplatten voneinander getrennten Parzellen eingefüllt worden. Die Parzellengröße betrug 4 m^2. Die zugesetzten Substanzen wiesen folgenden C- und N-Gehalt auf:

	C	N	C/N
Luzerne	47,7	5,56	8,6
Stroh	48,1	0,43	111,8

Der pH-Wert des Bodens betrug 7,0 und der C-Gehalt 0,845%. Für die mikrobiologischen und chemischen Untersuchungen sind 3 getrennte Mischproben aus 5–15 cm entnommen worden.

Der Substanzverlust ist im Abbauversuch 1 in Form des Glühverlustes bestimmt worden. Das Trägermaterial (Kies) war vor Versuchsansatz mit HCl ausgekocht und anschließend geglüht worden, so daß diese Form der Bestimmung des Substanzverlustes gewählt werden konnte. In Abständen von 2–8 Tagen wurden Proben von 20 g verascht.

CO_2-Bestimmung: Zur Messung der Bodenatmung wurden je 50 g Boden in 750 ml Enghals-Erlenmeyerkolben eingefüllt, mit 2 ml aqua dest. befeuchtet und die Kolben mit Gummistopfen verschlossen. Durch die Stopfen führten 2 ebenfalls verschlossene Glasrohre. Nach 20stündiger Bebrütung bei 25 °C wurde die Luft aus den Kolben mittels konzentrierter Kochsalzlösung in die Meßkammer des Laboratoriums-Interferometers (VEB Carl Zeiß, Jena) gedrückt. Vor dem Eintritt in das Interferometer wurde das Gas mit konzentrierter Schwefelsäure getrocknet. An der Meßtrommel wurde die Phasenverschiebung gegenüber CO_2-freier Luft abgelesen. Zur Bestimmung des 0-Punktes des Gerätes diente gleichfalls CO_2-freie Luft. Die Auswertung wurde nach folgender Gleichung vorgenommen:

$$\frac{t \cdot a \cdot V \cdot 2}{20} = \text{mg } CO_2/100 \text{ g} \cdot \text{h}$$

t = Teilstriche der Meßtrommel nach Subtraktion des 0-Wertes
a = Konstante
V = Kolbeninhalt in Liter

Einflüsse von Änderungen des Luftdruckes und der Temperatur auf das Meßergebnis konnten vernachlässigt werden.

Mikrobiologische Untersuchungen: Die Bestimmung der Keimzahlen erfolgte mit Hilfe der Plattenmethode. Es wurden dazu im Abbauversuch 1 von den entnommenen Mischproben 2 · 10 g je Gefäß abgewogen und davon die für die einzelnen Organismengruppen erforderlichen Verdünnungen hergestellt. Im Abbauversuch 2 wurden je Variante Mischproben von 3 · 100 g entnommen und getrennt untersucht. Die Zahl der Bakterien wurde auf Thorntons-Agar und die der Pilze auf Biomalzagar unter Zusatz von Streptomycin-Sulfat und Bengalrosa ermittelt. Im Abbauversuch 2 sind außerdem die Nitratbildner auf Nähragar nach WINOGRADSKY und die Eiweißzersetzer auf Nährgelatine bestimmt worden. Die erhaltenen Keimzahlen wurden auf 1 g trockenen Boden umgerechnet.
Die Bestimmung der Zellulosezersetzung erfolgte in Anlehnung an die Methode von KOZOVA[1]. Bei dieser Methode wird auf eine frische Bodenprobe, die in einer Petrischale glattgestrichen wird, ein zwischen zwei Gazescheiben liegendes Rundfilterpapier 388 W gebracht und mit 2 ml einer für Zellulosezersetzer gebräuchlichen Nährlösung befeuchtet. Auf die obere Gazescheibe wird eine weitere Schicht der gleichen Bodenprobe aufgetragen. Nach einer Bebrütung von 15 Tagen bei 27 °C wird die nicht zersetzte Zellulose aus den Gazescheiben sorgfältig herauspräpariert, mit 0,2 n NaOH erhitzt, gewaschen und zum Schluß mit 0,2 n HCl gekocht. Der Rückstand der nicht zersetzten Zellulose wird prozentual auf die Ausgangsmenge bezogen.

2. Versuchsergebnisse

2.1. Abbauversuch 1

Die bei der Bestimmung des Glühverlustes erhaltenen Werte zeigen deutlich die kontinuierliche Abnahme der organischen Substanz während des Versuches.

[1] KOZOVA, J.: Mikrobiologische Zellulosezersetzung unter naturlichen Bodenverhältnissen. Zbl. Bakteriol., II. Abt., 1963, **116**, 459—468

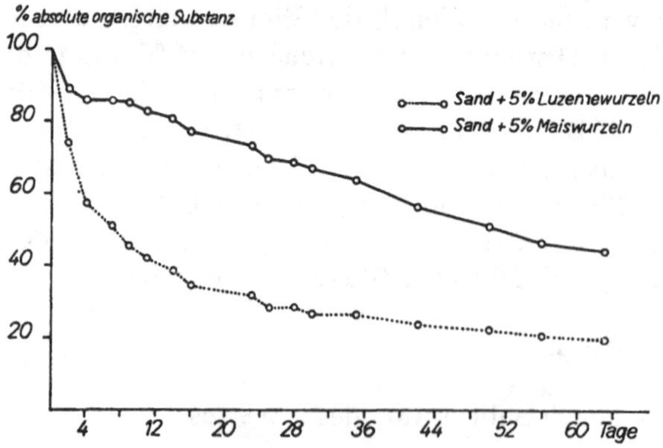

Abb. 1: Abbauversuch 1, Gehalt an organischer Substanz[2]

Die stickstoffreicheren Luzernewurzeln wurden wesentlich schneller abgebaut als die Maiswurzel. Bereits nach 23 Tagen waren 68 % der Luzernewurzeln zersetzt, während es bei den Maiswurzeln erst 27% waren. In der Folgezeit ging der Abbau der Maiswurzeln schneller vor sich als der der Luzernewurzeln. Nach 65 Tagen waren 80% der Luzernewurzeln und rund 50% der Maiswurzeln zersetzt.

In Abbildung 2 ist die Gesamtmenge an ausgeschiedenem CO_2 dargestellt. Vergleicht man die Summenkurven der Atmung mit dem Gehalt an organischer Substanz, so zeigt sich in der gegenläufigen Tendenz und im Gang der Kurven eine sehr gute Übereinstimmung. Die Gesamtmenge des nach 65 Tagen als CO_2

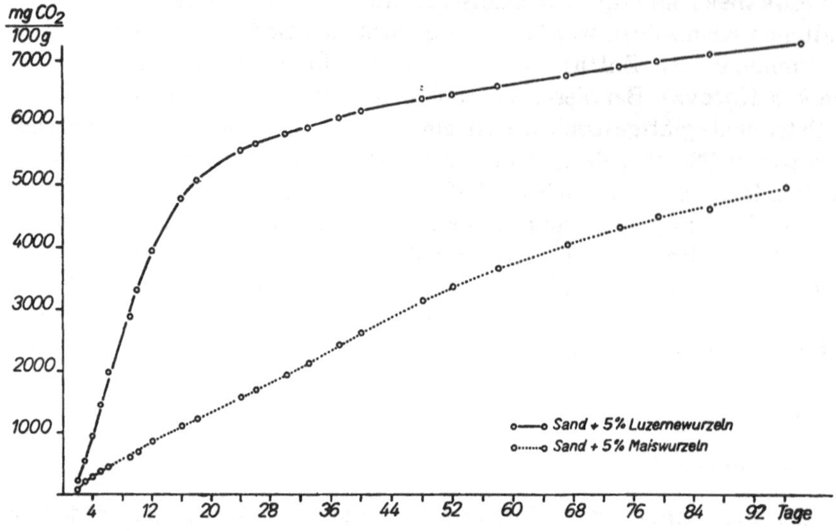

Abb. 2: Abbauversuch 1, Summenkurve der Atmung

[2] Die Werte fur die Abbildungen 1 und 4 wurden freundlicherweise von Herrn Dr. Kullmann und Dipl.-Chemiker Morner zur Verfugung gestellt.

ausgeschiedenen Kohlenstoffs entspricht bilanzmäßig dem ermittelten Verlust an organischer Substanz.

Die Dynamik des Abbaus der organischen Substanzen zeigen die Kurven, in denen der zeitliche Verlauf der Bodenatmung dargestellt ist.

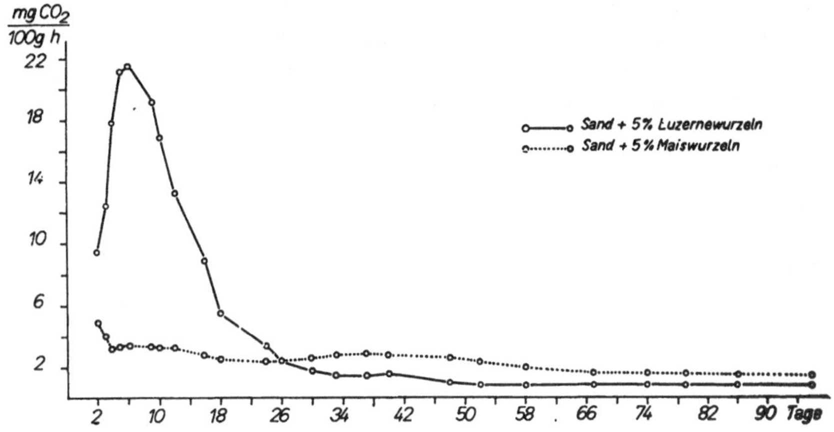

Abb. 3: Abbauversuch 1, Bodenatmung

Bei der Zersetzung der Luzernewurzeln führte der relativ hohe Anteil leicht abbaubarer Substanzen und das enge C/N-Verhältnis zu einem raschen Anstieg der Atmungsintensität. Nachdem am 5. und 6. Tage das Maximum erreicht war, nahm die Respiration stark ab. Demgegenüber trat beim Abbau der Maiswurzeln kein ausgeprägtes Atmungsmaximum auf, sondern die Kurve zeigte von Anfang bis Ende des Versuches eine allmählich abfallende Tendenz.

Ein Vergleich der beiden Atmungskurven legt die Vermutung nahe, daß die Mikroorganismenpopulationen, die an der Zersetzung der Mais- und Luzernewurzeln beteiligt waren, eine unterschiedliche Zusammensetzung aufwiesen, so daß beim Abbau der Maiswurzeln von Anfang an diejenigen Organismen stärker hervortraten, die für den Angriff auf die schwerer abbaubaren Bestandteile der Wurzel spezialisiert waren. Dadurch verlief die Zersetzung der Maiswurzeln, wie die Atmungskurve zeigt, langsam, aber gleichmäßig, während bei den Luzerne-

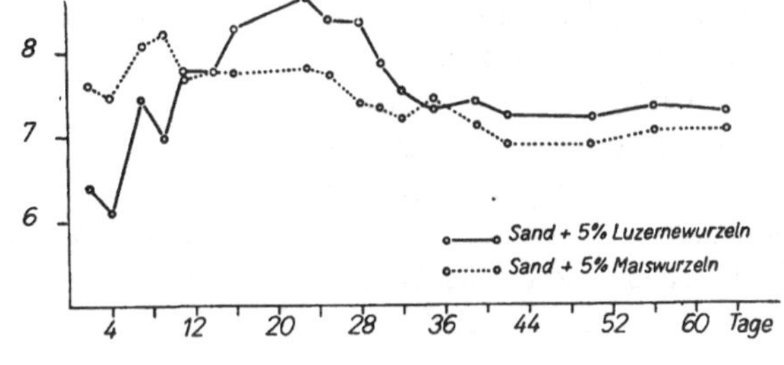

Abb. 4:
Abbauversuch 1, pH-Werte

wurzeln nach Erschöpfung der leicht verfügbaren Substrate die Respirationsintensität unter die beim Mais gemessene absank.

Die Kontrolle des pH-Wertes ergab bei den Maiswurzeln in den ersten Tagen der Zersetzung einen geringen Anstieg, der aber bald auf den Ausgangswert absank und im weiteren Verlauf etwas darunter blieb.

Bei den Luzernewurzeln hatte die Freisetzung des Ammoniaks einen kräftigen Anstieg zur Folge, der nach 23 Tagen mit einem pH 8,6 das Maximum erreichte. Diesem Maximum folgte ein ziemlich rascher Abfall auf Werte von pH 7,2–7,4.

Die Dynamik des Keimgehaltes an Bakterien ist aus Abbildung 5 ersichtlich.

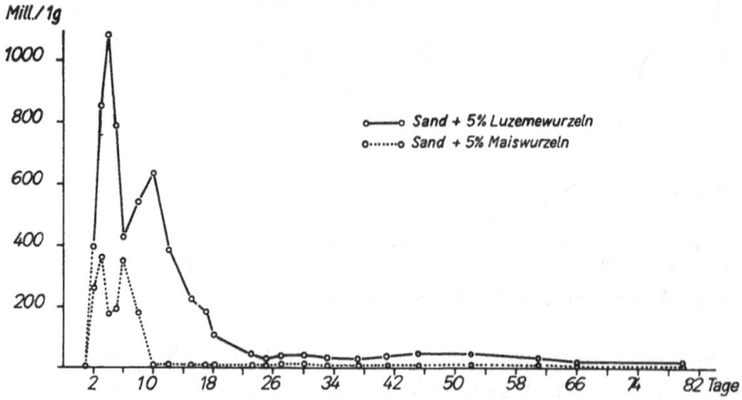

Abb. 5: Abbauversuch 1, Bakteriengehalt

Sofort nach Versuchsansatz setzte auf den zerkleinerten Luzernewurzeln eine starke Vermehrung der Bakterien ein, die am 4. Tage ihren ersten Höhepunkt erreichte und einen Vorlauf von 1–2 Tagen vor der Atmungsintensität zeigte. Nach einem kräftigen Abfall am 5. und 6. Tag folgte ein 2. Maximum der Bakterien, das sich in der Atmungsintensität nicht widerspiegelte. Da bereits nach 10 Tagen über 50% der organischen Substanz der Luzernewurzeln abgebaut und nur noch die schwerer zugänglichen Bestandteile übriggeblieben waren, sank der Keimgehalt der Bakterien stark ab und zeigte in der Folgezeit nur geringe Schwankungen. Auf den Maiswurzeln war die Vermehrung wesentlich schwächer. Zu Beginn sind kurz nacheinander 2 Maxima zu verzeichnen, die aber keine Beziehung zur Atmungsintensität erkennen lassen. Die leicht abbaubaren Bestandteile der Maiswurzeln sind innerhalb von 10 Tagen abgebaut worden, so daß danach der Bakteriengehalt stark abnahm und wie bei den Luzernewurzeln nur noch geringe Schwankungen zeigte.

Der Keimgehalt der Pilze stieg, wie aus Abbildung 6 ersichtlich ist, viel langsamer an als der der Bakterien.

Die Vermehrung der Pilze strebte einem Höhepunkt entgegen, als das Maximum der Bakterienvermehrung und der Atmungsintensität schon überschritten war.

Der relativ hohe pH-Wert, insbesondere bei den Luzernewurzeln, dürfte eine weitere Zunahme der Pilze behindert haben. Der Rückgang war langsamer und

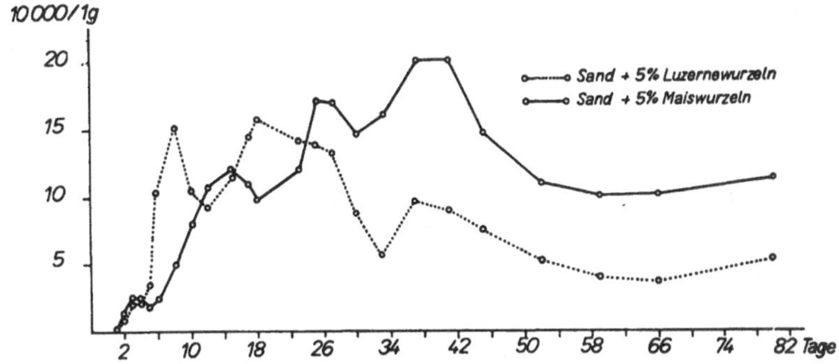

Abb. 6: Abbauversuch 1, Pilzgehalt

nicht so stark wie bei den Bakterien. Offenbar waren die Arten stärker zur Vermehrung gekommen, die zum Abbau der Zellulose befähigt sind. Eine Beziehung zwischen Atmungsintensität und Pilzgehalt bestand nicht.

2.2. Abbauversuch 2

Im Freilandversuch ergab sich für die Veratmung der oberirdischen Luzerne ein ähnliches Bild wie bei den Luzernewurzeln, nur war das Maximum noch schärfer ausgeprägt und der anschließende Abfall schneller, wofür in erster Linie folgende Faktoren verantwortlich gemacht werden können: 1. die geringere Konzentration der zugesetzten Luzernesubstanz und 2. der größere Anteil leicht abbaubarer Substanz in den oberirdischen Teilen der Luzerne im Vergleich zur Wurzel. Bei Strohzusatz stieg die Atmung gleich zu Beginn etwas an und zeigte dann, ähnlich wie bei den Maiswurzeln, eine langsam abfallende Tendenz.

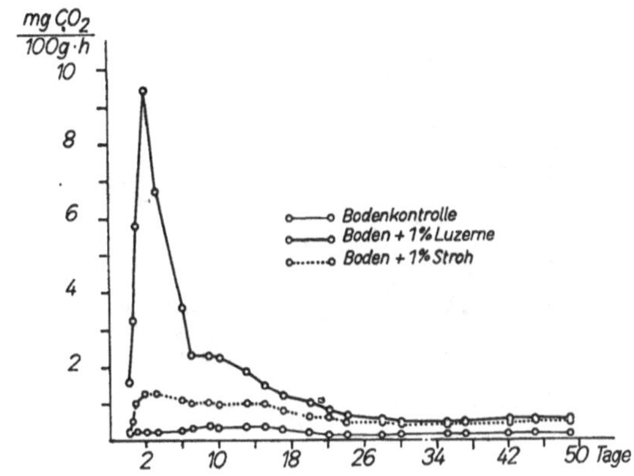

Abb. 7: Abbauversuch 2, Bodenatmung

Der Atmungsverlauf wird besonders deutlich, wenn die CO_2-Ausscheidung des Bodens ohne Zusatz mit derjenigen, die nach Zugabe organischer Substanzen sich einstellte, in Beziehung gebracht wird, wenn also der Quotient aus der Atmung der behandelten und unbehandelten Bodenprobe gebildet wird.

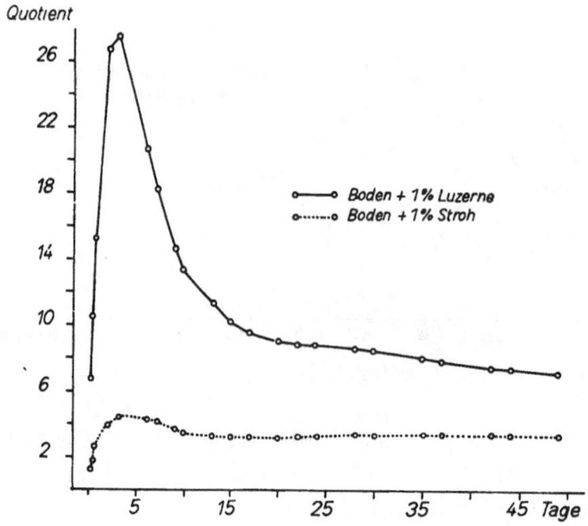

Abb. 8: Abbauversuch 2, Atmungsquotient

Aus dem Verlauf dieser Kurven wird der schnellere und intensivere Abbau der Luzerne gegenüber dem Stroh ersichtlich.
Da der Feuchtigkeitsgehalt in diesem Versuch nicht künstlich beeinflußt wurde, zeigte er in Abhängigkeit von der Niederschlagsmenge und Bodentemperatur starke Schwankungen, die aber in diesem Falle sowohl für die Atmung als auch für die Höhe der verschiedenen Keimzahlen von geringerer Bedeutung waren. Einen begrenzenden Faktor stellte weder die Bodentemperatur noch die Bodenfeuchtigkeit dar.

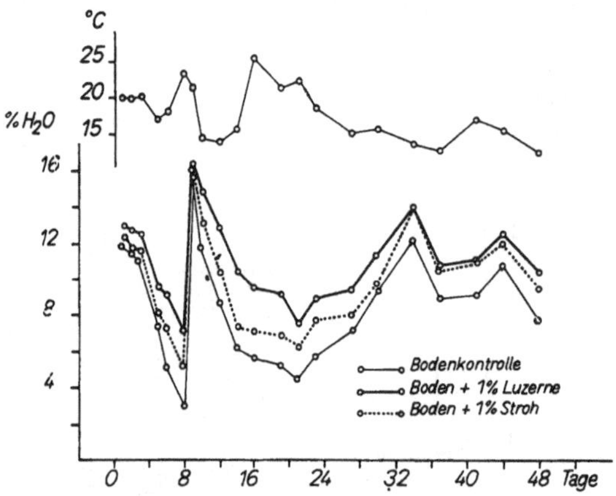

Abb. 9: Abbauversuch 2, Temperatur, Feuchtigkeitsgehalt in 10 cm Tiefe

Der Verlauf der Keimzahlen an Bakterien ergab in diesem Versuch eine recht gute Übereinstimmung mit der Atmungsintensität.
Der Zusatz der leicht verwertbaren frischen Luzerne stimulierte die Bakterienflora außerordentlich stark, so daß bereits am 2. Tage das Maximum der Keimdichte erreicht war und mit dem Maximum der Atmung zusammenfiel. Daraus

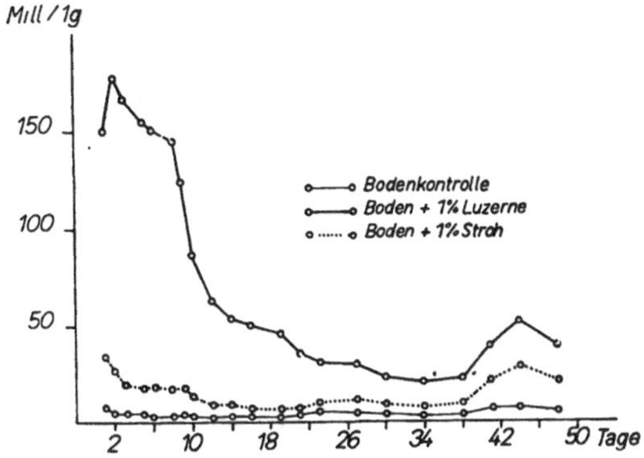

Abb. 10: Abbauversuch 2, Bakteriengehalt

kann geschlossen werden, daß in dieser Phase die Bakterien den Hauptanteil an der CO_2-Produktion hatten. Nach Erreichung des Maximums fiel bei Luzerne die Keimdichte langsamer als ihre Aktivität.

Da das Stroh stickstoffarm und schwerer abbaubar als Luzerne ist, war der Anstieg der Bakterien auch viel geringer. Bemerkenswert ist aber, daß selbst der geringe Anteil der leicht abbaubaren Bestandteile des Strohes bereits innerhalb weniger Stunden eine deutliche Vermehrung der Bakterien zur Folge hatte. Im weiteren Verlauf lag die Keimdichte der Strohvariante in Übereinstimmung mit der Atmungsintensität stets etwas höher als in der Kontrollvariante.

Die Nitratbildner zeigten fast genau denselben Verlauf und die gleichen Unterschiede zwischen den Varianten wie die auf Thorntons-Agar ermittelten Bakterien.

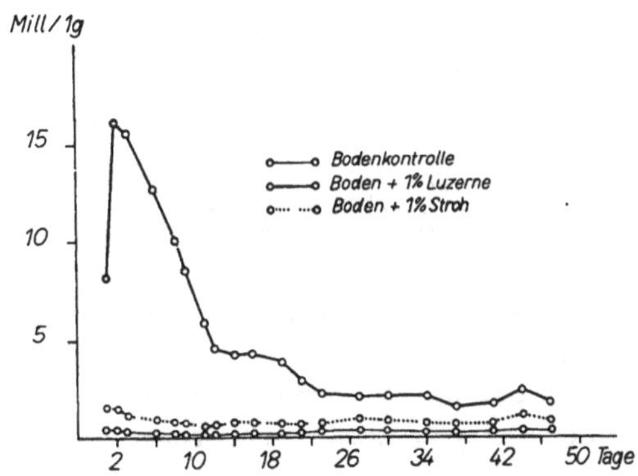

Abb. 11: Abbauversuch 2, Gehalt an Nitratbildnern

Die Eiweißzersetz erfolgten in den ersten Tagen ebenfalls den bisher beschriebenen Bakteriengruppen, fielen aber bei Luzerne dann weniger ab. Offenbar stand ihnen durch den Zusatz von Luzerne während der ganzen Zeit genügend eiweißhaltiges Material zur Verfügung, so daß ihre Tätigkeit gleichmäßiger verlief.

Durch den Zusatz von Luzerne ist auch die Vermehrung der Pilze beträchtlich gefördert worden. Wie aber schon im Versuch 1 erreichten sie auch hier erst nach 9 bis 10 Tagen ihr erstes Maximum. Nach einem allmählichen Rückgang, der

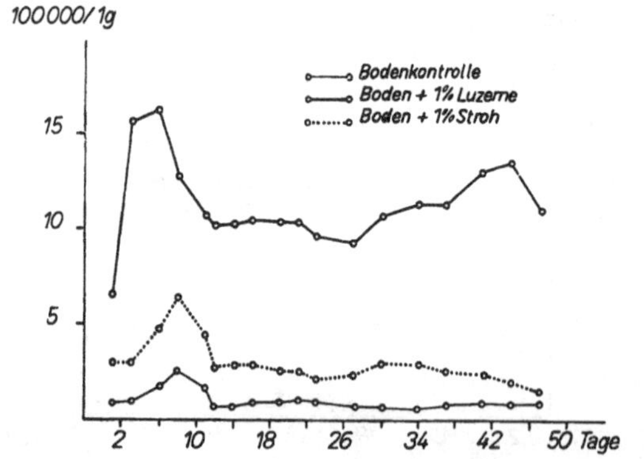

Abb. 12: Abbauversuch 2, Gehalt an Eiweißzersetzern

bei den Pilzen in der Verringerung der Bodenfeuchtigkeit begründet sein dürfte, folgte ab 4. Woche ein erneuter Anstieg.

Die Strohzufuhr hatte ebenfalls eine Erhöhung der Keimdichte der Pilze zur Folge, die aber nicht so stark war wie bei der Luzernezufuhr. Die bei der Strohvariante zu verzeichnenden Schwankungen folgten in abgeschwächter Form den Veränderungen der Bodenfeuchtigkeit.

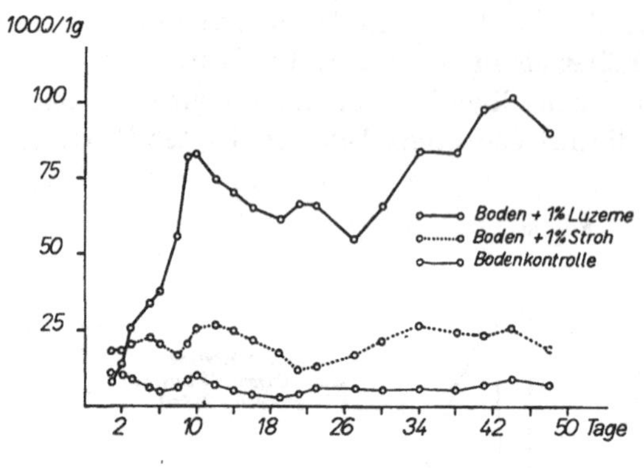

Abb. 13: Abbauversuch 2, Pilzgehalt

Eine Beziehung zwischen Atmungsintensität und Keimzahl der Pilze ist nicht erkennbar.

Die Actinomyceten traten in beiden Versuchen während der Untersuchungsdauer wenig in Erscheinung. Zwar war gegen Versuchsende ein leichter Anstieg der Actinomyceten erkennbar, aber zwischen den Varianten bestanden keine wesentlichen Unterschiede.

Ein Vergleich der Höhe des Keimgehaltes der untersuchten Organismengruppen mit der Atmungsintensität läßt lediglich bei den Bakterien, insbesondere bei den Luzernevarianten, eine annähernde Übereinstimmung erkennen. In allen anderen Fällen deuten sich solche Beziehungen nur der Tendenz nach an oder sind gar nicht feststellbar.

Die mangelnde Übereinstimmung der Keimzahlen mit der Atmungsintensität dürfte folgende Ursachen haben:

1. Mit der Atmung wird die Leistung gemessen, während mit den mikrobiologischen Analysen ein Präsenznachweis einzelner Organismengruppen geführt wird.
2. Die CO_2-Produktion stellt die Summe der Einzelleistungen dar. Mit den mikrobiologischen Analysenverfahren wird immer nur ein Teil der an der Zersetzung bzw. Atmung beteiligten Organismen erfaßt.
3. Die Zahl der Organismen klingt nach einem Maximum meist langsamer ab als ihre Aktivität.

Die Zellulosezersetzung wurde, wie aus der Tabelle hervorgeht, durch die Zufuhr von Luzerne stark gefördert.

Zellulosezersetzung in %
Proben entnommen nach Versuchsansatz in Tagen:

	1	5	9	16	26	34	Mittel
Boden ohne Zusatz	17,2	26,7	26,1	23,3	18,6	19,7	21,9
„ + 1% Luzerne	80,3	53,8	61,5	54,6	68,2	48,8	61,2
„ + 1% Stroh	15,7	19,1	18,2	19,1	15,3	14,8	17,0

Im Durchschnitt war bei dieser Variante die zellulosezersetzende Kraft des Bodens fast auf das dreifache des unbehandelten Bodens gestiegen. Dabei ist auffallend, daß der größte Unterschied bereits bei den Proben bestand, die einen Tag nach Versuchansatz entnommen wurden. Strohzufuhr dagegen beeinflußte die Zellulosezersetzung wenig. Es hat sogar den Anschein, als ob durch das Stroh die zellulosezersetzende Kraft des Bodens etwas geschwächt wurde.
Von den Kleintieren wurden im Freilandversuch die freilebenden Nematoden, Collembolen und Milben bestimmt. Die Besiedlungsdichte der Nematoden stieg ab 2. Woche in der Luzernevariante stark an und erreichte nach 4 Wochen ein Maximum. In dieser Zeit wurde je 1 g trockenen Bodens die 10fache Zahl im Vergleich zur Kontrollvariante festgestellt. In der Folgezeit ging die Häufigkeit der Nematoden langsam zurück, betrug aber noch das 6–8fache des unbehandelten Bodens. Strohzufuhr hatte ab 2. Woche gleichfalls einen Anstieg der Nematoden zur Folge, nur verlief hier die Zunahme langsamer. Nach 7 Wochen betrug hier ihre Häufigkeit das 4–5fache des Kontrollbodens. Auf die Besiedelungsdichte der Collembolen begann sich die Zufuhr organischer Stoffe nach 20 Tagen auszuwirken. Von diesem Zeitpunkt an stieg nach Luzerne- und Strohzufuhr die Häufigkeit der Collembolen gleichmäßig schnell an und erreichte zum Schluß rund das 20fache des Bodens ohne Zufuhr organischer Stoffe. Auf die Anzahl der Milben hatten dagegen die beiden verwendeten organischen Substanzen keinen Einfluß.

Zusammenfassung

Es wurde die Wirkung eines Zusatzes organischer Stoffe auf die Atmungsintensität und auf die Keimzahl der Bakterien und Pilze geprüft. Als organische Stoffe kamen in einem Modellversuch 10 % trockene Luzerne- und Maiswurzeln und in einem Freilandversuch auf Sandboden 1% Trockensubstanz in Form von frischer Luzerne und als Roggenstroh zur Anwendung.

Infolge des engen C/N-Verhältnisses war sowohl bei den Luzernewurzeln als auch bei der frischen Luzerne zu Beginn ein starkes Maximum der Atmungsintensität zu verzeichnen. Zusatz von Maiswurzeln und Stroh zeigte kein Maximum, sondern einen gleichmäßigen Verlauf der Atmung. Nach 65 Tagen waren 80% der zugesetzten Luzernewurzeln und 50% der Maiswurzeln zersetzt.
Die Dynamik der Bakterienkeimzahlen ergab, insbesondere bei den Luzernevarianten, eine gewisse Übereinstimmung mit der Atmungsintensität. Dagegen war keine Beziehung zwischen Höhe der Atmung und Keimzahl der Pilze sowie Actinomyceten erkennbar.
Die zellulosezersetzende Kraft des Bodens wurde durch Zufuhr von Luzerne stark erhöht, durch Strohzufuhr aber nur unbedeutend beeinflußt.
Bei den Kleintieren nahm die Besiedelungsdichte der Nematoden ab 2. Woche und die der Collembolen ab 3. Woche nach Zufuhr der organischen Stoffe schnell zu. Auf die Anzahl der Milben hatten die verwendeten organischen Substanzen keinen Einfluß.

Резюме

Испытывалось действие прибавки органических веществ на интенсивность дыхания и на количество бактерий и грибов. В модельном опыте в качестве органических веществ применялись 10% сухих люцерновых и кукурузных корней и в опыте на открытом грунте с песчаной почвой 1% сухого вещества в форме зеленой люцерны и ржаной соломы.
Вследствие тесного соотношения C и N как для люцерневых корней, так и для зеленой люцерны в начале был отмечен сильный максимум интенсивности дыхания. Прибавка соломы и кукурузных корней не вызвала максимума дыхания, а равномерное его протекание.
Через 65 дней 80% прибавленных люцерновых корней и 50% кукурузных корней разложились.
Динамика количества микроорганизмов, особенно в вариантах с люцерной, соответствовала до известной степени интенсивности дыхания. Между интенсивностью дыхания и количеством грибов и актиномицетов, однако, нельзя было установить соотношения.
Целлюлозоразлагающая сила почвы была значительно увеличена вследствие прибавки люцерны, а прибавка соломы оказала только незначительное влияние.
Плотность заселения нематодой быстро увеличилась через две недели и collembola через три недели после прибавки органических веществ. На количество клещей примененные органические вещества не оказали никакого влияния.

Summary

Tests were carried out to determine the effect exercised by an admixture of organic matter on both the intensity of respiration and on the bacterial and fungal count. Ten per cent dried lucerne and maize roots were used as organic matter in a model experiment. A field experiment was also carried out on sandy soil with one per cent dry matter (fresh lucerne and rye straw).

We found a high maximum intensity of respiration at the beginning with both the lucerne roots and the fresh lucerne on the grounds of a close C/N relationship. Admixing maize roots and straw did not result in a maximum and, indeed, respiration was perfectly regular. 80 per cent of the lucerne roots and 50 per cent of the maize roots were decomposed after 65 days.

The dynamics of the bacterial counts indicated a certain balance with the intensity of respiration. This applies to the lucerne variants in particular. In contrast to this we did not observe a relationship between the intensity of respiration and the fungal and actinomycetes counts.

The cellulose decompository power of the soil was substantially increased by adding lucerne and influenced only negligibly by adding straw.

With small animals the density of the nematode population increased rapidly from the second week onward, and the collembole population increased in density from the third week on. The organic matter added had no effect on mites whatsoever.

Literaturverzeichnis

[1] DROBNIK, J.: A respirometric study of glucose metabolism in soil samples. Fol. Biol. 1958, 4, 188—192

[2] DROBNIK, J.: Primary oxidation of organic matter in the soil. I. The form of respiration curves with glucose as the substrate. Plant and Soil 1960, 12, 199—211

[3] FREYTAG, H. E.: Über die Zersetzung von pflanzlichem Material im Boden und einige Erfahrungen in der Messung von $^{14}CO_2$ mit einer Gas-Zählkammer. Thaer-Arch. 1962, 10, 685—697

[4] JENSEN, H. L.: Contributions to the microbiology of Australian soils. IV. The activity of microorganisms in the decomposition of organic matter. Proc. Linn. Soc. N. S. W. 1936, 61, 27—55

[5] KOEPF, H.: Zur Dynamik des Abbaues organischer Substanzen in verschiedenen Böden. Z. Pflanzenernähr., Düng., Bodenkde. 1956, 73 (118), 48—59

[6] KONONOWA, M. M.: Die Humusstoffe des Bodens. 1958, Berlin, VEB Dt. Verl. d. Wiss.

[7] KRASSILNIKOW, N., und N. J. NIKITINA: Einfluß der in Zersetzung befindlichen Wurzeln auf die Zusammensetzung der Mikroflora im Boden. Potschwowedenie 1945, 2, zit. bei KONONOWA: Die Humusstoffe des Bodens. 1958

[8] RYBALKINA, A. W., und E. W. KONONENKO: Die Mikroflora der sich zersetzenden Pflanzenreste. Potschwowedenie 1959, 5, 21—34

[9] STOTZKY, G., und A. G. NORMAN: Factors limiting microbial activities in soil. I. The level of substrate, nitrogen and phosphorus. Arch. Mikrobiol. 1961, 40, 341—382

[10] VANDECAVEYE, S. C., und G. O. BAKER: Microbial activities in soil. III. Activity of spezific groups of microbes in different soils. Soil Sci. 1938, 45, 315—333

[11] VANDECAVEYE, S. C., und H. KATZNELSON: Microbial activities in soil, V. Microbial activity and organic matter transformation in Palouse and Helmer soils. Soil Sci. 1938, 46, 139—167

[12] WAKSMAN, S. A., und R. L. STARKEY: Microbiological analysis of soil as an index of soil fertility. VII. Carbon dioxyde evolution. Soil Sci. 1924 (a), 17, 141—161

[13] WAKSMAN, S. A., und R. R. STARKEY: Influence of organic matter upon the development of fungi, actinomycetes and bacteria in the soil. Soil Sci. 1924 (b), 17, 373—378

Aus dem Institut fur Bodenkunde Eberswalde
der Deutschen Akademie der Landwirtschaftswissenschaften zu Berlin
(Direktor: Prof. Dr. E. EHWALD)

EKKEHARD VON TÖRNE

Beobachtungen von tierischen Sukzessionen während der Rotte von Getreidestroh (I)

Eingegangen: 2. 10. 1963

0. Vorbemerkungen

Untersuchungen tierischer Sukzessionen während der Rotte organischer Substanzen dienen gewöhnlich nicht der Erfassung von Stoffwechselleistungen einzelner Tiergruppen, sondern der Aufdeckung gesetzmäßiger Zusammenhänge von Naturvorgängen. Der Bericht von G. GISIN (1952) mit den Befunden ihrer ,,oekologischen Studien über die Collembolen des Blattkomposts" war in diesem Sinne besonders aufschlußreich und hat das Interesse für die funktionelle Verknüpfung der verschiedenartigsten Teilvorgänge von Rotteprozessen stark gefördert.
Die von uns in den Jahren 1957/59 durchgeführten Felduntersuchungen[1] waren auf das Ziel gerichtet, die Hypothesen von G. GISIN unter andersartigen Umständen zu prüfen und die Untersuchungsmethoden weiter zu entwickeln. Unsere zoologischen Befunde können noch nicht durch chemische und mikrobiologische Untersuchungsergebnisse gestützt werden, sie sind jedoch geeignet, die Notwendigkeit der gleichzeitigen Erfassung animalischer, substanzieller und mikrobieller Sukzessionen nachzuweisen; sie zeigen auch, daß Tiere als Indikatoren von Rottevorgängen wissenschaftlicher Beachtung wert sind, weil die tierischen Sukzessionen – unabhängig von dem Gewicht ihres Anteils am Geschehen – eine Funktion des gesamten Rotteprozesses sind.
Für den folgenden Beitrag sind nur Befunde aus Versuchen über den Einfluß der Rottedauer und der Rottezeit ausgewertet worden. Bei diesen Untersuchungen haben wir uns notwendigerweise darauf beschränkt, nur die nach der Berlese-Methode erfaßbare Fauna zu berücksichtigen.
Durch die Anwendung dieser Methode bedingt hat sich ergeben, daß praktisch die Collembolen als einzige Tiergruppe zu allen Zeiten so zahlreich vertreten waren, wie es notwendig ist, um die Befunde statistisch auswerten zu können.
Unser Tiermaterial war sehr zahlreich (rund 231000 Exemplare), aber relativ artenarm (insgesamt 30 Collembolenarten). Obwohl wir in den zwei hier erwähnten Versuchsreihen insgesamt 1888 Proben (zu je 100 ml, also insgesamt 188,8 l

[1] Diese Untersuchungen sind noch im Rahmen des damaligen Institutes fur Landwirtschaftliches Versuchs- und Untersuchungswesen Jena der Deutschen Akademie der Landwirtschaftswissenschaften zu Berlin unter der Direktion von Herrn Prof. Dr. h. c. F. KERTSCHER durchgefuhrt worden. Herrn Prof. KERTSCHER mochte ich an dieser Stelle fur seine verstandnisvolle Forderung unserer Arbeit und fur seine stete Hifsbereitschaft danken.

Strohkompost) untersucht haben, war die Versuchsanlage doch nicht ausreichend und die Zahl von Paralleluntersuchungen noch zu gering, um eine umfassende varianzstatistische Analyse durchführen zu können. Wir haben uns deshalb bei der mathematischen Analyse des umfangreichen Zahlenmaterials damit begnügt, einseitige Differenzen zwischen Ereignisreihen mit Hilfe des nonparametrischen U-Tests von MANN and WHITNEY (1947) in bezug auf den Grad der relativen Häufigkeit ihres Vorkommens zu prüfen. Für unseren Zweck genügte dieses Verfahren, da die Freilanduntersuchungen nur eine allgemeine Orientierung ergeben sollten, während wir bemüht sind, die aus ökologischen Befunden abgeleiteten Hypothesen unter kontrollierten Bedingungen experimentell zu prüfen.

1. Methode

1.1. Versuchsanlage

Die Freilandversuche wurden angelegt, um zu prüfen, ob die qualitativ und quantitativ erfaßbaren Veränderungen des Tierbesatzes jahreszeitlich und standortlich bedingte Aspekte oder echte Sukzessionen sind (als Folge der sukzessiven Veränderung des Substrates).

Zur Prüfung der standortlich bedingten Modifikationen des Besiedlungsprozesses diente insbesondere die Versuchsreihe FuRS II, bei der die der Rotte überlassenen Strohmaterialien in 4 aufeinanderfolgenden Zeitabschnitten auf 4 verschiedene Standorte verteilt worden sind. Die Einholung der verschieden lange an einem Standort gerotteten Materialien erfolgte jeweils gleichzeitig (s. Abschn. 2.1.1.).

Die Versuchsreihe FzRS dagegen diente zur Prüfung von jahreszeitlich bedingten Modifikationen des Besiedlungsverlaufs und ist nur an einem Standort angelegt worden; sie bestand aus einer Sommer- (S) und einer Winterreihe (W), die wiederum in je zwei Unterreihen geteilt waren (sisu und susi). Die Unterreihen waren durch die zeitliche Folge der Materialeinbringung und der Probenentnahme verschieden. Bei der Sisu-Reihe wurden die Strohmaterialien gleichzeitig (simultan) ausgebracht und die Proben zur Untersuchung des Tierbesatzes nacheinander (sukzessiv) in 12 aufeinanderfolgenden Zeitabschnitten eingeholt. Umgekehrt sind bei der Susi-Reihe die Strohmaterialien in 12 aufeinanderfolgenden Zeitabschnitten (sukzessiv) ausgebracht worden, während die Probeentnahme für alle 12 Portionen gleichzeitig (simultan) erfolgte.

Zur Unterbringung der Strohmaterialien sind an 4 verschiedenen Standorten Kompostgruben (mit einer Grundfläche von je 1×3 m und einer Tiefe von 0,5 m) angelegt worden. Die Gruben sind wenige Wochen vor Versuchsbeginn mit einem gleichen Gemisch von Ackererde (je 600 kg), Roggenstrohhäcksel (100 kg) und Kalkstickstoff (5 kg) beschickt worden. (Der Grundkompost in der FzRS-Grube war in seiner Zusammensetzung von dem in den Gruben der FuRS-Reihe etwas verschieden, weil das Erdmaterial aus der Grube selbst stammte und weil 8 Monate vor Versuchsbeginn in die Schicht von 0,5 bis 1,0 m Tiefe eine größere Menge von Kartoffelkraut eingearbeitet worden war).

Das für den Versuchszweck ausgebrachte lufttrockene Strohmaterial wurde in grobmaschige Kunststoffbeutel gefüllt (Schichtdicke bei dichter Packung 6—10 cm) und in enger Reihenfolge in trockenem Zustand flach in das Kompostbeet eingebracht. Die erdige Deckschicht hatte durchschnittlich eine Mächtigkeit von 6 bis 10 cm.

Die 4 Standorte werden im folgenden durch Kurzbezeichnungen unterschieden. Auf eine nähere ökologische Charakterisierung der Standorte kann im gegebenen Zusammenhang verzichtet werden.

Es sind folgende Standorte zu nennen:

Inst.: Wiese in Jena-Zwätzen (hinter dem jetzigen Institut für Pflanzenernährung der Deutschen Akademie der Landwirtschaftswissenschaften zu Berlin). Beide Kompostgruben (für die Versuchsreihe FzRS und FuRS) lagen unmittelbar nebeneinander, in der Nähe eines kleinen Grabens (Ritschebach). Die Wiese war mäßig frisch. Die eine Grube (FuRS) lag im Schatten von Obstbäumen, die andere (FzRS) lag frei und war daher den Witterungseinflüssen stärker ausgesetzt.

Ros.: Buchen-Fichten-Mischwald in Rosental bei Jena-Zwätzen, ein relativ trockener Standort am Südhang des Saaletales.

Rab.: Auenwald auf der Rabeninsel nahe Porstendorf, feuchter Standort an der Saale; zeitweilig hoher Grundwasserstand.

Kun.: Waldwiese zwischen Kunitz und Laasan am Nordhang des Saaletales, zeitweise feuchter Standort (ziehendes Wasser entlang des bewaldeten Abhanges).

1.2. Material und Hilfsmittel

Ackererde: Die zur Füllung der Kompostgruben verwendete Ackererde stammte von einem Acker in der Nähe unseres Standortes „Inst" (s. d.). Es handelte sich um einen tonig-schluffigen Lehm mit 3,0% Grobsand, 35,26% Feinsand, 35,88% Schluff und 25,35% Ton. Die Nährstoffuntersuchung ergab einen Gehalt an P_2O_5 von 21 mg und an K_2O von 40 mg per 100 g lufttrockenen Bodens. Die Bestimmung der wurzellöslichen Nährstoffe nach NEUBAUER hat einen geringeren Wert für Phosphorsäure (16,6 mg) und einen höheren Wert für Kali (72,0 mg) erbracht. Der potentiometrisch ermittelte pH-Wert lag im Bereich von 7,0 bis 7,2.

Strohmaterial: Weizenstrohhäcksel von 2 bis 3 cm Länge, in Portionen von je 500 g lufttrockenem Material in PCU-Beutel verpackt. Die Gazebeutel waren aus grobmaschigem PCU-Gewebe gefertigt (1 mm Maschenweite); Grundfläche 30 × 50 cm.

Auslesetechnik: Für den besonderen Zweck der gleichzeitigen Auslese einer großen Zahl von Proben wurde eine eigene Kleintrichterform entwickelt (TÖRNE, 1962). Die Probenbehälter (Siebringe aus PVC) hatten einen Fassungsraum von rund 100 ml bei einem Durchmesser von etwa 54 und einer Höhe von 40 mm. Das Auslesegerät mit 120 Trichtern faßte also gleichzeitig 12 l Untersuchungsmaterial. Die Auslese erfolgte in einer Kabine, die in einen thermostatisch (auf eine Temperatur von 18 bis 20 °C) regulierten Kellerraum eingebaut worden war. Die Auslesekabine wurde durch einen Lufterhitzer (mit Ventilator) auf 26 °C (± 1) beheizt. Infolge des Temperaturunterschiedes zwischen dem Keller- und Ausleseraum betrug die relative Luftfeuchtigkeit in der Kabine durchschnittlich 60%.

Fixierung: Für die Fixierung der Tiermaterialien wurde ein für die Untersuchung einer so großen Zahl von Proben besonders geeignetes Verfahren angewandt (TÖRNE i. litt.).[2] Das von uns verwendete Fixierungsgemisch hatte folgende Zusammensetzung: 1000 Teile Isopropylalkohol (reinst), 30 Teile Eisessig, 3 Teile Formol (30%ig).

Probeentnahme: Die am jeweiligen Standort ausgegrabenen Beutel mit gerottetem Strohhäcksel wurden separat verpackt und sofort ins Laboratorium gebracht. Nach Ermittlung des Frischgewichtes wurde der Inhalt eines jeden Beutels behutsam durchmischt, bevor die für die Auslese bestimmten Proben in Siebringe gefüllt wurden. Das Material wurde möglichst locker in die Siebringe eingefüllt. Von jeder einzelnen Probe wurde vor und nach der Auslese das Gewicht bestimmt. Die Differenz zwischen Frischgewicht und dem Gewicht des lufttrockenen Materials der ausgelesenen Proben diente zur Errechnung des durchschnittlichen Feuchtig-

[2] Noch unveroffentlichter Beitrag zum „Colloquium on Research Methods", Rothamsted 1958 (Practical Hints for Fixing and Preserving Terrestrial Micro-Arthropods)

keitsgehaltes. Die Auslese dauerte je nach Feuchtigkeitsgehalt des Materials 3 bis 7 Tage.

Determination und Auszählung des Tiermaterials: Die qualitative und quantitative Bestimmung des Tiermaterials wurde für jede Einzelprobe gesondert durchgeführt. Über einige „Hilfsmittel für die mikroskopische Durchmusterung von Proben mit kleinen Bodentieren" ist schon an anderer Stelle berichtet worden (TH. TÖRNE, 1962).

Nach der Determination von jeweils einigen Exemplaren schwer unterscheidbarer Arten (unter Zuhilfenahme des Durchlichtmikroskopes) sind die Tiere unter dem Präpariermikroskop gezählt worden. Um die Zählung in einer ruhenden Schale zu ermöglichen, haben wir unser Präpariermikroskop (SM XX) auf ein Stativ mit Koordinatenführung (Stativ für Koinzidenz-Refraktometer) montiert (beide Geräte von der Fa. VEB Carl Zeiss, Jena). Die Kontrolle der Bestimmung mit Hilfe des Durchlichtmikroskopes wurde ständig wiederholt; die Tiere wurden in heißer Milchsäure aufgehellt (vgl. H. GISIN, 1960). Für die Untersuchung haben wir zumeist selbstgeschliffene Hohlschliffobjektträger verwandt, weil die Delle der käuflichen Objektträger für kleine Objekte zu tief ist (TÖRNE, 1956).

Die Namen der Tierarten, die in dem hier erwähnten Material in größerer Anzahl gefunden wurden, sind aus der Tabelle 3 zu ersehen.[3] Zu der Determination einiger Arten sind kurze Bemerkungen notwendig: Unter dem Namen *Proisotma minuta* (Tullberg) sind hier alle Exemplare zusammengefaßt worden, die bei Einzeldetermination teils den Arten *P. subminuta* Denis, *P. minima* Absolon und *P. dottrensi* Gisin hätten zugeordnet werden müssen, oder Exemplare, deren Zuordnung zu einer der genannten Arten wegen verschiedener Abweichungen von den als spezifisch angesehenen Merkmalskombinationen nicht möglich war. Der zahlenmäßig überwiegende Typ entsprach am ehesten der Beschreibung von *P. minima*. Da die z. T. schwer unterscheidbaren Formen in unbestimmtem Verhältnis im gleichen Material gefunden wurden, haben wir bei der quantitativen Auswertung auf die Differenzierung verzichtet. Ähnlich — doch nicht ganz so schwierig — war die Lage bei der Unterscheidung von *Folsomia quadrioculata* (Tullberg) und *F. nana* Gisin, die zumindest bei gleichzeitigem Vorkommen verschiedener Altersstufen beider Arten praktisch sehr erschwert und z. T. nicht möglich war. Gewisse praktische Schwierigkeiten hat es auch bei der Unterscheidung der Arten *Isotoma olivacea* Tullberg und *I. propinqua* Axelson im Material FuRS II Kun gegeben; *I. propinqua* ist hier quantitativ nicht unterschieden worden. Über die angedeuteten determinatorischen und taxonomischen Fragen wird noch an anderer Stelle berichtet werden.

Statistische Auswertung: Die Anwendung des U-Tests von MANN and WHITNEY wurde schon erwähnt (Abschn. 0). Für den einseitigen Vergleich von Ereignisreihen haben wir folgende Werte für die Irrtumswahrscheinlichkeit vorgegeben: 0,05; 0,025 und 0,001. Signifikante Differenzen zwischen Ereignisreihen wurden daher durch eine verschiedene Anzahl von Pluszeichen (+, + +, oder + + +) gekennzeichnet.

2. Versuche und Befunde

2.1. Versuchsreihe FuRS II

2.1.1. Versuchsdaten

Die Versuchsreihe bestand aus 4 standortlich getrennten Teilversuchen (Inst., Kun., Rab., Ros.; s. Abschn. 1.1.). An jedem Standort sind zu 4 verschiedenen Zeitpunkten je 4 Beutel mit Stroh eingegraben worden; die Rottezeit-Varianten (mit je 4 Wiederholungen) werden mit den Buchstaben A, B, C und D bezeichnet.

[3] Im Gebrauch der Namen stimme ich mit H. GISIN (1960) uberein.

In den folgend genannten Monaten wurden Strohmaterialien eingegraben: (Inst./Ros.) Dezember 1957, Mai, August und November 1958; (Rab./Kun.) Januar, Juni, August und November 1958.
Die Beutel wurden im Mai (Kun.), Juni (Rab./Ros.) und Juli (Inst.) des Jahres 1959 wieder eingeholt. Die einzelnen Strohportionen (A, B, C, D) waren zu dieser Zeit verschieden lange der Rotte ausgesetzt. Die Rottedauer und der durchschnittliche relative Wassergehalt der Proben sind aus Tabelle 1 zu ersehen:

Tabelle 1
Übersicht über die Rottedauer (in Tagen — Tg.) und den relativen Wassergehalt (Wg. — Trockensubstanz = 1) der verschiedenen Materialien (FuRS II)

	Inst.		Ros.		Rab.		Kun.	
	Tg.	Wg.	Tg.	Wg.	Tg.	Wg.	Tg.	Wg.
A	590	2,3	570	2,9	510	2,0	500	3,2
B	430	3,0	410	4,6	360	4,8	350	5,0
C	350	4,7	330	4,8	280	3,0	270	4,0
D	260	4,1	240	5,1	190	4,4	180	4,5

Von jedem der Beutel sind je 7 Proben für die Auslese entnommen worden (also 4 × 7 = 28 Proben pro Variante und 112 Proben pro Teilversuch).
Die physiographischen Daten für die Versuchszeit sind aus Tabelle 2 zu ersehen; eine Übersicht über die Besatzdichte der häufigsten im Untersuchungsmaterial gefundenen Tierarten bietet Tabelle 3; über das Vorkommen der einzelnen Arten in dem Material von verschiedenen Standorten oder verschiedenen Versuchsreihen gibt Tabelle 4 Auskunft.

Tabelle 2
Physiographische Daten für die Jahre 1957/59*

Jahr	Monat	Lufttemperatur °C Mittel	Max.	Datum	Min.	Datum	Niederschlag Summe mm
1957	Jan.	1.0	12.8	6	−11.3	1	28
1958		0.8	9.5	28	−12.7	4	44
1959		1.1	14.9	22	−13.7	16	40
1957	Febr.	4.9	15.8	5	− 5.6	23	46
1958		3.6	18.2	14	−10.2	28	50
1959		0.0	19.3	28	−11.9	4	12
1957	März	7.6	21.9	13	− 6.3	2	43
1958		0.3	13.8	27, 29	−11.6	1	45
1959		7.2	21.3	21	− 3.1	14	14
1957	April	7.9	24.5	28	− 3.8	9	26
1958		6.3	20.4	25	− 5.4	2	43
1959		10.8	27.5	15	− 1.7	21	33

* Auszug aus: Deutsches Meteorologisches Jahrbuch 1957/59 (Meteorologische Station Jena, Sternwarte)

(Fortsetzung von Tabelle 2)

Jahr	Monat	Lufttemperatur °C Mittel	Max.	Datum	Min.	Datum	Niederschlag Summe mm
1957	Mai	10.5	26.6	15	– 2.3	8	25
1958		14.7	29.8	25	– 0.1	5	104
1959		13.3	27.1	10	2.6	6	39
1957	Juni	18.2	34.5	30	5.3	1	77
1958		15.5	31.3	17	4.9	7	103
1959		17.3	30.9	6	6.9	17, 25	62
1957	Juli	19.3	37.2	4	8.1	17	51
1958		18.0	33.2	16	5.0	26	56
1959		20.2	37.3	11	9.5	8	39
1957	Aug.	16.2	31.7	9	4.8	30	48
1958		18.0	32.3	1	7.3	28	58
1959		18.0	30.8	22	6.0	30	59
1957	Sept.	12.5	29.7	8	1.0	27	73
1958		15.2	30.7	15	3.4	29	29
1959		12.7	29.6	12	– 1.0	30	1
1957	Okt.	9.9	22.0	10	– 0.6	5	23
1958		10.2	24.0	10	0.2	23	52
1959		8.1	24.8	3	– 3.4	6	76
1957	Nov.	5.2	16.6	5	– 7.3	30	30
1958		5.0	10.4	1	– 0.7	24	25
1959		4.3	14.6	20	– 5.0	25	40
1957	Dez.	1.2	11.8	8	–13.8	16	24
1958		3.5	11.2	30	– 6.6	4	38
1959		2.7	11.5	26	– 5.2	9	14
Jahr							
1957		9.5	37.2	4 VII	–13.8	16 XII	494
1958		9.3	33.2	16 VII	–12.7	4 I	657
1959		9.6	37.3	11 VII	–13.7	16 I	430

2.1.2. Befunde

Aus der in Tabelle 3 gegebenen Übersicht ist unschwer zu erkennen, daß die verschiedenen Collembolenarten fast durchweg in den verschiedenen Rottestadien auch verschieden stark vertreten waren. Eine deutliche Bevorzugung der jüngeren Materialien (C und D) läßt sich an den Abundanzwerten für *Isotoma olivacea* ablesen; ein ähnliches Bild – aber nicht so ausgeprägt – bieten die Daten für *I. notabilis*. Die wechselhafte Verteilung der Abundanzmaxima der Arten *Isotomiella minor, Folsomia candida* und *F. quadrioculata* auf die einzelnen Rottestadien der verschiedenen Standorte kann durch die standortlich verschiedene Rottegeschwindigkeit bedingt sein; sie deutet auch zugleich darauf hin, daß diese drei Arten von gleichen Faktorenkombinationen spezifisch verschieden beeinflußt werden.

Ein direkter Einfluß des Feuchtigkeitsgehaltes der Materialien reicht für die Erklärung der Besatzungsunterschiede nicht aus, obwohl die Materialien an allen Standorten mit zunehmender Rottedauer einen geringeren Wassergehalt aufweisen (vgl. Tabelle 1). Trotz des hohen Gehaltes an leicht verfügbarem Wasser erscheinen die wenig zersetzten Strohmaterialien jedoch trockener als die zumeist schmierigen, stark veränderten Rotteprodukte.

Auf Grund der mikroskopischen Befunde haben wir errechnet, daß der Anteil von Exemplaren der Art *Folsomia nana*, an der für *F. quadrioculata* (incl. *nana*) angegebenen Abundanz, in den Materialien von Ros. und Kun. 2% nicht überschreitet; der durchschnittliche Anteil im Inst.-Material beträgt etwa 15%, im Rab.-Material (C und D) erreicht er 60%, doch eigenartigerweise sinkt der Prozentsatz beim älteren Material (B und A) wieder auf 3%. Diese Befunde ermutigen zwar zu der mühevollen Unterscheidung, sie reichen aber für die Motivierung einer Hypothese über die ökologische Differenz der erst seit wenigen Jahren unterschiedenen Arten noch nicht aus.

Isotomiella minor und *Folsomia candida* treten erst in den mittleren bis späteren Rottestadien auf; ähnliches wäre nach allgemeiner Erfahrung auch für *Isotoma notabilis* zu erwarten. Da in dieser Versuchsreihe jedoch keine frühen Rottestadien untersucht worden sind, wird das charakteristische Verhalten dieser Art hier nicht verdeutlicht (vgl. dagegen FzRS).

Ein Vergleich der in Tabelle 3 wiedergegebenen Befunde mit den physiographischen Daten (Tabelle 2) und den relativen Wassergehaltswerten (2.1.1.) läßt keine direkten gesetzmäßigen Beziehungen zwischen abiogenen Faktoren und dem Besatzbild erkennen. Die gefundenen Besatzunterschiede lassen sich jedoch (im Zusammenhang mit den Erfahrungen anderer Untersucher und den Befunden aus der Reihe FzRS) ohne Zwang als Folge der fortschreitenden Rotte erklären. Die standortlich bedingten Modifikationen des Rotteverlaufes überdecken also das Phänomen der sukzessiven Besatzänderung im wesentlichen nicht.

Aus der Tabelle 4 geht hervor, daß der Artenbestand zur Zeit der Probenentnahme standortlich verschieden ist. Ein Vergleich der Reihen FzRS (insges.) und FuRS II Inst. scheint dafür zu sprechen, daß diese Unterschiede nur durch

Tabelle 3

Übersicht über die Unterschiede der Besatzdichte einzelner Rottestadien in

Name	Inst. x̄	Inst. Signifikanz	Kun. x̄	Kun. Signifikanz
Onychiurus armatus	A 9,5	A D B	A 11,0	C A D
	B 21,0	C++ − +	B 15,0	B+ − −
	C 39,0	B++ −	C 6,0	D− −
	D 17,0	D+	D 13,0	A+
O. cebennarius	A 5,0	D A B	A 6,75	A D C
	B 88,0	C++ ++ −	B 29,5	B++ ++ −
	C 123,0	B++ −	C 22,5	C++ −
	D 10,0	A++	D 19,25	D++
Folsomia quadrioculata	A 8,0	A B D	A 439,0	C A D
	B 79,5	C++ ++ ++	B 402,0	B− − −
	C 1555,5	D++ ++	C 319,0	D− − −
	D 254,0	B++	D 357,0	A−
F. candida	A 1,7	A D B	A −	
	B 3,0	C− − −	B −	
	C 6,5	B+ −	C −	
	D 3,0	D−	D −	
Isotomiella minor	A 2,0	A B D	A 105,0	D C B
	B 2,5	C++ ++ −	B 94,0	A++ ++ −
	C 25,7	D++ ++	C 14,5	B++ +
	D 8,7	B−	D 3,0	C−
Isotoma notabilis	A 15,0	A B C	A 1,0	B A C
	B 121,0	D++ ++ −	B 0,8	D++ ++
	C 338,0	C++ −	C 15,0	C++ ++
	D 388,0	B++	D 19,0	A−
I. olivacea	A 3,0	B A C	A −	
	B 2,0	D++ ++ ++	B 0,5	B C
	C 5,5	C− −	C 54,0	D++ −
	D 175,0	A−	D 65,0	C++
Lepidocyrtus lanuginosus	A 38,0	C B	A −	
	B 27,2	A++ −	B −	
	C 8,5	B++	C −	
	D −		D −	
Collembolen insges.	A 140,0	A B D	A 817,0	C D B
	B 338,0	C++ ++++	B 860,5	A− − −
	C 2114,0	D++ ++	C 754,0	B− −
	D 881,0	B++	D 801,5	D−

Anmerkung: Die Standortsbezeichnungen (Inst., Kun., Rab., Ros.) sind in Abschn. 1.1. erlautert worden. Die Buchstaben (A, B, C, D) bezeichnen Befunde von Probeserien aus verschieden lange gerotteten Materialien (Rottedauer vom Material A länger als vom Material B etc.; vgl. Abschn. 2.1.1.). In der mit „Signifikanz" uberschriebenen Spalte wird der Grad der Signifikanz von quantitativen Differenzen zwischen den durch Buchstaben symbolisierten Ereignisreihen wiedergegeben (vgl. Abschn. 1.2. u. 2.1.1.).

ıchsreihe FuRS II

Rab.				Ros.			
$\bar{x}$	Signifikanz			$\bar{x}$	Signifikanz		
A 0,25				A –			
B 0,25				B 0,25	B	C	
C –				C 0,25	D++	++	
D 0,25				D 3,7	C –		
A 0,25				A 3,0			
B –				B 2,25			
C –				C 2,0	C < D ++		
D 0,8				D 8,25			
A 1,0	A	D	B	A 156,0	B	C	A
B 203,5	C++	–	–	B 104,0	D++	–	–
C 274,5	B++	–		C 137,0	A–	–	
D 154,0	D++			D 224,5	C–		
A 1,0	A	D	B	A 279,0	D	C	B
B 99,0	C++	+	–	B 52,0	A++	++	++
C 109,0	B++	+		C 6,0	B++	++	
D 23,5	D++			D 2,0	C++		
A 45,0	A	D	C	A 4,7	C	B	D
B 642,0	B++	+	+	B 1,5	A–	–	–
C 184,0	C+	–		C 0,25	D+	–	
D 94,0	D–			D 2,25	B–		
A 14,0	A	B	D	A 1,8	C	B	A
B 36,5	C++	++	–	B 1,25	D++	++	++
C 161,2	D++	–		C 0,25	A–	–	
D 80,0	B–			D 17,5	B–		
A 0,8	A ≈ B			A 1,25	C	B	A
B 1,25				B 0,5	D++	++	++
C 15,0	C < D+			C 0,25	A–	–	–
D 50,0				D 32,0	B–		
A 1,25				A –			
B 0,25				B 0,5			
C –				C –			
D –				D 0,25			
A 75,0	A	D	C	A 462,5	C	B	D
B 1014,0	B++	+	–	B 16,4	A–	++	–
C 797,0	C++	–		C 148,0	D+	++	
D 619,0	D++			D 317,0	B–		

Tabelle 4

Verzeichnis der in größerer Anzahl gefundenen Collembolenarten in den Versuchsreihen FzRS und FuRS II

Artnamen	Versuchsreihe FzRS (Inst.)					Versuchsreihe FuRS*			
	S		W						
	sisu	susi	sisu	susi	insges.	Inst.	Ros.	Rab.	Kun.
Hypogastrura bengtssoni (Agren)	+	+	+	+	+	–	+	+	+
H. denticulata (Bagnall)	+	+	+	+	+	–	–	–	–
Xenylla welchi Folsom	+	–	–	–	+	–	–	–	–
Friesea mirabilis (Tullberg)	+	+	+	+	+	–	–	–	–
Neanura muscorum (Templeton)	+	+	+	+	+	–	+	+	+
Onychiurus furcifer (Börner)	+	+	+	+	+	–	–	–	–
O. armatus (Tullb.) Gisin	+	+	+	+	+	+	+	–	+
O. jubilarius Gisin	+	+	+	+	+	–	+	+	+
O. cebennarius Gisin	+	+	+	+	+	+	+	–	+
Tullbergia krausbaueri (Börner)	+	+	+	+	+	+	–	+	–
T. affinis Börner	+	+	–	+	+	–	–	–	–
Folsomia quadrioculata (Tullberg)	+	+	+	+	+	+	+	+	+
F. nana Gisin	+	+	+	+	+	+	+	+	+
F. multiseta Stach	+	+	+	+	+	–	–	–	–
F. fimetaria (Linné)	+	+	+	+	+	–	–	–	–
F. candida (Willem)	+	–	–	–	+	+	+	+	–
Isotomiella minor (Schäffer)	–	–	–	–	–	+	+	+	+
Proisotoma minuta (Tullberg)	+	+	+	+	+	+	+	+	+
Isotomina bipunctata (Axelson)	–	–	–	–	–	–	–	+	–
Isotoma notabilis Schäffer	+	+	+	+	+	+	+	+	+
I. propinqua Axelson	–	–	–	–	–	–	–	–	+
I. olivacea Tullberg	+	+	+	+	+	+	+	+	+
Heteromurus nitidus (Templeton)	+	+	+	+	+	+	+	+	+
Lepidocyrtus lanuginosus (Gmelin)	+	+	+	+	+	+	+	+	–
Pseudosinella alba (Packard)	+	+	+	+	+	+	+	+	–
Neelus minimus Willem	–	–	+	+	+	+	+	+	+

Das Zeichen + bedeutet das Vorkommen von Exemplaren einer bestimmten Art in dem oben bezeichneten Untersuchungsmaterial (s. Abschn. 2.1.1 und 2.2.1.).

* Erklarung der Kurzbezeichnungen in Abschn. 1. 1.

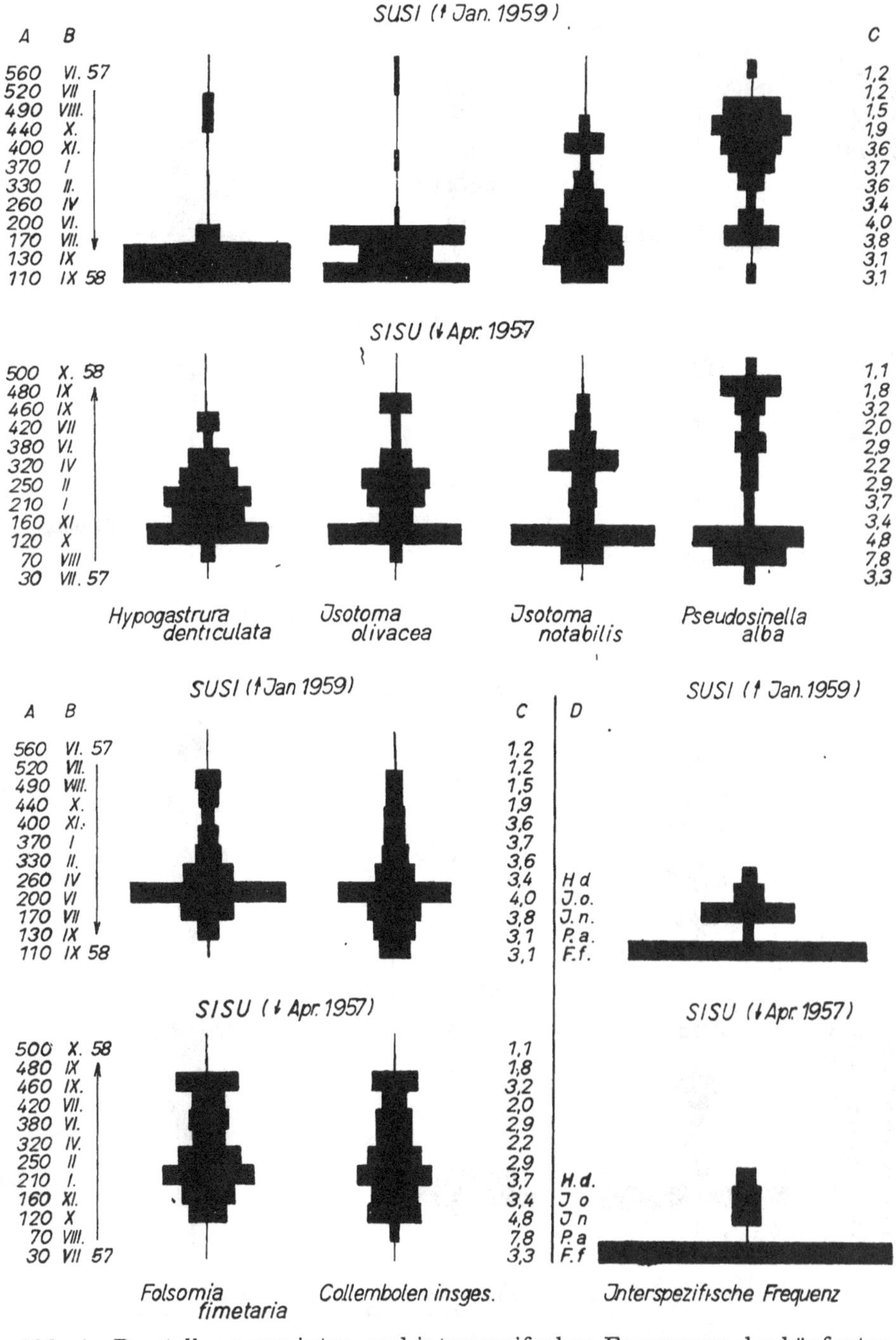

Abb. 1: Darstellung von intra- und interspezifischen Frequenzen der häufigsten Collembolenarten aus der Versuchsreihe FzRS (Sommer-Reihe) (Abkürz. s. Abschn. 2.2.1.)

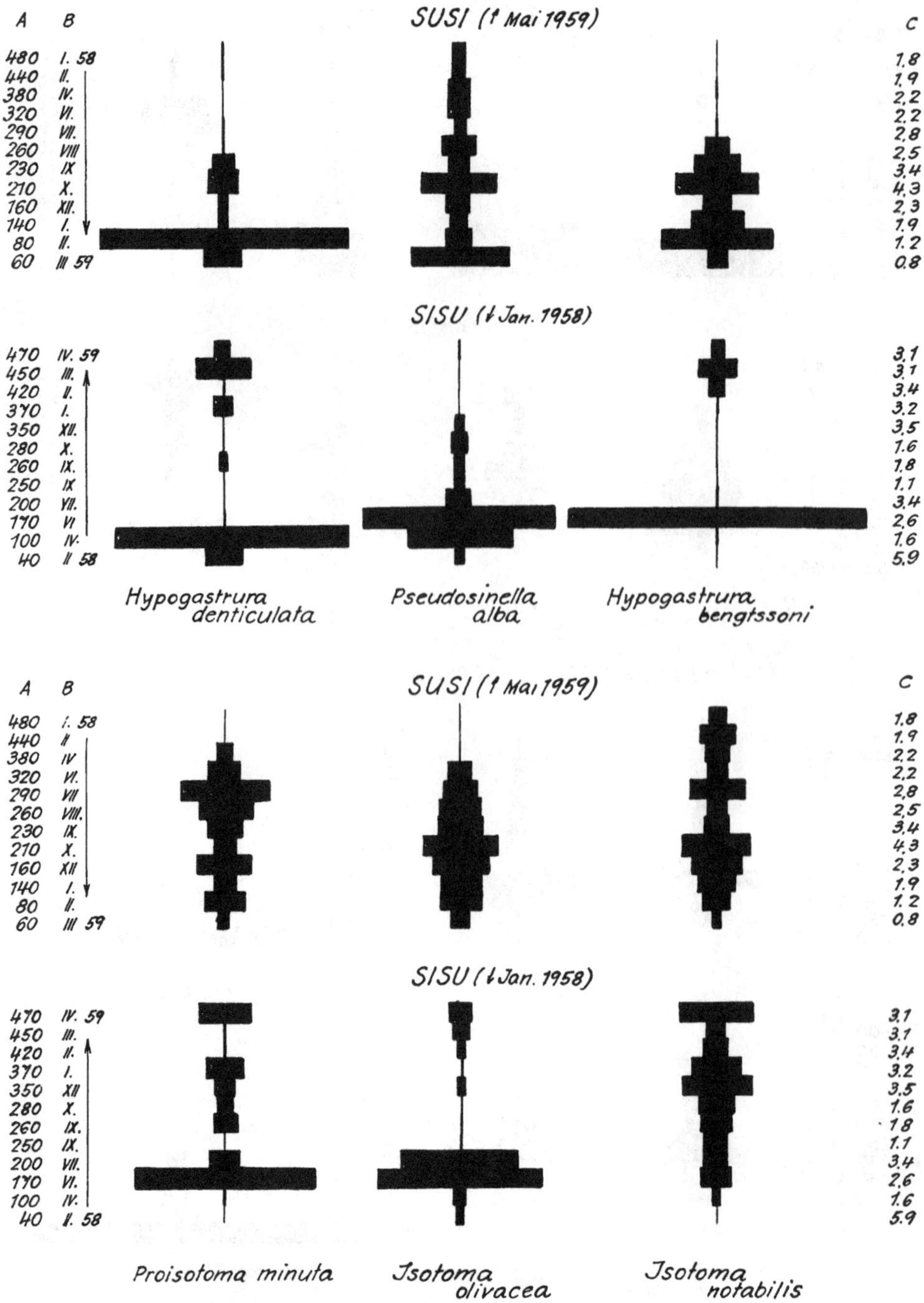
SUSI († Mai 1959)
SISU († Jan. 1958)
A
B
C
Hypogastrura denticulata
Pseudosinella alba
Hypogastrura bengtssoni
Proisotoma minuta
Jsotoma olivacea
Jsotoma notabilis

Abb. 2.

(Fortsetzung von Abbildung 2)

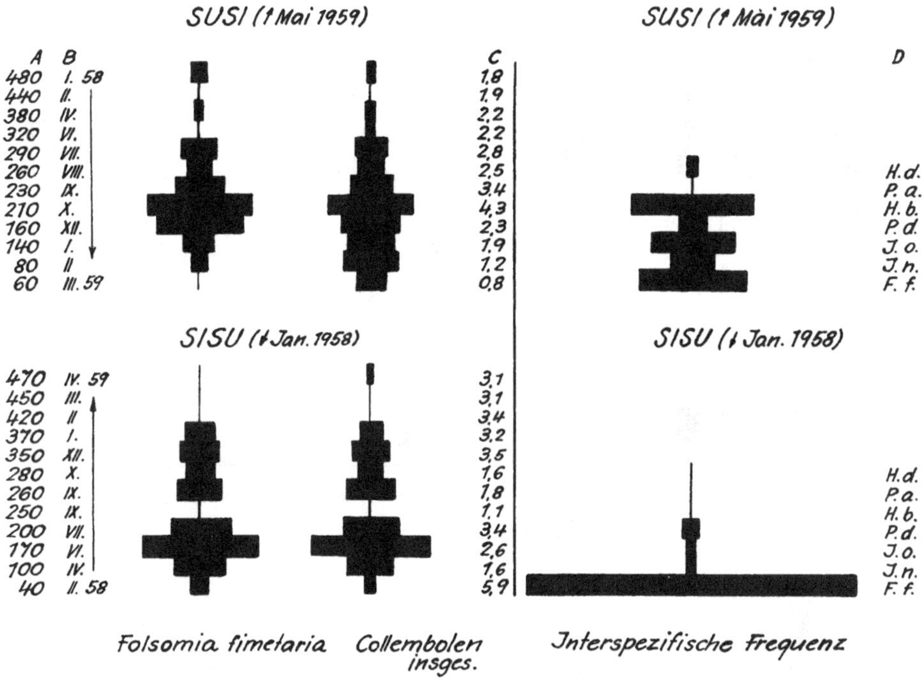

Abb. 2: Darstellung von intra- und interspezifischen Frequenzen der häufigsten Collembolenarten aus der Versuchsreihe FzRS (Winter-Reihe) (Abkürz. s. Abschn. 2.2.1.)

die Unvollständigkeit des Materials bedingt sind. In diesem Zusammenhang möchte ich jedoch darauf hinweisen, daß z. B. *Folsomia candida* eigenartigerweise in der FzRS-Reihe nur sporadisch vorgekommen ist, während *F. fimetaria* in der benachbarten FuRS-Grube völlig fehlte.

2.2. Versuchsreihe FzRS

2.2.1. Versuchsdaten

Diese Versuchsreihe ist nur an einem Ort (Inst.), aber zu verschiedenen Zeiten — im Sommer (S) und im Winter (W) — angelegt worden. Die Versuchsreihe FzRS bestand daher aus vier Einzelversuchen (S sisu, S susi, W sisu und W susi; vgl. Abschn. 1.1.). Für jeden dieser Versuche sind 12 Beutel (= 12 Varianten ohne Wiederholung) mit Strohhäcksel eingegraben worden. Das Verfahren der Probeentnahme und der Auslese war das gleiche wie bei der Versuchsreihe FuRS II. Die Zahl der aus dem Material eines Beutels entnommenen Proben betrug 30. Der durchschnittliche relative Wassergehalt der Proben (z. Z. der Probenentnahme) ist aus der Skala C der Abbildungen 1 und 2 zu ersehen; die Skala A gibt die Rottedauer (in Tagen) für die 12 getrennt ein- (↓) oder ausgegrabenen (↑) Beutel wieder, und in der Skala B sind die Monate numerisch bezeichnet worden, in denen die Beutel nacheinander eingelegt (susi) oder entnommen (sisu) worden sind.

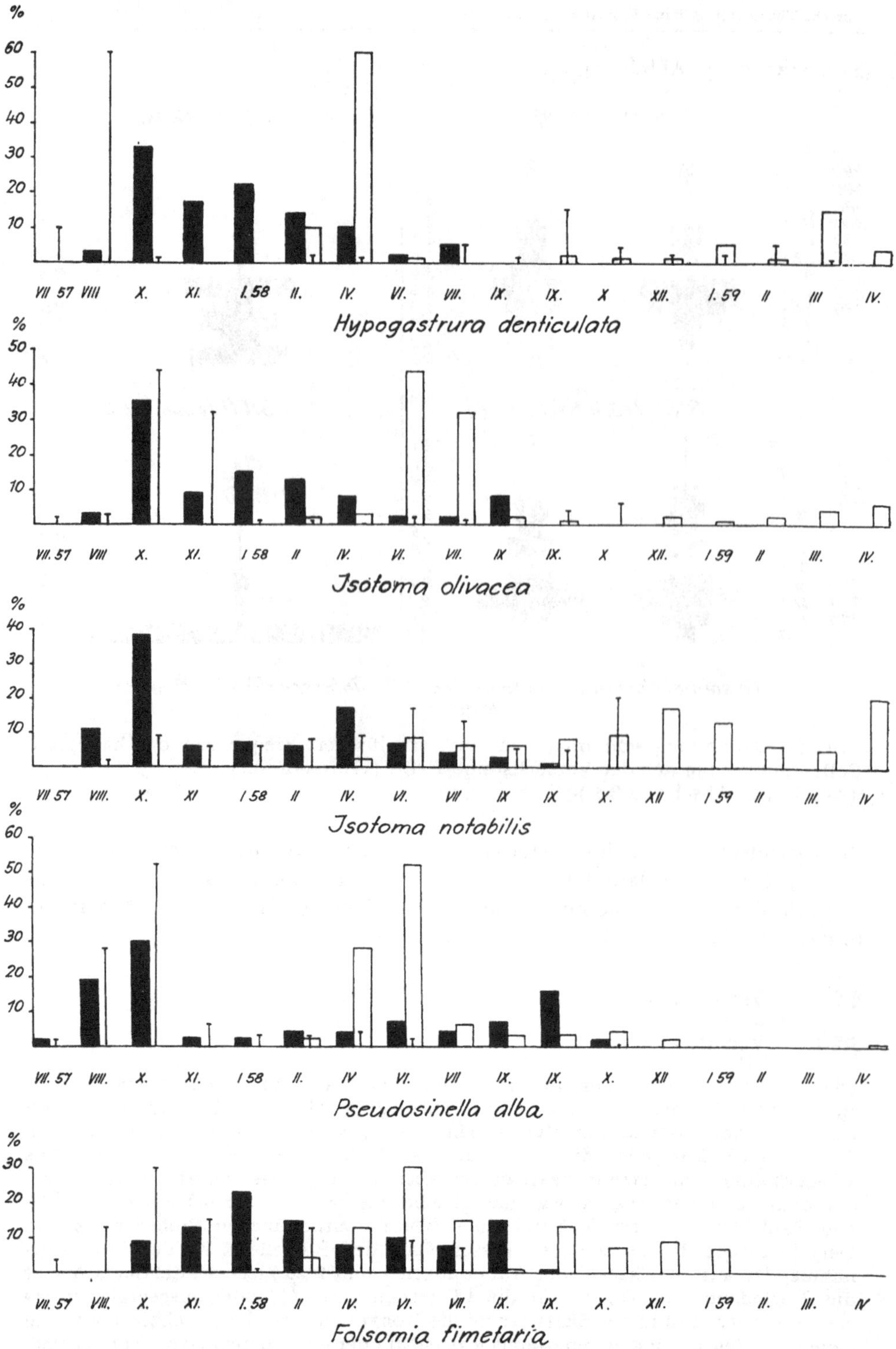

Abb. 3: Vergleichende Darstellung der intraspezifischen Frequenzen der häufigsten Collembolenarten aus den Versuchen FzRS S-sisu und W-sisu
(Abkürz. s. Abschn. 2. 2.1.)

In der Skala D (Darst. d. interspezifischen Frequenz) sind die Artnamen nur durch Anfangsbuchstaben gekennzeichnet. Die physiographischen Daten für die Versuchszeit sind in Tabelle 2 enthalten; Tabelle 1 gibt eine Übersicht über die in den Materialien der beiden Versuchsreihen gefundenen Arten.

2.2.2. Befunde

In den Abbildungen 1 bis 3 sind hauptsächlich die intraspezifischen Frequenzen der einzelnen in den Materialien der 4 Teilversuche gefundenen Arten dargestellt. Den Abbildungen 1 und 2 ist außerdem für jeden Teilversuch noch eine Darstellung der quantitativen Struktur des gesamten Collembolenbesatzes (vgl. Tab. 4) und der interspezifischen Frequenz für jenen Teilbesatz beigegeben, dessen figürliche Darstellung in den betreffenden Abbildungen enthalten ist.
Zur Analyse der in den Abbildungen 1–3 dargestellten Befunde können nur Daten für folgende Faktoren herangezogen werden: Rottedauer und Rottezeit, Feuchtigkeit des Materials und allgemeine physiographische Daten.

2.2.2.1. Einfluß der Rottedauer und der Rottezeit

Die Bevorzugung relativ früher Rottestadien (bis zu 250 Tagen Rottedauer) scheint für die meisten der hier angeführten Arten eine allgemeine Regel zu sein. Deutliche Ausnahmen von dieser Regel zeigen in einigen Teilversuchen nur die Arten *Pseudosinella alba* (S-susi), *Proisotoma minuta* (W-susi) und *Isotoma notabilis* (W-sisu). Die ältesten Rottestadien sind häufig nur noch schwach besetzt, doch die vorliegenden Befunde zeigen dafür keine feste Regel. Auffällig ist dagegen die gleichzeitige Bevorzugung bestimmter Rottestadien durch mehrere Arten. Die Übersicht über die Verteilung der Abundanzmaxima in den nach der Dauer unterschiedenen Rottestadien (Tab. 5) läßt einige wesentliche Beziehungen erkennen.

Tabelle 5

Verteilung der Abundanzmaxima der häufigsten Arten (Versuchsreihe FzRS) nach der Rottedauer in Tagen

	60	80	100	110	120	130	170	200	210	290	440	470
P. a.	+	—	—	—	+	—	+	—	—	—	+	—
H. d.	—	+	+	+	+	—	—	—	—	—	—	—
H. b.	—	+	—	—	—	—	+	—	—	—	—	—
I. o.	—	—	—	+	+	+	++	—	+	—	—	—
I. n.	—	—	—	—	+	+	+	—	+	—	—	+
F. f.	—	—	—	—	—	—	+	+	++	—	—	—
P. m.	—	—	—	—	—	—	+	—	—	+	—	—

Die Häufung der Maxima nach 120tägiger Rotte geht auf die Befunde aus dem Versuch S-sisu zurück, bei dem alle Arten bis auf *Folsomia fimetaria* ihre stärkste Massenentwicklung in dem im Oktober 1957 ausgelesenen Material zeigten. Auffälliger noch ist die Häufung der Abundanzmaxima in den im Juni 1958 ausgelesenen Materialien (W-sisu) nach 170tägiger Rottedauer. Vergleicht man die Verteilung der Abundanzmaxima auf die zeitlich unterschiedenen Rottestadien mit der Verteilung der Maxima auf die Jahreszeit (Tab. 6), dann fällt das Zusammentreffen bevorzugter Rottestadien und der jahreszeitlich bedingten Begünstigung der Massenvermehrung von Collembolen (Frühjahrs- und Herbstmaximum!) sofort auf. Der Vergleich der beiden Sisu-Versuche bietet daher ein sinnvolles Beispiel dafür, wie sehr die durch den Rottevorgang bedingte Sukzession durch den jahreszeitlich bedingten Aspekt verzerrt werden kann.

Tabelle 6

Verteilung der Abundanzmaxima der häufigsten Arten (Versuchsreihe FzRS) auf die einzelnen Monate (+ = max. Abundanz, · = rel. Abundanz mindestens 10%, – = ohne Befund)

	I	II	III	IV	V	VI	VII	VIII	IX	X	XI	XII
H. d.	+	·	–	+	+	–	–	–	–	+	·	–
H. b.	–	–	·	–	+	+	–	–	–	–	–	–
I. o.	+	·	–	·	+	+	·	–	·	+	·	–
F. f.	+ +	·	–	·	+	+	·	–	·	·	·	·
P. m.	·	–	–	·	+	+	·	–	·	–	–	·
P. a.	+	–	–	·	+	+	–	·	·	+	–	–
I. n.	+	–	–	+	+	–	–	·		+	–	·

Die Befunde aus dem Versuch S-sisu z. B. zeigen, daß die Existenz der unter suchten Arten im Winterhalbjahr auch in den älteren Rottestadien begünstigt wird. Im Gegensatz dazu scheint die ungünstige Relation von Temperatur und Feuchtigkeit im Sommerhalbjahr stagnierend auf die Entwicklung des Collembolenbesatzes in den betreffenden Materialien des Versuches W-sisu zu wirken. Es ist selbstverständlich, daß die gleiche Faktorenkombination sowohl im günstigen als auch im ungünstigen Sinne unterschiedlich auf die einzelnen Arten wirkt. Dennoch ist das Gesamtbild des Besatzes der beiden Sisu-Versuche der hier gegebenen Deutung zugänglich. Die zusammenfassende Darstellung der Befunde aus beiden Sisu-Versuchen in Abbildung 3 zeigt jedoch, daß es nicht genügt, das Bildungsgesetz der beobachteten Phänomene durch die vordergründige Wirkung der Aspekte zu erklären. Mit Ausnahme der *Isotoma notabilis* haben nämlich alle untersuchten Collembolenarten (unabhängig von der Jahreszeit) die früheren Rottestadien stärker besiedelt; die gleichzeitig ausgelesenen (aber zu verschiedener Zeit eingelegten) Proben aus beiden Versuchen zeigten im April und Juni 1958 z. T. extreme Unterschiede in der Besatzdichte. Diese Differenzen sind nach bisheriger Einsicht nur durch den unterschiedlichen Rottegrad des besiedelten Materials erklärbar.

Ähnlich wie bei den Sisu-Versuchen scheint auch in den Materialien der Susi-Versuche die Dichte des Tierbesatzes aspektgeprägt zu sein. In den Materialien des im Januar beendeten Versuches S-susi wurde – in Analogie zu den Befunden aus dem Versuch W-Sisu – eine stärkere Konzentration des Besatzes in den frühen Rottestadien beobachtet. Im Gegensatz zu diesem Befund scheinen die verschiedenen Arten im Versuch W-susi – ähnlich wie im Versuch S-sisu – auch in den älteren Materialien noch günstige Lebensbedingungen zu finden. Eine Erklärung dieser auffälligen Differenz zwischen den Befunden der beiden gleichartig angelegten Versuche ist vielleicht in dem Umstand zu suchen, daß die älteren Materialien des Versuches S-susi verhältnismäßig länger dem Einfluß intensiver mikrobieller Tätigkeit ausgesetzt waren als die entsprechenden Materialien des Versuches W-susi; die Materialien des Versuches S-susi wären also relativ schneller „gealtert".

Obwohl die Rottedauer nur ein sehr grobes Maß für die unter sehr unterschiedlichen Bedingungen abgelaufenen Rotteprozesse sein kann, scheint das Vorkommen einiger Arten im Verlauf der Rottesukzession zeitlich mehr oder weniger begrenzt zu sein. Auffällig ist in diesem Zusammenhang die Häufung der Abundanzmaxima von *Folsomia fimetaria* in den Stadien von **170** bis **210** Tagen. Wesentlich früher – in der Zeit von **80–130** Tagen – waren die Maxima von *Hypogastrura denticulata* festzustellen. Nur bei diesen beiden Arten war keine Überschneidung jener Zeitabschnitte zu beobachten, in denen die Tiere sich massenhaft entwickelten. Wie Tabelle **6** zeigt, waren die Maxima der Arten *Isotoma olivacea* (zwischen **110** und **210**), *Hypogastrura bengtssoni* (zwischen **70** bis **170**) und *Proisotoma minuta* (zwischen **170** und **290** Tagen Rottedauer) ebenfalls auf einen engeren Zeitraum verteilt.

Die zeitliche Aufeinanderfolge der einzelnen Arten als ein gesetzmäßiges Phänomen tritt unter den Bedingungen einer so vielfältig beeinflußten Versuchsanlage nicht sehr deutlich hervor, doch schon das Ausmaß der intraspezifischen Differenzierung des Besatzbildes läßt erkennen, daß trotz gewisser auffälliger Übereinstimmungen die Lebensansprüche der einzelnen Arten unterschiedlich sind.

2.2.2.2. Einfluß der Feuchtigkeit oder der physiographischen Faktoren

Der direkte Einfluß der Feuchtigkeit auf den Massenwechsel der Collembolen war im allgemeinen nur im Pejus der Existenzbedingungen zu beobachten.

Im Besatz der Materialien des Versuches W-sisu läßt sich eine gewisse Übereinstimmung zwischen dem plötzlichen Rückgang der Besatzdichte und zunehmender Trockenheit des Materials feststellen. Eine deutliche Inzisur im Besatzbild der meisten Arten (mit Ausnahme von *Isotoma notabilis*) ist bei der 5. Rottestufe zu beobachten. Das betreffende Strohmaterial hatte nur noch einen relativen Wassergehalt von **1,1**. Im Versuch W-susi schien ein ähnlich niedriger Wassergehalt keine so einschneidende Wirkung gehabt zu haben. Dieser scheinbare Widerspruch läßt sich bei einer stationären Betrachtung nicht klären. Ergebnisse von kontinuierlichen Messungen des Feuchtigkeitsregimes liegen jedoch nicht vor.

Das Vorkommen von Abundanzmaxima in den verschiedensten Feuchtigkeitsstufen (Tab. 7) spricht schließlich auch nicht für einen unmittelbaren Einfluß der Substratfeuchtigkeit auf die Dichte des Collembolenbesatzes (vgl. Abschn. 2.1.2.).

Die allgemeinen physiographischen Daten (Tab. 2) lassen keine bemerkenswerten direkten Beziehungen zwischen dem Klima und dem Besiedlungsverlauf erkennen.

Tabelle 7

Verteilung der Abundanzmaxima der häufigsten Arten (Versuchsreihe FzRS) auf Materialien mit verschiedenem Wassergehalt (Zahlenangaben über den relativen Wassergehalt, Trockensubstanz = 1)

	0,8	1,2	1,6	1,9	2,6	2,8	3,1	3,3	3,7	3,8	4,0	4,3	4,8
H. d.	–	+	+	–	–	–	+	–	–	–	–	–	+
H. b.	–	+	–	–	+	–	–	–	–	–	–	–	–
I. o.	–	–	–	–	+	–	+	–	–	+	–	+	+
F. f.	–	–	–	–	+	–	–	–	+	–	+	+	–
P. m.	–	–	–	–	+	+	–	–	–	–	–	–	–
P. a.	+	–	–	+	+	–	–	–	–	–	–	–	+
I. n.	–	–	–	–	–	–	+	–	–	+	–	+	+

2.2.2.3. Sonstige Beobachtungen

Onychiurus jubilarius ist nur im Material des Versuches S-sisu zu Beginn der Rotte in stärkerer Abundanz (25 Exempl.) gefunden worden. *Isotoma olivacea stachi* trat nur in dem Versuch W-susi (also bei der Probenentnahme im Mai 1959) auf; ihre Besatzdichte stand in keiner unmittelbaren Beziehung zur Besatzdichte der Hauptart. Die Abundanz per 100 g untersuchten Materials betrug in den 12 Rottestufen (vom jüngsten bis zum ältesten Material): 0/0/28/45/27/5/2/1/2/1/1/1.

Für das Vorkommen von *Neanura muscorum, Lepidocyrtus lanuginosus, Heteromurus nitidus* und *Neelus minimus* läßt sich aus unseren Befunde keine Regel ableiten, obgleich die genannten Arten in einigen Proben Besatzdichten von 25–60 Exemplaren erreicht haben. Erwähnenswert ist noch das Auftreten von *Xenylla welchi* in dem Material der ersten Rottestufen des Versuches S-sisu (0/383/144/7/0/). Das Auftreten von *X. welchi* in der Anfangsphase der Zersetzung ist für diese Art charakteristisch.

Von der Oribatidenart *Oribella pectinata* (Mich.) haben wir in diesem Material insgesamt 9193 Exemplare gefunden, mehr als die Hälfte davon im Versuch W-sisu. Die in drei Versuchen stark ausgeprägten Abundanzmaxima der Art waren in den verschiedensten Rottestufen zu beobachten. Ähnlich wie bei *Pseudosinella alba* läßt sich auch bei dieser Art noch keine Regel für das Massenauftreten aus unseren Befunden ableiten.

Nach der bisherigen Darlegung der Befunde der Versuchsreihe FzRS könnte der Eindruck entstehen, als seien die vier Versuche untereinander gleichzusetzen. Einen ersten Überblick über die unterschiedliche Massenverteilung der einzelnen Arten gibt jedoch schon die Darstellung der interspezifischen Frequenz (Abb. 1 und 2). Mehr noch wird die Verschiedenheit der einzelnen Versuche durch den Vergleich der absoluten und relativen Massenverteilung der häufigsten Arten innerhalb der Versuchsreihe verdeutlicht (Tab. 8).

Es ist sehr auffällig, daß die Sisu-Versuche verhältnismäßig den zahlreichsten Besatz hatten. Einen übergroßen Anteil an dieser unterschiedlichen Gewichtung hat die Art *Folsomia fimetaria*; ihr auffällig starkes Auftreten in den Sisu-Versuchen kann dadurch bedingt sein, daß diese Art sich während des Sommerhalb-

Tabelle 8
Absolute und relative Abundanz der häufigsten Arten (Versuchsreihe FzRS)

	S-sisu		S-susi		W-sisu		W-susi		Summe %	
	abs.	rel.	abs.	rel.	abs.	rel.	abs.	rel.		
H. d.	2044	74	233	8	163	6	320	12	2760	100
H. b.	4	+	7	+	370	6	5397	94	5778	100
I. o.	2746	36	488	6	633	8	3716	49	7583	100
F. f.	30625	47	4460	7	25476	39	4881	7	65442	100
P. m.	37	2	32	1	1239	51	1152	46	2460	100
P. a.	278	33	111	13	326	39	129	15	844	100
I. n.	2483	37	1728	25	621	10	1890	28	6752	100
	38217	42	7059	8	28858	31	17485	19	91619	100

jahres stärker entwickelt. Am Besatz mit den anderen Arten läßt sich keine ähnliche grundsätzliche Verschiedenheit zwischen Sisu- und Susi-Versuchen ablesen. Allgemein kann man feststellen, daß die übrigen Arten insgesamt in den beiden Winterreihen stärker vertreten sind; doch für die einzelne Art kann diese Regel nicht gelten.

3. Schlußbemerkungen

Der Ausgangspunkt für eine Reihe unserer Freiland- und Laboratoriumsexperimente war die Theorie: „Innerhalb des Verträglichkeitsbereiches haben die indirekten (biogenen) Wirkungen abiotischer Umweltsfaktoren einen größeren Einfluß auf die Existenz und den Massenwechsel von Bodentieren als die direkten" (Törne, **1961**). Diese theoretische Voraussetzung ist auch durch die vorgelegten Befunde bestätigt worden; das zeigen insbesondere die Ergebnisse der Versuchsreihe FzRS (Abschn. 2.2.2.). Durch den unterschiedlichen Rottebeginn einzelner Versuchsglieder und den verschiedenen Zeitpunkt der Probenentnahme bedingt, waren hier die häufigsten Arten praktisch zu allen Jahreszeiten zahlreich vertreten.

Ein auffälliges Beispiel für die Richtigkeit dieser Annahme ist das frühsommerliche Abundanzmaximum der Arten *Hypogastrura bengtssoni* und *Isotoma olivacea*. Diese beiden Arten gelten unter normalen Umständen zu Recht als Winterarten. Nachdem wir aber sowohl *H. bengtssoni* als auch *I. olivacea* seit Jahren bei einer Durchschnittstemperatur von etwa 20 °C in Kultur halten, kann ich feststellen, daß die mikrobielle „Vorverdauung" der Nahrung die wichtigste Voraussetzung für die Vermehrung der Populationen ist.

Der durch den Wechsel der Jahreszeiten bedingte und vom Klima beeinflußte „normale" Stoffkreislauf ist aber der gewichtigste Motor für die Populationsdynamik der substratgebundenen Tierarten. Jede substanzielle oder energetische Verschiebung oder Veränderung der normalen Proportionen der cyklischen Metabolik spiegelt sich daher in der Qualität oder Quantität des Tierbesatzes wider.

Das Ziel unserer Tätigkeit war daher zunächst darauf gerichtet, den Nachweis zu erbringen, daß Bodentiere als geeignete Indikatoren von Rotteprozessen dienen können, weil ihr Massenwechsel als Funktion eines komplexen Beziehungsgefüges betrachtet werden kann. Nachdem die theoretische Annahme über die Wechselbeziehungen der Vorgänge während der Rotte durch eine Reihe neuerer Untersuchungen im wesentlichen bestätigt wurde, ist es an der Zeit, nach Möglichkeiten für die Anwendung der Kenntnisse zu suchen. Das nächste praktische Ziel unserer Arbeit besteht deshalb darin, zuverlässige und rationelle Methoden zu finden, mit deren Hilfe es gelingt, die tierischen Sukzessionen und das Substratwahlverhalten von Tieren als Leitphänomene für komplexe naturwissenschaftliche Untersuchungen metabolischer Prozesse nutzbar zu machen.

Der gegenwärtige Stand der Kenntnisse berechtigt zu der Annahme, daß auch die Pedozoologie einen wesentlichen Beitrag zu der wissenschaftlichen Arbeit für die Erhaltung und Mehrung der Bodenfruchtbarkeit beitragen kann.

Zusammenfassung

Rotteexperimente mit Getreidestrohhäcksel haben ergeben, daß die beobachteten Veränderungen des Tierbesatzes im wesentlichen eine Folge sukzessiver Veränderungen des Substrates waren.

Die Beobachtung des gesetzmäßigen Verhaltens gewisser Tierarten gegenüber verschieden gerotteten Materialien legt daher die Vermutung nahe, daß die genaue Kenntnis der Existenzbedingungen des Tierbesatzes eine indirekte Ermittlung wesentlicher Teile des gesamten Wirkunsgkomplexes ermöglichen würde.

Резюме

Опыты по разложению соломенной сечки показали, что изменения в фауне в основном были последствием постепенных изменений субстрата. Наблюдение закономерного поведения известных видов животных в отношении материалов различной степени разложения дает основание предполагать, что точное знание условий существования данной фауны обеспечило бы косвенное определение основных частей этого комплекса действий.

Summary

Decomposition experiments with chopped grain-straw showed that the changes observed in soil animal population virtually resulted from successive changes in the substratum.

Observation of the natural attitude of certain species towards differently decomposed materials therefore suggest that exact knowledge of the conditions of existence of soil animal population would make possible an indirect ascertainment of essential parts of this complex of effects.

Literaturverzeichnis

DUNGER, W.: Leistungsspezifität bei Streuzersetzern. In: Soil Organisms. Hrsg. J. DOEKSEN und J. VAN DER DRIFT. **1963**, North-Holland Publishing Company, Amsterdam

FRANZ, H.: Bildung von Humus aus pflanzlichem Bestandabfall und Wirtschaftsdünger durch Kleintiere. Bodenkde. u. Pflanzenernähr. **1943**, **32**, H. 6

Franz, H.: Die Tätigkeit der Kleintiere im Boden und Wirtschaftsdünger und ihre Bedeutung für das Dauergrünland. Pflanzenb. 1945 (a), **19**, H. 12; **20**, H. 4

Franz, H.: Über die Bedeutung von Kleintieren für die Rotte von Stallmist und Kompost. Pflanzenb. 1945 (b), **20**, H. 4

Franz, H.: Neue Forschungen über den Rotteprozeß von Stallmist. Veröff. d. Bundesanstalt f. alp. Landw. Admont, 1950, H. 2

Franz, H., und P. Gunhold: Die Untersuchung des Kleintierbesatzes der Kompoststapel. Tätigkeitsber. Österr. Bundesanst. Linz, 1951

Franz, H., und L. Leitenberger: Chemisch-biologische Untersuchungen über Humusbildung durch Bodentiere. Österr. Zool. Z. 1948, **1**, 496—518

Franz, H., und G. Repp: Untersuchungen über die Stallmistrotte im Stapel und im Boden. Bodenkultur 1949, **3**, H. 4

Gere, G.: Über einige Faktoren des Streuabbaues. In: Soil Organisms. Hrsg. J. Doeksen und J. van der Drift. 1963, North-Holland Publishing Company, Amsterdam

Gisin, G.: Oekologische Studien über die Collembolen des Blattkomposts. Rev. Suisse Zoologie, Genève, 1952

Gisin, H.: Collembolenfauna Europas. 1960, Genf

Graff, O.: Die Kleintiere, unsere Gehilfen von der Düngerbereitung. Landbauforsch. Völkenrode 1952, H. 3

Höller-Land, G.: Die Abhängigkeit der bodenbewohnenden Collembolen von Düngung und anderen Standortfaktoren unter Dikopshofer Verhältnissen. Z. angew. Ent. 1962, Beih. 18

Macfadyen, A.: The Contribution of the Microfauna to total soil Metabolism. In: Soil Organisms. Editors J. Doeksen and J. van der Drift. 1963, North-Holland Publishing Company, Amsterdam.

Mann, H. B., and D. R. Whitney: On the test of wether one of two random variables stochastically larger than the other. Ann. Math. Statist. 1947, **18**, 50

Mrohs, E.: Die Collembolen des Flachmistkomposts. Z. angew. Ent. 1958, **42**, 3, 316—333

Sachsse, J.: Vergleichende Untersuchungen der Tierwelt bei verschiedenen Kompostierungsverfahren während des gesamten Rotteprozesses. 1960, Büdingen-Gettenbach, Verl. Welt und Wissen

Sauerlandt, W., und O. Graff: Fragen der direkten Zufuhr von Stroh zum Ackerboden. In: Bodenfruchtbarkeit, Beiträge. 1955, 16—48, Oldenburg, Verl. Praxis und Forschung

Sauerlandt, W., und M. Trappmann: Untersuchungen über Stallmist- und Strohkompost. Z. Acker- u. Pflanzenbau, 1954, **98**, 2

Törne, E. von: Zur Feuchtpräparation von Kleinarthopoden. Mikroskopie 1956, **11**, 9/10, 338/40

Törne, E. von: A Tullgren-Funnel Modification to Prevent Contamination of the Collecting Tube with Sample Debris. In: Progress in Soil Zoology. 1962. Herausg. P. W. Murphy. Butterworth, London

Törne, E. von: Indirekter Nachweis von Elektivwirkungen mineralischer Düngemittel auf die Mikroflora von rottendem Getreidestroh. Zbl. Bakteriol., Abt. II, 1963 (a), **116**, 7, 681/88

Törne, E. von: Collembolen als Indikatoren von Rotteprozessen. In: Soil Organisms. Hrsg. J. Doeksen und J. van der Drift. 1963 (b), North-Holland Publishing Company, Amsterdam

Törne, Th. von: Hilfsmittel für die mikroskopische Durchmusterung von Proben mit kleinen Bodentieren. Pedobiologia, 1962, **1**, 3, 228

Weber, E.: Grundriß der biologischen Statistik. 1961, Jena, VEB Gustav Fischer Verl.

Zachariae, G.: Was leisten Collembolen für den Waldhumus? In: Soil Organisms. Hrsg. J. Doeksen und J. van der Drift. 1963, North-Holland Publishing Company, Amsterdam

Aus dem Institut fur Grünland und Moorforschung Paulinenaue, Zweigstelle Jena,
der Deutschen Akademie der Landwirtschaftswissenschaften zu Berlin
(Direktor: Prof. Dr. agr. habil. E. WOJAHN)

HORST UNGER

Der Einfluß hoher N-Gaben auf die zellulolytische Aktivität des Bodens sowie Beziehungen zwischen Mikroorganismentätigkeit und Ertragsleistung einer Weide

Eingegangen: 10. 10. 1963

0. Einleitung und Literaturbesprechung

Die Frage der N-Düngerwirkung auf das Bodenleben war schon oft Gegenstand wissenschaftlicher Forschungsarbeiten, ist doch Stickstoff im Baustoffwechsel der Bakterien (Eiweißsynthese) ein unentbehrlicher Nährstoff. Da aber Stickstoff in der Natur fast stets mehr oder weniger im Minimum ist, wird auch, wie KOBLET (1957) sagte, „der Wettbewerb zwischen der höheren Pflanze und der Kleinlebewelt stärker geltend als beim Phosphor und Kalium". Düngung mit mineralischem Stickstoff führt deshalb nicht nur zu Pflanzenertragserhöhungen, sondern häufig auch zur Steigerung der biologischen Aktivität der Böden.

So berichtete ENGEL (1935) von engen Beziehungen zwischen Ertragsfähigkeit und Tätigkeit der Bodenmikroben. Durch mineralische Volldüngung wurden sowohl hohe Erträge als auch eine Steigerung der biologischen Aktivität beobachtet.

Ähnliche Ergebnisse erzielte DÜGGELI (1943) auf einer Magermatte der subalpinen Region. Volldüngung förderte die Bakterienflora des Bodens in gleichem Maße, wie der Ertrag anstieg. Die nur N-gedüngten Parzellen lagen im Keimgehalt noch weit über dem der ungedüngten, aber etwas unter dem der vollgedüngten Variante.

Während RUSCHMEYER und SCHMIDT (1958) durch Gaben von Nitrat und Ammoniumsalz die biologische Aktivität N-armer Standorte bedeutend erhöhen konnten, zeigten bei JANSSON, HALLAM und BARTHOLOMEW (1955) beide N-Formen unterschiedliche Wirkung. Sie fanden, daß NH_4 sowohl bevorzugt von den Mikroorganismen aufgenommen als auch der Strohabbau beschleunigt wurde.

Doch konnte nicht in jedem Fall durch Düngung mit mineralischem Stickstoff eine verstärkte Mikroorganismentätigkeit oder erhöhte Keimzahl nachgewiesen werden. MÜLLER (1957) berichtet z. B. von einer Erhöhung des Pilzgehaltes, aber einer teilweisen Verringerung der Bakterienzahlen durch mineralische N-Gaben im Boden eines Gefäß- und Freilandversuchs.

Bei POSCHENRIEDER und LEUTHOLD (1962) löste eine plötzliche Düngung armen Wiesenbodens mit Nitrophoska anfangs Depressionen der Bodentier- und Keimzahlen aus. Als erste überwanden die Bodentiere, dann die Bakterien den durch die Düngung ausgelösten Schock und reagierten mit starkem zahlenmäßigen Anstieg.

Bei der Prüfung des Diplopodenbesatzes im Dauerdüngungsversuch Dikopshof fand HERBKE (1962) unter N-Mangel die höchsten Diplopodenzahlen. Im gleichen Versuch wirkte nach HÖLLER (1962) Stickstoff nur in einem engen Bereich fördernd auf den Milbenbesatz, während hohe N-Gaben und Mangel gleichermaßen Milbenzahl und Artenanteil verringerte. Zu gleichen Ergebnissen kam HÖLLER-LAND (1962) bei der Untersuchung der Collembolen im Dikopshofer Versuch. Auch die Besatzdichte der Regenwürmer wurde nach WILCKE (1962) durch N-Gaben unterschiedlich beeinflußt. In Verbindung mit organischer Substanz erhöhte N-Düngung die Zahl der Würmer.

Diese unterschiedlichen Ergebnisse gaben Veranlassung, in dem von KREIL, WACKER und KALTOFEN[1] in Paulinenaue auf Sandboden angelegten und 1961 beschriebenen N-Steigerungsversuch zur Klärung der Frage nach den Grenzen der N-Anwendung auf Grünland die Beeinflussung der mikrobiologischen Vorgänge im Boden durch extrem hohe Stickstoffgaben zu überprüfen. Durch die Anwendung des Zellulosetestes sollte über die Erfassung der zellulolytischen Aktivität festgestellt werden, inwieweit hohe N-Gaben die Mineralisation organischer Substanzen begünstigen und ob Beziehungen zwischen Ertragsleistungen der Weide und Zelluloseabbau des Bodens bestehen.

1. Versuchsgrundlagen

Die unter Standort und Versuchsanlage gemachten Angaben sind der Veröffentlichung von KREIL, WACKER und KALTOFEN (1961) entnommen. Die Wiedergabe dieser Fakten wurde auf das für das Verstehen der in der vorliegenden Arbeit erzielten Ergebnisse unbedingt notwendige Maß beschränkt.

1.1. Standort

Eine 1951 auf Talsand angesäte Weide mit mittlerer Leistungsfähigkeit diente als Versuchsstandort. Das Bodenprofil weist eine 30 cm mächtige Krume (schwach humoser Talsand mit 2,8% Glühverlust), einen von 30–55 cm reichenden eisenschüssigen Sandhorizont (mittelfeiner weißer Talsand) mit darunterliegendem, durch Eiseneinschlüsse z. T. stark gelb bis braun gefärbten, mittelfeinen Talsand aus. Durchgeführte Grundwassermessungen lassen den Schluß zu, daß eine Grundwasserbeeinflussung des Pflanzenwachstums und damit erst recht der Mikroorganismentätigkeit in der Prüfzone von 10 cm während der drei Versuchsjahre nicht auftrat.

1.2 Versuchsanlage

Entsprechend der Fragestellung wurden 6 Varianten mit steigenden N-Gaben geprüft.

[1] Herrn Dr. KREIL mochte ich fur die gewahrten Unterstutzungen und das zur Verfugung gestellte unveroffentlichte Zahlenmaterial der Ertragsermittlungen 1961 besonders danken.

Variante	1	2	3	4	5	6
jährlich kg N/ha	0	60	120	240	480	720

Die N-Mengen wurden als Kalkammonsalpeter zu gleichen Teilen vor Vegetationsbeginn, nach der 1. und 2. Nutzung, verabreicht. Die Grunddüngung (72 kg P_2O_5/ha als Thomasmehl und 80 kg K_2O/ha als 40%iges Kalisalz) wurde jährlich vor Vegetationsbeginn für alle Varianten einheitlich gestreut.
In den Jahren vor Versuchsbeginn erhielt diese Fläche jährlich fast die doppelten K_2O- und P_2O_5-Mengen. Der Versuch wurde dreimal in völlig gleicher Weise als Blockanlage angelegt. In jedem Versuch erfolgte ein Prüfung der 6 Varianten in vierfacher Wiederholung, so daß bei den 3 Versuchen insgesamt pro Variante 12 Parzellen für die Ertragsermittlung zur Verfügung standen.
Die Nachwuchszeit betrug 28 Tage und wurde nur dann verlängert, wenn in dieser Zeit kein weidefähiger Bestand auf den Parzellen mit mittlerer N-Gabe herangewachsen war.
Die Ertragsermittlung erfolgte durch Mahd. Um auf die Weidewirkung nicht verzichten zu müssen, wurde zu jeder Nutzung ein anderer Teil der Parzelle geschnitten und danach die Gesamtparzelle beweidet.
Eine Beeinflussung der Ergebnisse durch die Exkremente der Weidetiere ließ sich durch die Verwendung von Exkrementgeschirren vermeiden (nähere Angaben bei Kreil, W., und G. Weiland, 1960). Zur Prüfung der Verdaulichkeit des Futters wurde 1960 nur gemäht.

1.3. Zellulosetest

Zur Ermittlung des Einflusses hoher N-Gaben auf die zellulolytische Aktivität des Bodens wurde ein Jahr nach dem eigentlichen Versuchsbeginn (1958) der Versuch I der 3 N-Steigerungsversuche über 3 Jahre mit Zellulosetestbeuteln belegt. In jede der 24 Parzellen vergruben wir 5 Beutel in 10 cm Tiefe. Eingrabedatum und Lagerungszeit war jährlich unterschiedlich und witterungsbedingt.
Die Bearbeitung der Abbauergebnisse erfolgte biometrisch. Aus den pro Parzelle gefundenen 5 Abbauwerten der Einzelbeutel errechneten wir den Parzellenmittelwert, der als Grundlage für die Varianzanalyse diente.
Die Restwatten wurden vor ihrer Veraschung visuell beurteilt, um bestehende, mikrobiell bedingte, farbliche Unterschiede zu erfassen (Unger, 1963b).
Weitere Einzelheiten zur Methode des Zellulosetestes sind den Arbeiten von Unger (1960 und 1962) zu entnehmen.

2. Ergebnisse

2.1. Die Abhängigkeit der Zellulosezersetzung von unterschiedlichen Eingrabezeiten und Witterung

2.1.1. Der mittlere Tagesabbau als vergleichbarer Maßstab unterschiedlich langer Eingrabeperioden

Bei der Zersetzung der Zellulose im Boden spielt die Einwirkungszeit der zellulolytischen Mikroorganismen auf das abzubauende Substrat eine bedeutende

Rolle. Um die Wirkung anderer Faktoren auf die zellulolytische Aktivität prüfen zu können, muß der Zeitfaktor gleich gehalten werden. Deshalb war bisher die einheitliche Lagerungsdauer der Testbeutel für die Vergleichbarkeit von Zelluloseabbauwerten verschiedener Standorte, mehrerer Jahre oder mehrerer Eingrabeperioden innerhalb eines Jahres eine unbedingte Voraussetzung. Oft machen sich aber auf Grund witterungsbedingter Einflüsse ungleichlange Eingrabeperioden zur Erfassung der größten Differenzen zwischen den Prüffaktoren notwendig. Um für diese verschieden langen Eingrabeperioden ein einheitliches Beurteilungsmaß zu bekommen, können die in den Perioden gefundenen Gesamtabbauwerte auf mittlere Tagesabbauwerte nach der Formel

$$\text{mittlerer Tagesabbau} = \frac{\text{Gesamtabbau der Periode}}{\text{Lagerungszeit in Tagen}}$$

umgerechnet werden.

Natürlich stellt dieser Tageswert nur ein rechnerisches Hilfsmittel für den Ausgleich unterschiedlicher Lagerungsdauer dar. Dieser Mittelwert sagt also nichts über den tatsächlichen Verlauf des Abbaus während einer Eingrabeperiode aus, denn der errechnete Tagesabbau wird z. B. am Beginn einer Eingrabeperiode weit über und zur Zeit der maximalen Aktivität unter dem tatsächlichen Tagesabbau liegen. Im zu beschreibenden Versuch kam es in erster Linie darauf an, die durch hohe N-Gaben bedingten Unterschiede in der zellulolytischen Aktivität des Bodens zu erfassen, so daß die gleiche Länge der Eingrabeperioden unberücksichtigt bleiben mußte. Um dennoch die in den 3 Jahren erzielten Ergebnisse miteinander vergleichen zu können, wurde erstmalig die Umrechnung auf mittlere Tagesabbauwerte vorgenommen und ein Vergleich zum Gesamtabbau angestellt.

2.1.2. Zelluloseabbau und Witterungsverlauf

Der Verlauf der Witterung und der Eingrabeperioden in den 3 mit dem Zellulosetest geprüften Jahren **1959–1961** sind in Abbildung **1** wiedergegeben. Zur Beurteilung der Abbauleistung der Bodenmikroorganismen können nur die Klimawerte innerhalb und kurz vor den Eingrabeperioden herangezogen werden. Die längste Zeit (152 Tage) waren die Beutel **1960** im Boden, sie wurden gegenüber den anderen beiden Jahren etwa 1 Monat später ein- und zwei Monate später ausgegraben. Die Ursache dafür ist in dem sehr kalten Märzwetter **1960** zu suchen, das ein frühes Eingraben der Beutel nicht zuließ.

Der Eingrabeperiode im Jahr **1959** ging ein sehr trockener November **1958** voraus. Die ausgesprochen niederschlagsarmen Monate März und Juni beeinflußten den Zelluloseabbau merklich, so daß bei relativ hoher Durchschnittstemperatur und mittlerer Lagerungsdauer der in den 3 Jahren geringste Zelluloseabbau erfolgte (Tab. 1). Den begrenzenden Faktor stellten in diesem Fall die geringen Niederschläge dar.

Auch **1960** wurde das 1. Drittel der Eingrabeperiode durch kühle und trockene Witterung gekennzeichnet (Abb. 1). Erst im Juli und August fielen ausreichende Niederschläge. Die mittlere Temperatur dieser Eingrabeperiode ist zwar die höchste der 3 Prüfjahre (Tab. 1), jedoch wurden **1960** die Sommermonate Juli

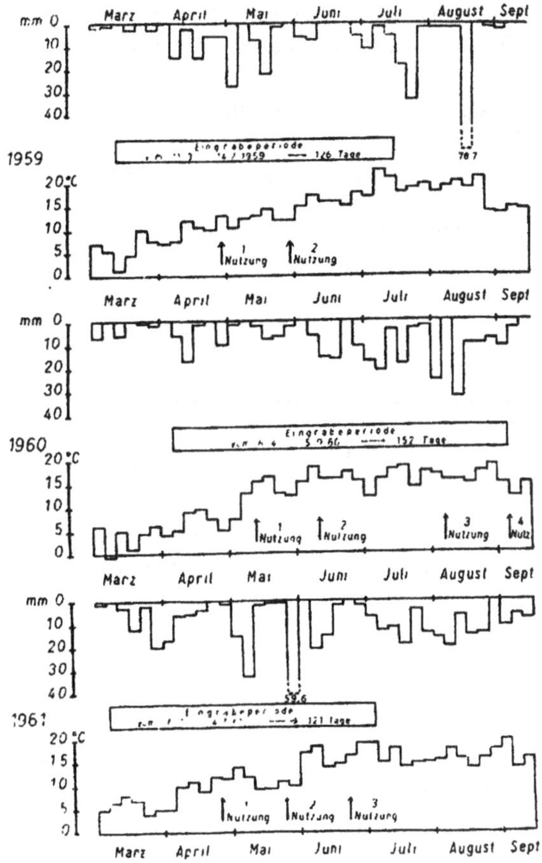

Abb. 1: Eingrabeperioden, mittlere tägliche Lufttemperaturen und Niederschläge (Pentadenwerte)

und August mit erfaßt, so daß die 14,2 °C einen unter dem langjährigen Mittel liegenden Wert verkörpern. In dieser längsten der 3 Perioden lag der Abbau mit 6,6 g insgesamt recht hoch.

Die klimatisch günstigsten Bedingungen für eine hohe biologische Aktivität herrschten 1961 vor. Bei frühestem Eingrabetermin erreichte der Gesamtabbau

Tabelle 1

Temperaturmittel, Niederschlagssummen und mittlerer Gesamtzelluloseabbau der Eingrabeperioden der Jahre 1959—61

Jahr	Temperatur °C	Niederschlag mm	Lagerungsdauer Tage	mittlerer Gesamtabbau g
1959	12,6	139,3	126	4,3
1960	14,2	264,8	152	6,6
1961	11,5	232,2	121	7,0

nach nur 121 Tagen (kürzeste der 3 Perioden) mit 7,0 g den Höchstwert. Entscheidend dürften hier die bereits im März/April gefallenen Niederschläge gewesen sein. Die Temperaturen stiegen dabei nur langsam an und betrugen im Mittel nur 11,5 °C.

Eine noch bessere Beurteilung der Beziehungen zwischen Witterungsverlauf und Zersetzung der Zellulose wird durch Errechnung der durchschnittlichen Tageswerte für Niederschläge und Zelluloseabbau erreicht.

Tabelle 2

Mittlere tägliche Niederschlags- und Abbaumengen

Jahr	Durchschnittlicher Tagesniederschlag		Durchschnittlicher Tagesabbau	
	mm	relativ	mg	relativ
1959	1,10	100	34,53	100
1960	1,74	158	43,09	125
1961	1,92	174	57,57	167

Eindeutig geht aus Tabelle 2 die Abhängigkeit der Höhe der zellulolytischen Aktivität von der Höhe der Niederschläge hervor. Die relativ geringe abbaufördernde Wirkung der insgesamt hohen Niederschläge von 1960 ist auf die in der 1. Hälfte der Eingrabeperiode geringen und in der 2. Hälfte starken Regenfälle zurückzuführen.

Zusammenfassend läßt sich feststellen, daß die während der Eingrabeperioden gefallenen Niederschläge die Tätigkeit der Cellulose-mineralisierenden Mikroorganismen stärker beeinflußt haben als die Temperatur. Der weitaus intensivste Abbau war 1961 und der geringste 1959 zu beobachten.

2.2. Der Einfluß der N-Gaben auf die zellulolytische Aktivität des Bodens

2.2.1. Prüfung der Sicherheit der quantitativen Ergebnisse

Die während der Eingrabezeiten in den 3 Prüfjahren unter Einfluß variierter N-Düngung zersetzten Wattemengen sind in der Tabelle 3 zusammengestellt[2]. In der „Prüfung der Sicherung der Varianten" der Tabelle 3 sind die + oder — Differenzen zwischen den Variantenmittelwerten zahlenmäßig aufgeführt. Dabei wurde von den links stehenden Varianten auf die oberen bezogen. Über den Differenzen ist das Sicherungsmaß wie folgt angegeben:

Grenzdifferenz	Sicherungsmaß	überlegen	unterlegen
	nicht gesichert	—	—
GD 5%	gesichert	+	○
GD 1%	gut gesichert	++	○○
GD 0,1%	sehr gut gesichert	+++	○○○

[2] Um einen Überblick über das Maß der Übereinstimmung der Werte zu geben, wurden in dieser Tabelle auch die Werte der einzelnen Wiederholungen aufgeführt.

Tabelle 3

N-Steigerungsversuch Paulinenaue – Zellulosetest; abgebaute Watte in g

I 1959 – eingegraben vom 11. 3.—14. 7. 59 = 126 Tage

Wiederholungen	kg N/ha 0	60	120	240	480	720
a	2,1	5,0	4,5	5,2	4,2	4,3
b	3,5	3,0	4,5	2,5	5,3	5,2
c	1,9	5,4	3,2	6,4	4,7	5,8
d	3,4	2,5	4,3	4,9	5,5	6,5
Varianten Mittel	2,7	4,0	4,1	4,8	5,0	5,5

$GD_{Var.}$: $GD_{5\%}$ = 1,7 g; $GD_{1\%}$ = 2,4 g; $GD_{0,1\%}$ = 3,3 g

Prüfung der Sicherung der Varianten

	0	60	120	240	480
60	– +1,3				
120	– +1,4	– +0,1			
240	+ +2,1	– +0,7	– +0,7		
480	+ +2,3	– +1,0	– +0,9	– +0,2	
720	+ + +2,8	– +1,5	– +1,4	– +0,7	– +0,5

II 1960 – eingegraben vom 6. 4.—5. 9. 60 = 152 Tage

Wiederholungen	kg N/ha 0	60	120	240	480	720
a	3,7	3,9	6,6	7,9	9,6	9,5
b	3,5	4,4	2,3	7,0	7,3	8,5
c	5,2	8,1	7,8	8,9	8,6	5,0
d	5,0	6,7	8,5	5,0	8,4	5,7
Varianten Mittel	4,3	5,8	6,3	7,2	8,5	7,2

$GD_{Var.}$: $GD_{5\%}$ = 2,7 g; $GD_{1\%}$ = 3,8 g; $GD_{0,1\%}$ = 5,3 g

Prüfung der Sicherung der Varianten

	0	60	120	240	480
60	– +1,5				
120	– +2,0	– +0,5			
240	+ +2,9	– +1,4	– +0,9		
480	+ + +4,2	+ +2,7	+ +2,7	– +1,3	
720	+ +2,9	– +1,4	– +0,9	– ±0,0	– −1,3

III 1961 – eingegraben vom 3. 6.—4. 7. 61 = 121 Tage

Wiederholungen	kg N/ha 0	60	120	240	480	720
a	5,4	7,5	7,4	7,7	8,6	6,3
b	5,7	7,4	6,7	8,4	8,6	5,6
c	7,0	5,2	8,1	8,5	8,2	6,0
d	4,3	7,2	6,4	7,9	7,4	6,5
Varianten Mittel	5,4	6,8	7,2	8,1	8,2	6,1

$GD_{Var.}$: $GD_{5\%}$ = 1,2 g; $GD_{1\%}$ = 1,7 g; $GD_{0,1\%}$ = 2,3 g

Prüfung der Sicherung der Varianten

	0	60	120	240	480
60	+ +1,4				
120	+ + +1,8	– +0,4			
240	+ + + +2,7	+ +1,3	– +0,9		
480	+ + + +2,8	+ +1,4	– +1,0	– +0,1	
720	– +0,7	– −0,7	– −1,1	○○ −2,0	○○ −2,1

An einem Beispiel sei der Aussagewert der Prüfung der Sicherung der Varianten in dieser Tabelle erläutert.

1961: In der Variante 720 kg N wurde gegenüber 480 kg N ein um 2,1 g niedrigerer Abbauwert gefunden. Der Wert von 720 kg N ist dem von 480 kg N gut gesichert unterlegen.

Die 5 Einzelbeutel jeder Wiederholung brachten mit wenigen Ausnahmen in allen 3 Versuchsjahren auffallend gut übereinstimmende Abbauergebnisse. Demgegenüber waren die Abweichungen der Werte zwischen den Wiederholungen einer Variante oft recht groß. Das kommt unter anderem auch in der Prüfung der Sicherung der Differenzen zwischen den Varianten zum Ausdruck, denn nach Verrechnung des Zahlenmaterials von 1959 erwiesen sich von den insgesamt 15 Differenzen nur eine als gut gesichert und zwei als gesichert. Auf Grund der relativ geringen Unterschiede zwischen den Varianten wurde diese Sicherung auch nur gegen ungedüngt erreicht.

1960 war die Streuung der Wiederholungen, wie man aus der gegenüber 1959 um 1 g höher liegenden GD 5 % ablesen kann, noch größer. Durch die bedeutend höheren Unterschiede zwischen den Varianten (maximale Differenzen: 1959 = 2,9 g; 1960 = 4,2 g) ergab sich für 5 Differenzen Signifikanz.

Wie aus der niedrigen GD 5% von 1,2 g hervorgeht, weist das Jahr 1961 die am besten übereinstimmenden Wiederholungswerte auf. Obwohl die Maximaldifferenz zwischen den Varianten mit 2,8 g nur der des Jahres 1959 entspricht, ergab die Signifikanzprüfung der Varianten 3 gesicherte, 3 gut und 2 sehr gut gesicherte Differenzen. Erstmalig wurde auch eine Signifikanz der Differenzen benachbarter Varianten beobachtet. Der Aussagewert der Ergebnisse nimmt demnach von 1959 nach 1961 zu.

2.2.2. Vergleich von Gesamt-, Tages- und relativen Abbauwerten

Die in den einzelnen Jahren pro Düngungsvariante erzielten quantitativen Befunde sind in der Abbildung 2 als Kurven dargestellt. Unter „Gesamtabbau" wurden in dieser Darstellung der tatsächliche Zelluloseabbau der jeweiligen Eingrabeperiode in g, unter „mittlerer Tagesabbau" die aus dem Gesamtabbau errechneten täglichen mg-Werte und unter „ohne N = 100" die relative abbaufördernde Wirkung der N-Gaben aufgetragen.

Beim Vergleich von Gesamt- und Tagesabbau fällt auf, daß die Kurven in beiden Darstellungen gleich sind und nur die Lage der Kurven zueinander verändert ist. Die im Gesamtabbau zu beobachtende annähernd gleiche Höhe der Abbauwerte der Jahre 1960 und 1961 ist nur auf die unterschiedlich langen Eingrabeperioden zurückzuführen. Die durch die Errechnung der Tagesabbauwerte erfolgte Korrektur läßt dann auch deutlich die weit höhere zellulolytische Aktivität des Bodens aller Düngungsvarianten im Jahre 1961 gegenüber 1960 erkennen. Die Gleichheit des grundsätzlichen Kurvenverlaufs in beiden Darstellungen ist dadurch bedingt, daß sich das Verhältnis der Abbauwerte der einzelnen N-Düngungsvarianten zueinander nicht veränderte.

Einen Vergleich der mittleren Tagesabbauwerte der einzelnen Jahre und N-Düngungsvarianten anhand von Zahlen gestattet die Tabelle 4. Hier sei besonders auf die mehr als doppelt so hohe tägliche Abbaumenge der ungedüngten Variante von **1961** gegenüber **1959** hingewiesen. Das aus den 3jährigen Werten gebildete Mittel läßt einen auffällig niedrigen Düngungseffekt (**2,46** mg) der Gabe von **120** kg N gegenüber **60** kg N erkennen. Demgegenüber brachte die **240**-kg-Gabe mit **6,30** mg täglichem Mehrabbau einen höheren Wert. Bei Betrachtung der Wirkung der **720**-kg-N/ha-Gabe ist der jährliche Effekt aufschlußreicher als das 3jährige Mittel.

Tabelle 4
N-Steigerungsversuch Paulinenaue
Zellulosetest; mittlere Tagesabbauleistungen in mg

Jahr	kg N/ha					
	0	60	120	240	480	720
1959	21,43	31,75	32,54	38,10	39,68	43,65
1960	28,29	38,16	41,45	47,37	55,92	47,37
1961	44,63	56,20	59,50	66,94	67,76	50,41
Mittelwert	31,45	42,04	44,50	50,80	54,45	47,14

Die unter „Tagesabbau" und „ohne N = 100" in der Abbildung 2 aufgetragenen Kurven machen die verschiedene Leistungspotenz der Jahre **1959** und **1961** deutlich. Das im Tagesabbau am schlechtesten abschneidende Jahr **1959** zeichnet sich durch die höchsten relativen Abbausteigerungen der N-Gaben (Ausnahme Variante 5) aus. Das Jahr **1961** erbrachte unter allen Düngungsvarianten die absolut höchsten Tagesabbauwerte aller **3** Jahre. Die pro Düngungsvariante gegenüber ungedüngt hervorgerufene Steigerung der zellulolytischen Aktivität lag im gleichen Jahr am niedrigsten.

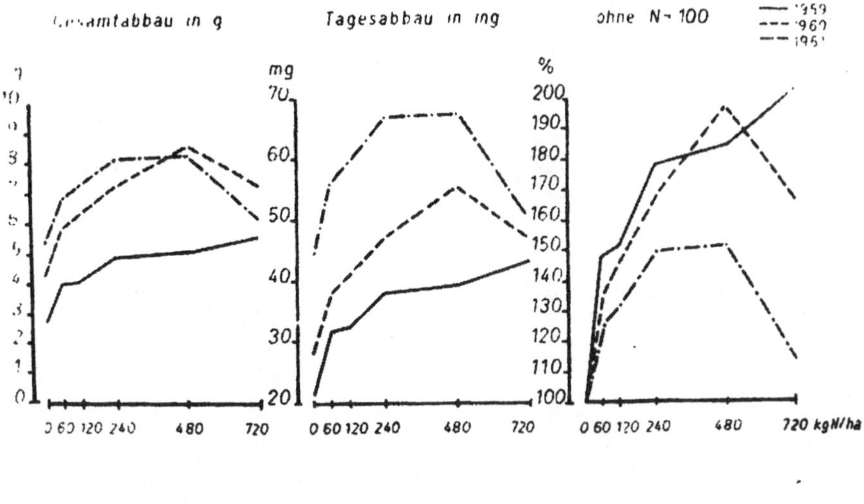

Abb. 2: Ergebnisse des Zelluloseabbaus aus dem N-Steigerungsversuch Paulinenaue

Über die 1959–1961 im grundsätzlichen Kurvenverlauf gefundenen N-düngungsbedingten Unterschiede wird in Verbindung mit den Pflanzenerträgen gesprochen.

2.2.3. Die visuelle Beurteilung der Restwatten zur Erfassung qualitativer Unterschiede

Ausgehend von den in Fruchtartenversuchen beobachteten Unterschieden auf der Oberfläche der Restwatten (UNGER, **1963** a) wurde die visuelle Beurteilung zur Erfassung N-bedingter Verschiebungen im Artenspektrum der zellulosezersetzenden Mikroorganismen vorgenommen. Die Beurteilungen erfolgten nach den erkennbaren farblichen Unterschieden auf der Restwatte unmittelbar nach dem Ausgraben der Testbeutel und führten zu folgenden Ergebnissen:

1959: Die meist weißen, kaum veränderten und nur mit wenigen Oberflächenkolonien bedeckten Restwatten der ungedüngten Variante unterscheiden sich deutlich von den braunschwarzen der Variante 6 (720 kg/ha N). Der Besatz mit Oberflächenkolonien nimmt von ungedüngt zur höchsten Gabe gleichmäßig zu. Es kommen vorwiegend dunkelbraune und schwarze Kolonien vor.

1960: Bei recht hohem Gesamtabbau bestehen deutliche Unterschiede in der Besatzdichte der Restwatten der einzelnen N-Düngungsvarianten. Farbstoffbildende zellulosezersetzende Mikroorganismen treten nur vereinzelt auf. Schwarzbraune Kolonien kommen großflächig, rötliche und gelbe meist nur punktförmig vor.

Abb. 3: Restwatten aus dem N-Steigerungsversuch Paulinenaue 1961

1961: Der durch die N-Düngungen differenzierte, sehr starke Abbau wird durch die in den einzelnen Varianten sehr unterschiedliche Besatzdichte der Mikroorganismenkolonien auf den Restwatten unterstrichen. Bei den wenigen farbstoffbildenden Kolonien überwiegen gelbe und dunkelbraune Formen, ganz vereinzelt kommt schwarz vor.

Alle 3 visuellen Beurteilungen stimmen darin überein, daß die N-Gaben eine Erhöhung der Besatzdichte an Oberflächenkolonien auslösten. Auch traten in allen Jahren farbstoffbildende Kolonien außer dunkelbraun und schwarz nur selten auf, so daß Unterschiede in der artenmäßigen Zusammensetzung der Zellulosebildner nicht erkannt werden konnten.

Dieses artenarme Bild konnte auf Grünlandstandorten mit hoher zellulolytischer Aktivität schon häufig beobachtet werden. Damit läßt sich auch dieser Versuchsstandort in die intensiv zelluloseabbauenden Böden einreihen.

Die Abbildung 3 macht die durch die N-Gaben verursachten Veränderungen des Besatzes an Mikroorganismenkolonien und die damit parallel laufenden quantitativen Abbauunterschiede deutlich.

2.3. Über Beziehungen zwischen Intensität des Zelluloseabbaues und Höhe des Pflanzenertrags

2.3.1. Vergleich der N-bedingten Ertrags- und Abbauerhöhungen

Um die mit dem Zellulosetest erzielten Abbauergebnisse mit den Pflanzenertragsleistungen vergleichen zu können, wurden aus den von Kreil und Mitarb. [1961] mitgeteilten Trockensubstanzerträgen (TS-Erträge) die in dem Zeitraum der Eingrabeperioden liegenden Nutzungen herausgezogen (Tab. 5). Die N-bedingten relativen Ertragserhöhungen sind in Abbildung 4 denen der Abbauerhöhungen gegenübergestellt.

Tabelle 5
N-Steigerungsversuch Paulinenaue; Trockensubstanzerträge in dt/ha
(Es wurden nur die in den Eingrabeperioden erfolgten Nutzungen erfaßt)

Jahr	Zahl der Nutzungen	kg N/ha					
		0	60	120	240	480	720
1959	2	23,1	29,3	35,4	45,3	47,5	47,7
1960	4	39,8	53,7	63,5	80,9	83,3	83,4
1961	3	28,0	45,6	57,1	75,7	81,4	83,8

Der graphischen Darstellung ist zu entnehmen, daß die Ertragssteigerungen durch die N-Gaben in den Jahren 1959 und 1960 fast parallel verliefen. Bis zur Variante 4 wurden die TS-Erträge etwa um das Doppelte gegenüber ungedüngt erhöht. Die nächst höhere N-Menge (480 kg) führte 1959 und 1960 zu nur geringem Mehrertrag, und mit 720 kg N ließ sich in diesen Jahren praktisch kein Ertragszuwachs mehr erzielen. Ganz anders verläuft die Kurve des Jahres 1961. Zur Verdoppelung des Ertrages der ungedüngten Parzelle genügten schon 120 kg N, und der mit 240 kg N erzielte Ertragszuwachs war nur wenig niedriger als der mit 120 kg N erzielte. Die 480 kg N erhöhten den TS-Ertrag um nur 20%, und die 720 kg N brachten eine 10%ige Steigerung. Der Ertragszuwachs der beiden höchsten N-Gaben war zwar gering, aber im Verhältnis zu den vorangegangenen Jahren beachtlich.

Der Grund für diese unterschiedliche Wirkung der N-Gaben auf den TS-Ertrag ist der ungleichen Futterwüchsigkeit der einzelnen Jahre und damit der Ausnutzung der N-Gaben zuzuschreiben. Bei der Betrachtung der in der gesamten Vegetationszeit auf der ungedüngten Variante gebrachten Ertragsleistung schneidet 1961 mit 62,1 dt TS/ha als weitaus bestes Jahr ab. Demgegenüber stehen in der gleichen Variante 1960 46,7 und 1959 35,4 dt TS/ha. Da diese Parzellen schon seit 1958 völlig ohne N-Düngung blieben, ist die Ertragszunahme bis 1961 erstaunlich und unterstreicht die außerordentliche Bedeutung des Witterungsverlaufs für Ertrag und biologische N-Mineralisierung und -Pflanzenverfügbarmachung.

Die Kurve der zellulolytischen Aktivität war 1959 der Ertragskurve am ähnlichsten. Der bei den Varianten 4 und 5 niedriger liegende Abbau stieg zur höchsten N-Gabe nochmals stark an und erreichte den für den Ertrag gefundenen Wert. 1960 stimmten nur die für 60 kg N gefundenen Werte beider Kurven überein, dann blieb der Abbau hinter dem Ertrag zurück. Im Abbaumaximum (480 kg N/ha) hatte auch der Ertrag sein Maximum erreicht, und die relative Steigerung gegenüber ungedüngt betrug 198% bzw. 210%. Während bei der 720-kg-N-Düngung der TS-Ertrag auf der Höhe der 480-kg-Variante blieb, also weder eine

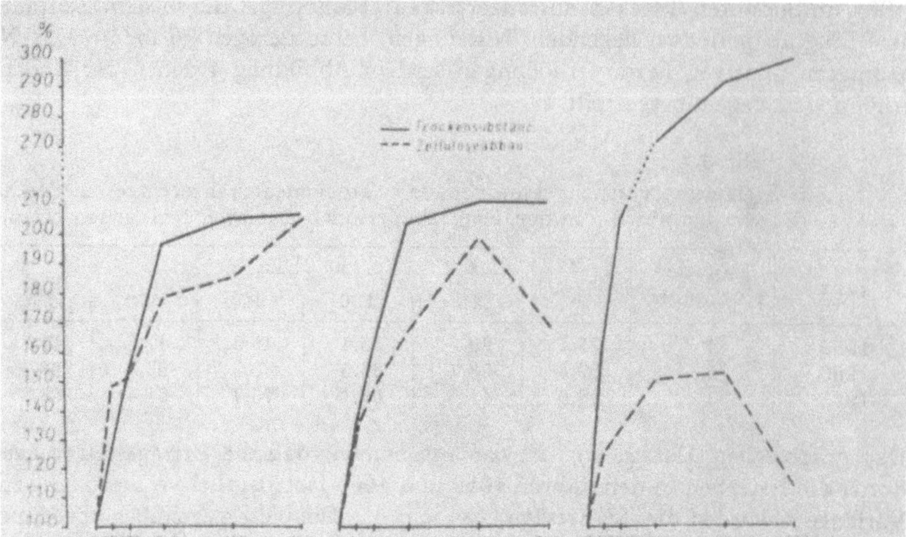

Abb. 4. Vergleich von Trockensubstanzerträgen und zellulolytischer Aktivität. Dreijährige Ergebnisse des N-Steigerungsversuches Paulinenaue (ohne N = 100)

Ertragserhöhung noch -verringerung auftrat, ging der Abbau in der Variante 6 auf die mit **240** kg N/ha erreichte Intensität zurück. Erstmalig kam es damit **1960** zu einer Hemmung der Zellulosezersetzung durch die höchste N-Gabe.
Den enormen N-bedingten Ertragssteigerungen im Jahre **1961** stehen die geringsten relativen Abbauerhöhungen gegenüber (Abb. 4). Bereits bei **60** kg N differierten die Zuwachse beträchtlich. Die maximale Differenz zwischen Ertrags- und Abbauzuwachs besteht in der Variante **720** kg N. Allerdings kann man in diesem Fall beim Abbau nicht mehr von Zuwachs sprechen, denn die Werte gingen gegenüber **480** kg N auf einen nur wenig über ungedüngt liegenden Wert zurück.
Faßt man zusammen, so läßt sich feststellen, daß in den Eingrabeperioden die Pflanzenerträge eine starke Erhöhung bei N-Düngung bis zu **240** kg N/ha erfahren und höhere Gaben nur in klimatisch günstigen Jahren merklichen Ertragszuwachs bringen. Eine Hemmung durch **720** kg N/ha wurde insgesamt beim Ertrag nicht beobachtet (siehe dazu auch KREIL und Mitarb. [**1961**]).
Beim Zelluloseabbau wurden in dem klimatisch günstigsten Jahr **1961** bei höchsten Absolutwerten dagegen die geringsten N-bedingten Abbauerhöhungen beobachtet. Auch führte **4**jährige Düngung mit **720** kg N/ha nur im **2**. Jahr (**1959**) noch zu einer Abbauerhöhung und löste im **3**. und **4**. Jahr zunehmende Hemmung der zellulolytischen Aktivität aus.

2.3.2. Vergleich der Erzeugungs- und Abbauwerte des Stickstoffs

KREIL und Mitarb. [**1961**] errechneten für die Jahre **1958–60** die mittleren Erzeugungswerte (Mehrertrag pro kg N des zugeführten Mineraldüngers) und stellten fest, daß die Erzeugungswerte mit wachsender N-Düngung monoton zurückgingen. Um einen Vergleich zwischen den Erzeugungswerten und den Abbauwerten des Stickstoffs zu ermöglichen, wurden aus den während der Eingrabe-

Tabelle 6
Erzeugungswerte in kg TM pro kg N (Berechnet für Eingrabperioden)

Jahre	kg N/ha				
	60	120	240	480	720
1959	10,20	10,20	9,22	5,08	3,41
1960	23,23	19,80	17,14	9,08	6,06
1961	29,33	24,25	19,88	11,13	7,75
Mittelwerte	20,92	18,08	15,41	8,43	5,74

Abbauwerte in mg pro kg N (Berechnet auf 100 Abbautage)

Jahre	kg N/ha				
	60	120	240	480	720
1959	17,20	9,26	6,95	3,80	3,09
1960	16,45	10,97	7,95	5,76	2,65
1961	19,28	12,39	9,30	4,82	0,80
Mittelwerte	17,64	10,87	8,07	4,79	2,18

perioden erzielten TS-Erträgen und den im gleichen Zeitraum gefundenen Tagesabbauwerten Erzeugungs- und Abbauwerte pro kg N errechnet. Bei den in Tabelle 6 zusammengestellten Ergebnissen wurden die Abbauwerte auf 100 Abbautage bezogen.

Erzeugungs- und Abbauwerte des Stickstoffs nehmen mit steigender N-Gabe ab. Diese Übereinstimmung gilt allerdings nur für die Gesamttendenz. Die Abnahmekurve verläuft nämlich für die Abbauwerte/kg N wesentlich steiler als für die Erzeugungswerte. Das ist sowohl an den Mittelwerten als auch an den Jahreswerten erkenntlich. Auffällig bei den Abbauwerten ist wiederum die schon beim Gesamtabbau beobachtete, von 1959 nach 1961 bedeutend zurückgehende Wirkung der 720-kg-N/ha-Gabe. Des weiteren sei auf den stark abfallenden Wirkungseffekt schon durch 120 kg N und nochmals durch 480 kg N bei den Abbauwerten verwiesen, der bei den Erzeugungswerten erst mit Verabreichung von 480 kg N auftrat.

Durch den Vergleich der Wirkung pro kg N auf Pflanzenertrag und Zersetzung der Zellulose im Boden gelang der Nachweis, daß der Abfall der Erzeugungswerte/kg N erst ab 480 kg N/ha sprunghaft zunahm, während der Abbau schon durch 120 kg N/ha in einem weit geringeren Maße als durch 60 kg N gefördert wurde. Der Rückgang der Erzeugungswerte mit steigenden N-Gaben ist insgesamt relativ geringer als der der Abbauwerte.

3. Diskussion der Ergebnisse

Die Intensität des Abbaus der Zellulose durch Bodenmikroorganismen ist eng mit dem Stickstoffhaushalt der Böden gekoppelt. Erfahrungsgemäß bringt Strohdüngung ohne reichliche N-Gaben Pflanzenertragsausfälle durch N-Festlegung in Bakterieneiweiß oder Bindung von N an organische Substanz. Es ist deshalb nicht verwunderlich, daß die im Versuch beschriebenen N-Gaben die Mineralisation der Zellulose begünstigten und die zellulolytische Aktivität erhöhten. Doch mit diesen Befunden wird die Frage zu beantworten sein: „Ist die durch die N-Gaben bedingte Förderung der Mineralisierung organischer Substanzen im Hinblick auf die Bodenfruchtbarkeit positiv oder negativ zu bewerten?“ Betrachtet man den Vergleich Zelluloseabbau–Ertragsleistung, so muß an Hand der dreijährigen Mittel eine gewisse Parallelität in der Reaktion auf die N-Gaben anerkannt werden. Da enge Beziehungen zwischen Ertragsleistung und Zelluloseabbau schon wiederholt beobachtet wurden, (UNGER 1959, 1962b und unveröffentlichtes Material) und andererseits nach JANKE (1949) „ein korrelativer Zusammenhang zwischen der Stärke der Zellulosezersetzung im Boden und seiner Fruchtbarkeit zu bestehen scheint“, könnte die gestellte Frage im positiven Sinne beantwortet werden. Das um so mehr, als CAVAZZA (1957) bei Strohdüngungsversuchen feststellte, daß die erwünschte Steigerung des Humusgehalts im Boden erst durch hohe N-Düngung wirksam wird.

Andererseits muß man bei diesem ausgesprochen leichten Boden Bedenken anmelden, ob das durch die N-Gaben bedingte Mehr an Wurzelmasse genügt, um die enorm gesteigerte Mineralisation nicht auf Kosten des befriedigend hohen Gehalts an organischer Substanz gehen zu lassen. Darüber können allerdings nur

Bilanzuntersuchungen Auskunft geben, die sich im Hinblick auf die allgemeine Bedeutung der Frage nach der Verarmung der Böden an organischer Substanz durch hohe N-Gaben doch notwendig machen.
Die Wirkung der 720-kg-N-Gabe auf Ertrag und Abbau bedarf einer genaueren Betrachtung. Während der TS-Ertrag innerhalb der Eingrabeperioden durch diese Stickstoffmenge nie verringert, wohl aber 1961 etwas erhöht wurde, konnte beim Zelluloseabbau nur im 1. Prüfjahr noch ein geringer Anstieg der Zersetzung verzeichnet werden. In den folgenden zwei Jahren löste die höchste verabreichte N-Menge eine Abbauhemmung aus, die sich von 1960 nach 1961 wesentlich verstärkte. Damit wird wahrscheinlich, daß die jährlich Düngermenge von 720 kg N weder voll verbraucht, noch restlos ausgewaschen wurde, sondern der angereicherte Stickstoff eine mit den Jahren zunehmende toxische Wirkung auf die zellulosezersetzenden Mikroorganismen ausübte. Die Mikroorganismen zeigen demnach auch hier, wie in Abwasserversuchen schon beobachtet (UNGER, 1962b), Schadwirkungen früher an als die Pflanze.
Die in den 3 Prüfjahren beobachteten Ertrags- und Abbauleistungen der ungedüngten Variante sind gute Beispiele für die entscheidende Bedeutung des Witterungsverlaufes. Aus dem Verhalten der Pflanzen und der Bodenmikroorganismen dieser nicht gedüngten Parzellen geht darüber hinaus eindeutig die enge Verbindung zwischen Pflanzenwachstum und Tätigkeit der Bodenmikroorganismen hervor. Stellt man die über die gesamte Vegetationsperiode erzielten TS-Erträge und die mittleren Tageswerte des Zelluloseabbaus der ungedüngten Variante einander gegenüber (Tab. 7), so wird die mit den Jahren zunehmende Leistung beider Prozesse deutlich.
Der Versuchsfrage nach mußte aber die entgegengesetzte Tendenz, die Abnahme der Leistung der N-freien Parzellen, erwartet werden.

Tabelle 7
Pflanzenwachstum und Zellulosezersetzung der nicht-N-gedüngten Variante

Jahr	Trockensubstanz dt/ha	Tagesabbauwerte mg
1959	35,4	21,43
1960	46,7	28,29
1961	62,1	44,63

Für die Erhöhung der zellulolytischen Aktivität ist in diesem Fall der Verlauf der Witterung verantwortlich zu machen. Wenn auch nach KREIL und Mitarb. (1961) dieser Standort vor Versuchsbeginn reichlich mit Stickstoff gedüngt wurde und somit eine gewisse Reserve angenommen werden muß, so ist doch wahrscheinlich, daß der größte Teil dieses Stickstoffs 1961 erst mineralisiert und pflanzenverfügbar gemacht werden mußte. Damit kann man die witterungsbedingte erhöhte Mikroorganismentätigkeit im letzten Versuchsjahr als Voraussetzung für die erzielten hohen TS-Erträge annehmen.

4. Zusammenfassung

Ergänzend zu dem von KREIL, WACKER und KALTOFEN (1961) beschriebenen Weidedüngungsversuch mit verschieden hohen N-Gaben werden 3jährige Ergebnisse über die Prüfung der zellulolytischen Aktivität mit Gazetestbeuteln bekanntgegeben. Um die N-bedingten Abbauunterschiede in jedem der 3 Versuchsjahre zum günstigsten Zeitpunkt zu erfassen, konnten die Eingrabeperioden nicht gleich lang gehalten werden. Über die Errechnung der mittleren Tagesabbauwerte wurden diese Differenzen in der Lagerungsdauer korrigiert und eine Zunahme des Zelluloseabbaues von 1959 nach 1961 sowie die Abhängigkeit der Mikrobentätigkeit von der Witterung beobachtet.

1961 wurden unter allen N-Düngungsvarianten (60, 120, 240, 480, 720 kg N/ha) die höchsten und 1959 die niedrigsten Tagesabbauwerte gefunden. Relativ betrachtet erzielten dagegen die einzelnen N-Gaben 1961 die niedrigsten und 1959 die höchsten Zunahmen. Aus der visuellen Beurteilung der Restwatten ließen sich keine farblichen Unterschiede, wohl aber Erhöhungen der Besatzdichte an Oberflächenkolonien mit zunehmenden N-Gaben erkennen.

Übereinstimmend mit den in den Eingrabeperioden erzielten Trockenmasseerträgen wurde auch der Zelluloseabbau bis zur 240-kg-N-Gabe stark erhöht. Während der Pflanzenertrag aber durch 720 kg N gegenüber 480 kg N gleich blieb oder geringfügig anstieg, machte sich beim Abbau in dieser Variante eine von 1960 nach 1961 stärker werdende Hemmung bemerkbar. Dieser Hemmeffekt und der mit den Jahren zunehmende Abbau auf der ungedüngten Variante sind Gegenstände der Diskussion.

Резюме

Дополнительно к изложению опыта по удобрению пастбищ различными дозами азота, данному КРЕЙЛем, ВАККЕРом и КАЛЬТОФЕНом в 1961 году, сообщаются результаты трехлетних исследований целлюлозоразлагающей активности почвы, проведенных при помощи марлевых мешочков. Для определения в наиболее благоприятный момент различий степени разложения, обусловленной азотом в каждом из трех лет опыта, длительность периодов закапывания не могла быть одинаковой. Вычислением показателей суточного разложения эти разности в продолжительности закапывания получили поправку. При этом, с 1959 по 1961 гг. наблюдались повышенное разложение целлюлозы и зависимость микробной активности от метеорологических условий.

В 1961 году по всем вариантам азотного удобрения (60, 120, 240, 480, 720 кг/га азота) были установлены самые высокие, а в 1959 году — самые низкие показатели суточного разложения целлюлозы. С относительной точки зрения, однако, отдельные дачи азота давали в 1961 году наименьшие, а в 1959 году — наивысшие показатели. При визуальной оценке остатка ваты различий в окраске не отмечалось, но установлено было повышение плотности заселения микроорганизмами поверхностных колоний в результате возрастающих дач азота.

В соответствии с урожаями сухой массы, достигнутыми в периоды закапывания, повышалось и разложение целлюлозы при дачах азота до 240 кг. В то время, как урожай растений при дозе азота в 720 кг по сравнению с 480 кг оставался одинаковым или же незначительно повысился, по разложению в этом варианте с 1960 по 1961 отмечалось возрастающее торможение. Обсуждаются такой эффект торможения и повышающееся из года в год разложение на неудобренном варианте.

Summary

As an addition to the experiment of fertilizing pasture-ground with different doses of nitrogen, which was described by Kreil, Wacker and Kaltofen in 1961, the results of three years of testing the cellulolytic activity with gauze test-bags are being published here. In order to ascertain the differences in decay caused by the nitrogen in each of the three test years at the most favourable moment, the periods of digging-in could not be equally long. By calculating the daily rates of decay these differences in the duration of storage were corrected. It was observed that the decay of cellulose increased from 1959 to 1961 and that the activity of microbes depended on the weather.

The highest rates of daily decay among all the variants of nitrogen fertilizing (60, 120, 240, 480, 720 kilogrammes per hectare) were found in 1961, the lowest ones were found in 1959. Relatively seen, however, the individual nitrogen doses reached the lowest increase in 1961 and the highest increase in 1959. Visual examination of the remaining wadding did not show differences in colour, but showed increased density of surface-colonies through increased nitrogen doses.

In accordance with the amounts of dry matter obtained in the periods of digging-in, also the decay of cellulose was largely increased up to the dose of 240 kilogrammes of nitrogen. But while the plant-yield remained constant or increased slightly through 720 kilogrammes of nitrogen as compared with 480 kilogrammes, the decay in this variant showed a retardation which increased from 1960 to 1961. This effect of retardation and the decay increasing with years at the unfertilized variant are subjects of the discussion.

5. Literaturverzeichnis

Cavazza, L.: L'influenza dell'interramento della paglia e della paglia e della concimazione azotata sulla qualita delle cariossi di nella sucressiva colutura di frumento. Ann. d. sperim. agr. 1957, XI, 1, 25—40; Ref.: Z. Pflanzenernähr., Düng., Bodenkde. 1957, 78, 75

Duggeli, M.: Der Einfluß eines Düngungsversuches in Nante bei Airolo auf die Bakterienflora des Bodens. Ber. Schweiz. bot. Ges. 1943, 53, 148—159

Engel, H.: Ist eine feldmäßige mineralische Volldüngung auf dem Freilande ohne Einfluß auf die Mikroorganismentätigkeit im Boden? Zbl. f. Bakteriol., Parasitenkde., Infektionskrankh. u. Hyg., II. Abt., 1935, 92, 490—505

Herbke, G.: Untersuchungen über das Vorkommen von Tausendfüßlern in landwirtschaftlich genutzten Böden des Dauerdüngungsversuches auf Dikopshof. Monogr. z. angew. Entomol. (Beih. z. Z. f. angew. Entomol.) 1962, 18, 13—43

HÖLDER, G.: Die Bodenmilben des rheinischen Lößlehms in ihrer Abhängigkeit von Düngung und anderen Standortfaktoren. Monogr. z. angew. Entomol. (Beih. z. Z. f. angew. Entomol.) 1962, 18, 44–79

HÖLLER-LAND, G.: Die Abhängigkeit der bodenbewohnenden Collembolen von Düngung und anderen Standortfaktoren unter Dikopshofer Verhältnissen. Monogr. z. angew. Entomol. (Beih. z. Z. f. angew. Entomol.) 1962, 18, 80–120

IMSCHENEZKI, A. A.: Mikrobiologie der Zellulose. 1959, Akad.-Verl. Berlin

JANKE, A.: Der Abbau der Zellulose durch Mikroorganismen. Österr. Bot. Z. 1949, 46, 399–443

JANSSON, S. L., M. J. HALLAM und W. V. BARTHOLOMEW: Preferential utilization of ammonium over nitrats by microorganisms in the decomposition of cat straw. Plant and soil 1935, 6, 382–390

KOBLET, R.: Grundlagen für die Bemessung der Düngernährstoffe. „Die Grüne", Schweiz. landwirtsch. Z. 1957, 21

KREIL, W., G. WACKER und H. KALTOFEN: Dreijährige Versuchsergebnisse über die Düngung einer Weide mit verschieden hohen N-Gaben (1958–1960). Z. f. Landeskultur 1961, 2, 225–257

KREIL, W., und G. WEILAND. Das Abweiden von Weidedüngungsversuchen durch weibliche Rinder mit Exkrementgeschirren. Z. f. Landeskultur 1960, 1, 243–253

MÜLLER, G.: Prüfung der Beziehungen zwischen mineralischer Düngung und Bodenleben. Dt. Landwirtsch. 1957, 8, 24–31

POSCHENRIEDER, H., und R. LEUTHOLD: Vergleichende faunistische und mikrobiologische Untersuchungen in den Böden von Reisach. Bayer. landwirtsch. Jb. 1962, 39, 237–243

RUSCHMEYER, O. R., und E. L. SCHMIDT: Cellulosedecomposition in soil burial beds. II. Cellulolytic activity as influenced by alteration of soil properties. Appl. Microbiol. 1958, 6, 115–120

UNGER, H.: Die Änderung der Bakterienzahl abwasserbehandelter Böden mit Berücksichtigung der coliformen Bakterien. 1959, Diss. Karl-Marx-Univ. Leipzig

UNGER, H.: Der Zellulosetest, eine Methode zur Ermittlung der zellulolytischen Aktivität des Bodens in Feldversuchen. Z. Pflanzenernähr., Düng., Bodenkde. 1960, 91, 44–52

UNGER, H.: Über einige in Feldversuchen mit Zellulosetestbeuteln erzielte Ergebnisse. Albrecht-Thaer-Archiv 1962a, 6, 145–150

UNGER, H.: Die zellulolytische Aktivität im Boden abwasserbehandelten Grünlandes auf einem Ackerstandort (Mittelhausen 1959). Z. landw. Versuchs- u. Untersuchungswes. 1962b, 8, 186–194

UNGER, H.: Ergebnisse des Zellulosetestes aus orientierenden Fruchtartenversuchen in Delitzsch 1957. Zbl. f. Bakteriol., Parasitenkde., Infektionskrankh. u. Hyg., II. Abt. 1963a, 116, 268–275

UNGER, H.: Ermöglicht der Zellulosetest neben der Erfassung quantitativer Unterschiede gleichzeitig qualitative Aussagen? Zbl. f. Bakteriol. Parasitenkunde, Infektionskrankh. u. Hyg., II. Abt. 1963b, 116, 457–458

WILCKE, E. D.: Untersuchungen über die Einwirkung von Stallmist und Mineraldüngung auf den Besatz und die Leistungen der Regenwürmer im Ackerboden. Monogr. z. angew. Entomol. (Beih. z. Z. f. angew. Entomol.) 1962, 18, 121–167

MARTIN SCHMIDT

PFLANZENSCHUTZ IM GARTENBAU

(Wissenschaftliche Taschenbücher, Reihe Biologie und Landwirtschaftswissenschaften)

In Vorbereitung

Etwa 168 Seiten – 23 Abbildungen – etwa 8,– DM

Der „Pflanzenschutz im Gartenbau" gibt einen Überblick über die vielfältigen Ursachen sowie über die große Zahl der Erreger der Pflanzenkrankheiten und der Schädlinge des Obst-, Gemüse- und Zierpflanzenbaus. Er schildert die Aufgaben und die Möglichkeiten des Pflanzenschutzes in der biologischen Abhängigkeit vom Anbau der drei gärtnerischen Kulturen sowie das bisher Erreichte und das noch Problematische in der Pflanzenschutzforschung und in der Nutzung ihrer Ergebnisse durch die Praxis. Die Darstellung vermittelt dem Wissenschaftler und Studenten anderer Fachrichtungen die Kenntnis über die Aufgaben und Probleme des Pflanzenschutzes im Gartenbau, bietet dem Studenten und Fachschüler der Gartenbauwissenschaft sowie dem interessierten Gartenbaufachmann ein Kompendium des gärtnerischen Pflanzenschutzes und will schließlich auch dem nicht in diesem Spezialgebiet arbeitenden Phytopathologen und dem Gartenfreund Anregungen und Hinweise geben.

Vorbestellungen durch eine Buchhandlung erbeten

THEORIA CUM PRAXI

AKADEMIE-VERLAG · BERLIN

31007

DOKUMENTATIONSDIENST AGRARÖKONOMIK

HERAUSGEBER:
DEUTSCHE DEMOKRATISCHE REPUBLIK
DEUTSCHE AKADEMIE DER LANDWIRTSCHAFTS-WISSENSCHAFTEN ZU BERLIN
INSTITUT FÜR LANDWIRTSCHAFTLICHE INFORMATION UND DOKUMENTATION

Der Dokumentationsdienst Agrarökonomik informiert Sie über die wichtigsten Inhalte des Fachschrifttums (Zeitschriften, Bücher, Dissertationen, Forschungsberichte u. a.) auf den Sachgebieten:

1. Agrarökonomik und Agrarpolitik
2. Ökonomik der landwirtschaftlichen Produktionszweige
3. Betriebs- und Arbeitsökonomik
4. Angrenzende Wissensgebiete der Agrarökonomik

Der Dokumentationsdienst Agrarökonomik erscheint monatlich mit etwa 250 Titeln in Form von Karteikarten DIN A 6, die als perforierter Zweierblock in einem Heft DIN A 5 zusammengefaßt sind. Der Bezug ist sowohl als Satz zum Aufbau einer Sachkartei – die je Titel gelieferte Zahl von Karteikarten entspricht der Zahl der auf ihnen angegebenen Systemnummern – als auch als Reihe zum Aufbau einer Verfasserkartei – je Titel nur eine Karteikarte – möglich. Preis einer Karte 7 Pf.

Bestellungen erbeten an das
Institut für Landwirtschaftliche Information und Dokumentation
der Deutschen Akademie der Landwirtschaftswissenschaften zu Berlin
Berlin W 8, Krausenstraße 38/39
Tel. 225161